国家出版基金资助项目

历代孝亲敬老诏令律例

中华孝文化研究集成（四）

——两宋至明清卷

丛书主编：骆承烈
副 主 编：周海生　骆　明
本册主编：骆　明　王淑臣

光明日报出版社

图书在版编目（CIP）数据

历代孝亲敬老诏令律例．下卷，两宋至明清卷 / 骆承烈主编．-- 北京 ：光明日报出版社，2013.12
（中华孝文化研究集成：4）
ISBN 978-7-5112-4447-5
Ⅰ．①历… Ⅱ．①骆… Ⅲ．①孝－法律－汇编－中国－宋代～明清时代 Ⅳ．①B823.1②D923.909
中国版本图书馆CIP数据核字(2013)第 251986号

历代孝亲敬老诏令律例——两宋至明清卷

丛书主编：骆承烈　副主编：周海生　骆　明
本册主编：骆　明　王淑臣

责任编辑：毛文丽　　责任校对：刘成聪
装帧设计：苗　苗　　责任印制：曹　诤

出版发行：光明日报出版社
地　　址：北京市东城区珠市口东大街5号，100062
电　　话：010-67078242（咨询），67078870（发行），67078235（邮购）
传　　真：010-67078227，67078255
网　　址：http://book.gmw.cn
E－mail：gmcbs@gmw.cn　maowenli@gmw.cn
法律顾问：北京天驰洪范律师事务所徐波律师

印　　刷：北京盛源印刷有限公司
装　　订：北京盛源印刷有限公司
本书如有破损、缺页、装订错误，请与本社联系调换

开　　本：710×1000　1/16
字　　数：384千字　　印　　张：23
版　　次：2013年12月第1版　　印　　次：2013年12月第1次印刷
书　　号：ISBN 978-7-5112-4447-5

定　　价：56.00元

《中华孝文化研究集成》丛书编委会

总 序

我国是世界上老年人口最多的国家，占亚洲的一半，占世界的五分之一。2013年，我国老年人口将突破2亿大关。到本世纪中叶，老年人口将达到4亿，每三个人当中就有一个老年人。家家有老人，人人都要老，养老问题成为政府与人民共同关注的重大社会问题。

党的十八大报告指出："全面提高公民道德素质。""加强社会公德、职业道德、家庭美德和个人品德教育，弘扬中华传统美德，弘扬时代新风。"伦理道德与"孝"密切相关。孔子说："夫孝，德之本也,教之所由生也。"孟子说："老吾老以及人之老。"意思是说，孝是一切伦理道德的基础，教育应当从孝开始;一个人只有孝敬自己的父母才能更好地爱国家、爱人民。因此，弘扬中华传统美德，提高公民道德素质，应当从孝开始。我国的养老格局是："居家养老为基础，社区养老为依托，机构养老为支撑。"目前，我国城镇98%以上的老年人在家中养老，农村则几乎百分之百。试想，如果子女不孝，老年人如何能安享晚年？值得注意的是，由于"文化大革命"大批孔孟之道、市场经济下一些人重利轻义和"四二一"家庭对子女的娇惯等原因，我国孝道的传承出了问题。一些人不懂得孝道和感恩，家庭中不敬老、不养老甚至虐待老人的现象屡有发生。孝道，成为解决我国养老问题除发展经济、完善制度之外，必不可少的道德保障。

近年来，按照党的十七大、十八大精神，在多位中央领导同志的亲切关怀和大力支持下，全国敬老爱老助老主题教育活动组委会和中国老龄事业发展基金会，在全国范围内大力弘扬中华传统美德孝道，编辑孝道书籍，创作孝道戏剧歌曲，举办世界华人孝道论坛，评选"中华孝亲敬老楷模"和"孝亲敬老之星"，受到广大人民群众的热情欢迎，产生了巨大的示范效应。很多中小学校把孝文化引入课堂；很多企业把孝道作为企业文化；很多学术研究单位把传统孝道和时代特点的结合作为重要研究课题。弘扬传统美德孝道，在中华大地上渐成风气。

正是在这样的背景下，山东省曲阜师范大学著名儒学专家骆承烈教授，带领一批年轻人，不辞辛苦，经过七年认真细致的工作，从古代经、史、子、集中，收集了近千万字的资料，本着“去粗存精”的原则，编成了这部《中华孝文化研究集成》的大书。这批从古籍中广泛撷取的孝文化资料，按照《历代〈孝经〉序跋题识》《历代孝亲敬老诏令律例辑释》《历代孝论辑释》《历代孝行辑释》《历代养老文献辑释》《历代童蒙、家训、学规中的孝亲敬老资料》的序列进行编排，并以《天经地义论孝道》的今人文章为开篇，共十二册，约三百六十万字，洋洋洒洒、蔚为大观。

此书的编成，是弘扬传统文化的一件盛事，为学习、研究、传承中华孝道，提供了重要的文献资料。在这些资料中，难免有一些过时的、今天不再适用的内容，但那正是当年历史的真实写照。人们通过这些历史资料，可以看到几千年来，中华民族孝亲敬老的优秀传统是怎样传承的，许多具体事例对今人也会有启发和借鉴。总之，通过批判地继承，沙里淘金，从传统文化中找出孝文化的合理内容，我想，对当今的社会主义精神文明与和谐社会的建设，定会起到积极作用。

李宝库

2013年4月10日

前 言

两宋以来，我国封建社会进入后期，王朝依靠世家大族进行统治的现象渐渐成为历史。唐朝末年的黄巢起义，纵贯南北，对各地的豪强地主、世家大族是一种沉重打击，当年那些拥有大量土地、垄断社会经济、政治上享有特权的名门大家已风光不再，社会上的小地主逐渐增多，自耕农大量出现。与此同时，交换经济逐渐发达，城市中出现一些手工业作坊和专供交换的市、肆。整个趋势是封建经济逐渐走向没落。在封建社会发生变化的后期社会中，中国传统的孝文化，大致也表现出这样几个特点：

其一，孝道仍然是维持小农经济的重要手段。

自给自足的小农经济是我国封建社会的特点，由古代宗法制演变来的孝道，依然适用于当时社会上的基本细胞——家庭中。大量农民进行农业生产，每个家庭是一个生产单位，家庭中按照多年来的伦理观念生活。做到父慈、子孝、兄友、弟恭，便能使家庭和睦，生产发展。每个家庭稳定了，就能把整个国家支撑起来。为此，封建社会后期，历朝历代更加强调和重视孝道了。

其二，新形势下更需要忠孝结合。

大孝为忠，小忠为孝，孝是忠的基础，“忠臣出于孝子之门”。两宋以来，北方的辽、金、西夏、蒙古族、东北的女真族相继进入中原，建立了金、元、清等封建帝国。多年来恪守儒宗、扩孝为忠的中原朝廷，一再用忠来号召抵御强敌。一些入主中原的少数民族统治者，也利用忠字招纳人才，要求其臣子为其尽忠。不同的人对忠有不同的解释，而忠又与孝密不可分，于是宋、元、明、清历代朝廷也都大力提倡孝道。上自皇帝，下至儒生，对古时的《孝经》纷纷题写序、跋。不到两千字的《孝经》，赫然列入“十三经”中，成为学子必读之经典。又到处树立各种孝子的典型，广泛用孝道教育世人，以此巩固统治的目的十分明显。

其三，因过分强调孝，以致出现一些愚孝行为。

历代朝廷为了提倡孝道，树起了一些典型，曾起到一些积极作用。但在这些典型中，有人对孝强调过火，把这种思想推向极端，便成了愚孝。如割股煎药、为亲复仇、为母埋儿，更有大量宣传因为孝亲感动上天，上天赐给各种灵异，等等，都使孝道这一发自内心的、高尚的伦理道德观念蒙上一层迷信的面纱，出现一些错误的观念，从而大大降低了孝的地位。

其四，对不孝者惩处的法令日益增多。

随着封建社会的衰颓，意识形态的变化也很大。有人为了某种原因，不孝顺父母，甚至虐待父母。为了维持孝这一基本的伦常关系，历代不断制定出对不孝者的惩治法令。《孝经》中记："大刑三千，罪莫大于不孝。"历代惩治不孝的法令，对此一再具体化，不断出现一些维护孝道尊严的重要措施。

在我国封建社会后期，通过历代朝廷对孝的诏令法律，维持与发展了孝道，一再明确人伦关系，对于稳定社会秩序，提高人民道德素质，显然起到积极作用。在执行中，尽管有时有些偏颇，但孝道这一优秀品德的延续，对多年来我国民族精神的铸造、社会的稳定大有好处。当我们对我国封建社会后期的诏令法律进行分析时，其积极面与消极面都应看到。

一、孝亲敬老诏令

北宋初年，宋真宗下诏："礼莫大于事天，孝莫重于严父。"说起他伯父（赵匡胤）"伯考建万世之基"，他父亲赵光义"圣父缵重熙之业"[1]，莫不按祭天和对先人一样来祭祀。宋理宗时对"潭州民林符三世孝行，一门义居"及"福州陈氏……年逾九秩，诏皆旌表其门"[2]，金世宗对皇太子及亲王们说："人之行，莫大于孝弟，孝弟无蒙天日之佑。汝等宜尽孝于父母，友于兄弟……汝等当以朕言常铭记于心。"[3]

元朝初年，社会经过大变乱，经济凋敝，百姓流离者甚多。为了安定社会

1．宋真宗咸平五年十一月十一日南郊赦文。

2．宋理宗淳祐十一年夏四月戊戌旌孝诏。

3．金世宗大定十四年四月帝谓太子、亲王孝行事。

秩序，元世祖至元十年二月颁布《孝亲养老诏令》：“孤老幼疾贫穷不能自存者，仰本路官司验实，官为养济。而不收养或不如法者，委监察纠察。”[1]元武宗大德十一年，皇帝将孔子晋封为“大成至圣文宣王”时，诏令的最后写出“尚资神化，祚我皇元”，明确道出元朝皇帝尊孔的目的是为了保佑自己的统治。在这年的一项诏书中，明确规定：“义夫节妇、孝子顺孙，具表以闻，别加恩赐。”[2]在此前后也几次下诏，对八十以上、九十以上的老人各赐绢帛，以示优礼。《元典章》《元史》中有关元武宗为孝亲敬老颁布的诏令很多，本书就选了十几项，由此可知，到了元朝，又掀起一次尊孔崇儒的新高潮。

明人章潢撰《图书编》中引《太祖高皇帝遗训》为：“孝顺父母，尊敬长上，和睦乡里，教训子孙，各安生理，毋作非为。”此《遗训》中首列“孝顺父母，尊敬长上”，明确体现孝亲敬老的精神。但从整个文字来看，目的却是维持社会秩序，以保长治久安。《明史》记惠帝（朱元璋之孙朱允炆）初登基时即下诏“追尊皇考曰孝康皇帝，庙号兴宗。妣常氏曰孝康皇后，尊母妃吕皇太后，册妃马氏为皇后。”其父朱标早死，未当皇帝，仍以皇帝的名义册封，具体体现其孝的行为。接着又“诏告天下，举遗贤。赐民高年米肉絮帛，鳏寡孤独废疾者官为收养。重农桑，兴学校，考察官吏，振罹灾贫民，旌节孝，瘗暴骨，蠲荒田租”[3]。再次体现尊老敬老的精神。历代被朝廷选中的宫女，在宫中老其终身，不仅不能回家孝敬父母，自己老了也无依无靠。朱元璋对此作了变更，洪武二十二年，皇帝授给宫中的内官、宫女敕旨：“服劳多者或五载六载，得归父母，听婚嫁。年高者许归，愿留者听。现授职者，家给与禄。”[4]意思是说：在宫中操劳日久且功绩多者，如执役五年或六年的宫女，可以回到自己的父母身边，听凭其婚嫁。年纪老的允许其还家，愿意留在宫中的听凭自己的意愿。现在已被授予内官官职的，其禄米可以放到家中。朱元璋对宫女这样一种释放政策，实际上是让久服役的宫人，回家孝敬父母，有禄

1．元世祖至元十年二月圣旨一款。

2．元成宗大德十一年五月钦奉登宝信诏一款。

3．明惠帝建文元年春二月诏。

4．明太祖洪武二十二年授宫官敕。

米的，领取后回家养活父母。有时皇帝为尊老敬老下的诏令，下面没有执行，或未严格执行，皇帝令下属检查落实，如明宪宗成化十六年，户部言："大兴宛平，岁廪孤老七千四百九十余人，凡瞻粮二万六千九百余石。"通过有司稽查，发现"董其事者日肆侵牟，无告之民不濡实惠"。[1]这些东西叫管事的官员侵吞，百姓得不到好处，欲告无门。于是令府尹每月巡查一次，使百姓真正得到恩泽。这说明在国家提倡敬老时，还有人在贪污中饱，被其上级发现。实际上这种情况在明、清一代并不罕见。

女真族入关之前，逐渐接受汉族的儒家文化，也逐渐认识到提倡孝对巩固统治的作用。早在入关前，努尔哈赤天命十年，就向诸贝勒发出上谕："《语》云：'其为人也孝弟，而好作乱者未之有也。'吾世子孙当孝于亲，悌于长，其在礼法之地向勿失孝弟恭敬之仪。……少敬其长以诚意将之，长爱其少亦以诚意出之，毋虚假也。"[2]另一次对侍臣的上谕中称"急公奉上孝弟力田则获福，而家道倡矣。"[3]皇太极继续倡孝，天聪九年《圣训》中说："先帝之志能报养育之恩，既克全孝道亦可谓为国尽忠矣！如不思效忠尽孝，惟各为其家财货、牲畜，是积罔恤人民，怠玩政事"，对这种人"异日蒙"。过多少天后要得到惩处。[4]

清军入关后，继承其祖先倡孝的遗风，对孝道更加强调。在其《上谕内三院》的诏令中说："自古平治天下莫过于孝，孝为五常百行之原，故曾子备述孔子之言以为《孝经》昭示于世，上至天子下逮庶人'至孝之道莫不备焉'。"为此新编《孝经衍义》，"务俾读者观感效法"，以称"朕孝治天下之意"。[5]康熙朝更把孝推广到全国，也包括旗人在内，在其三十七年的上谕中说："兴起教化，鼓舞品行，以孝道为先。节妇应加旌表，孝子尤宜褒扬。八旗岂无孝子，

1．明太祖洪武十九年高年赐爵令。
2．清太祖天命十年四月庚子大宴群贝勒谕。
3．清太祖天命八年二月乙丑上谕侍臣。
4．清太宗天聪九年七月壬戌谕。
5．清世祖顺治十三年正月癸未上谕内三院。

其居官殷实者行孝乃份内事耳，贫人克尽孝道诚为非易，如有身处贫寒能尽孝于父母者，察明奏闻。”[1]整个清朝旌表节孝的诏、谕不少，一部《钦定大清令典》中，“谕旨”或“题准”表彰的很多。有官员，有百姓，有汉人，有旗人。有的尽孝，有的忠孝结合一起，内容庞杂，足见有清一代对孝的重视。

二、荐举孝贤

在治国人才的选择上，春秋之前是世卿世禄制，战国及秦时讲军功，汉代举孝廉，同时也还有依门第、禄位选拔者。隋唐以后开科举，国家主要用科举制选拔人才，但也少不了德育考察，其中一项重要内容就是孝悌。这一做法，两宋以后，仍然继续，通过考察，有的用各种形式表彰，有的在政治上、文化上给些特殊优惠，当然也有的准备提拔为官。如宋太祖开宝三年，皇帝下诏：“诸道、州、府察民有孝悌彰闻，德行纯茂，擅乡曲之誉，为士庶推服者闻。”[2]宋度宗咸淳七年下诏“民有孝弟闻于乡者，守、令其具名上闻，将旌异劳赐焉。”[3]宋徽宗大观元年诏令八种人可以“行贡入太学”，前两种就是“孝、悌”。宋理宗景定元年皇帝更明确地下诏也“举孝廉如汉法”，“好货财必不得为孝，哇母食则不得为廉”[4]。到了金代，也有因具备好孝行，被破格提拔的例子。如金初西北路明安人温德享鄂罗补，以孝行擢为护卫，金世宗大定十三年相关司衙“授洛州孝子刘政为太子掌饮丞”[5]。

元仁宗时，依例进行科举，三年一次开试。到中央参加考试的举人要在自己籍贯中由本地政府推举。除二十五岁以上这一条件外，还要“乡党称其为孝悌，朋友服其信义”。如果地方官滥举或推举出不合格者，要予以惩处。[6]与此同时，也要地方官对“孝子、顺孙”进行表彰。当年元世祖时，就规定对

1．清圣祖康熙三十七年十二月戊午上谕大学士。
2．宋太祖开宝三年举孝悌诏。
3．宋度宗咸淳七年旌举赐孝弟诏。
4．宋理宗景定元年七月诏举孝廉。
5．金世宗大定十三年四月诏授孝子刘政掌钦丞事。
6．元仁宗皇庆二年十月科场举孝悌制。

“职官污滥及民不孝悌者，量轻重议罚”。

明朝初年，急于选择人才，充实各级政府，故“选用人才不拘一格”。设贤良方正、聪明正直。孝悌力田、孝廉等科。都是洪武六年到十六年所设。洪武十七年才复行科举。此十六年“察举贤才，以德行为本，而文艺次之”。“德行”中“孝悌力田”又是重要标准。如洪武十八年皇帝谕礼部“朕闻古者选用孝廉，孝者‘忠厚恺悌’，廉者‘洁己清修’。如此则能爱人守法，可以从政矣！”令各州县选择上送京师。严格标准，不得滥送。[1]有明一代，举孝廉之法并未真正实行，以致明朝末帝崇祯下诏言：“吏部言孝廉之举，祖宗朝皆偶一行之，未有定制，今宜通行。直省加意物色，果有孝廉怀才抱德经明行修之士，由司道以达巡抚按覆核既闻，验试录用。”

清代以科举选官，但也重视孝悌。雍正五年就下过这样一道上谕：“今直、省、府、州、县学贡生生员，多者数百人，少亦不下百余人”，令各地方官将所辖内“居家孝友，行止端方，才可办事而文亦可观者，秉公确查，一学各举一人，于今年秋末冬初申报”。[2]雍正元年对大学士谕中说：“《孝经》一书，为五经并重，盖孝为百行之首。我圣祖仁皇帝钦定《孝经衍义》以阐发至德要道，诚化民成俗之本也。”明确规定乡、会“二场论题宜仍用《孝经》”。[3]这一规定，前所未有。将《孝经》纳入科举之中，可见对孝道的重视。《清史稿》记科举考试武生时，除考《武经七书》《百将传》外，也要考《孝经》，由学政主持，三年一考。清朝末年办洋务，左宗棠督闽时，福建船厂学员除学各种技术以外，也令读《孝经》，“以明事理”。[4]

三、养老礼与乡饮酒礼

两宋以后，为了尊老敬贤，继续推行朝廷的养老礼及地方上的乡饮酒礼。

1．明洪武十八年圣训。
2．清世宗雍正五年四月初十日上谕。
3．清世宗雍正元年己亥上谕大学士。
4．清穆宗同治五年福建船厂学堂习学《孝经》明理事。

《宋史》之《志》之《嘉礼》中，就记着不少宋时具体的养老礼：

“养老于太学。皇帝服通天冠，绛纱袍，乘金辂，至太学酌献文宣王。三祭酒，再拜，归御幄。比车驾初出，量时刻，遣使迎三老、五更于其第。三老、五更俱服朝服，乘安车，导从至太学就次……”

然后记下大量的礼仪，直到皇帝“车驾还宫，三老五更升安车，导从还。”[1]

至于地方上的乡饮酒礼，宋代更具体。李心传《建炎杂记》中记：

“其仪有肃宾、祭酒、主献、宾酬、主人酬介、修爵、无算、沃洗、扬觯、拜送、拜既，凡十二节……”[2]

规定各地都要执行，如果不执行，地方上“毋得应举”。

《明史》之《志》中有这样一句话：“乡饮酒之礼废，则争斗之狱繁矣。”自古代传下来的那种旨在“敬老尊贤”的乡饮酒礼，不但有益于风化的正面作用，也有安定地方秩序，使社会和谐的作用。明代对此特别重视。《明会典》中记洪武帝大诰中说：“乡饮酒礼叙长幼、论贤良，别奸顽，异罪人。其坐席间高年有德者居于上，高年淳笃者并之，以次叙齿而列。其有曾违条犯法之人列于外坐……”[3]此书接着又叙述明初为乡饮酒发出的各种诏令。洪武五年规定具体礼仪，十六年颁行乡饮酒礼图式，二十二年再次颁发图式。对各地进行乡饮酒时的一些规定十分具体。颁图式还具体规定“每岁正月十五日、十月初一日，于儒学行之”。

清朝在尊老敬老上，不但学习古代，又有了新的举措。如康熙五十二年壬寅那一天，召直省官员士庶年六十五以上者，赐宴于畅春园。皇子陪同，宗室子弟执爵敬奉。有人扶着八十以上的老人走到皇帝座前，皇帝亲自向他们敬酒水，并且下谕旨说：古时各朝都把养老尊贤当作政务之先，这样才可推广孝悌，民风淳厚。你们要将朕的意思回去告诉大家。昨天下了大雨，田野中雨水充足，你们回去抓紧时间伺弄庄稼，别误了农时。当天参加宴饮的，九十岁

1．宋礼：养老于太学。

2．宋高宗绍兴间“乡饮酒”礼诏。

3．大诰：乡饮酒礼。

以上有三十三人，八十岁以上的有五百三十八人，对这些人都分别给予赏赐。甲辰那一天，又在畅春园宴请八旗的官员、兵丁及闲散的宗室。仪式和上次一样。这次参加的九十以上的七人，八十以上的一百九十二人。[1]清康熙帝这些活动，人们简称为“千叟宴”，这一做法实际上把朝廷敬老推向了高峰。

至于乡饮酒礼，清代更进一步推行，一部《大清会典》记之甚详，《八旗通志》也有不少记载，有的地方志书（如《福建通志》），也记载甚多。直至今日，距孔子故乡曲阜仅几十里的山东宁阳县，有个村子还保存着“乡饮”这一名称呢。

四、其他孝亲敬老措施

随着封建社会的发展，以维护小农经济为特点的孝道日益发展。除上述内容外，自然还会采取一些提倡与表彰孝亲敬老的措施。主要有：

1．税役优恤

随着封建社会的发展及渐趋没落，各种税役越来越多。如北宋时对北方辽、金、西夏的各种赔款，元代统治者对各族人民的统治，明代末年各种名目繁多的捐税，清代对外国侵略者的各种赔款，等等。各种捐税，多如牛毛。尽管如此，为了稳定社会秩序，也为了粉饰太平，在孝亲敬老方面，各代也都有一些优恤的政策。

宋真宗天禧年间下诏百姓有“孝弟力田”者，“长吏备存恤之”。“三代同居孝义之家”，不但予以旌表，还免除三年的差役。[2]

元世祖至元二十八年规定老年人年八十以上免除其一子杂泛差徭，使之安心敬奉老人。元武宗大德九年下诏老人年八十者存侍丁一名，九十以上者存侍丁二名。所谓“存侍丁”，即免除其本身杂役。[3]

明代洪武元年下令百姓年七十以上者，允许家内留下一丁侍养，免除其杂

1．清圣祖康熙五十二年三月赐高年事。

2．三代同居段免户下三年差役。

3．元世祖至元二十八年钦奉诏书内一款。

泛差役。明代还规定对于一些逃户，一律督令回到原籍，免一年田赋。但是那些老弱不愿返回故乡的，却不强迫返乡，可以加入当地户籍，授给他们农田，和当地人一样待遇。

清朝也奉行对老人的优待政策。清军刚一入关，顺治元年便下令："军民年七十以上者，许一丁侍养，免其徭役。"当时人们对于科举考试十分重视，清代对此也作了规定："凡优恤诸生初入学免本身徭役，入学三十年或未至三十年，齿已七十者免岁科试，以生员冠带终其身。"除按规定被优恤的诸生入学免除其自身徭役外，已经入学三十年或者不到三十年，年纪已到七十岁的人，可以免其科试，以生员的身份冠带终身。这种身份也就是免除各种徭役。

2．致仕终养

各级官员是支撑朝廷的主要力量，历代皇帝对他们在职时及不在职时都给予不同的优惠。《宋会要辑稿》中记着一则《京朝官父母七十以上无亲兄弟者与近地诏》中记："京朝官父母年七十以上□人远官，无亲的兄弟者，并与近地。如有亲□兄弟年二十以上者不在此限。"宋仁宗天圣十年诏给吏部，也明确告诉"选人父母年八十以上者，校注近官。"[1]就是说被选入仕的官员父母年纪在八十以上的，可以听任他们在其父母所在地就近取官就职。宋太祖建隆三年下诏，定下对文武官员之母及妻的封号，列出很多名堂。此后，宋真宗咸平四年，天禧元年、四年又作了补充修改。对文武官员中年纪高的母及妻的封赠，自然也是对官员们的优礼。

在对官员们致仕一事上，元代曾有具体的规定。元世祖至元十八年皇帝令吏部下令：各级官员七十岁可以致仕（离职）。具体做法是官员到了七十岁，可以到吏部请求致仕。对于那些年老、有病的人，当然应该批准。但对于精力未衰，并无疾病的人，不允许致仕。这种规定：一是到了七十岁，可以致仕；一是身体如果好，还可再干，再升；一是身体不好，虽未到七十岁，也可以致

1．京朝官父母年七十以上无亲兄弟者与近地诏。

仕。这种依照年龄又参考身体强弱的做法，很有道理。[1]元朝对官员母、妻封赠的规定，依品级来定越发具体，更是对在职官员及致仕官员的优惠。

明代对致仕官员的敬养与封赠则又高过一层。一品官员赠三代，二品、三品赠二代，四品到七品赠一代。从正一品到从七品的曾祖父、祖父、父各照现在授的职事封品、封赠。正一品至正、从三品的祖母、母、妻，分别赠一品夫人、夫人、淑人。正、从四品到正、从七品的母、妻分别赠恭人、宜人、安人、孺人。[2]凡朝廷官员的父母七十以上的，允许将父母移至任所去侍养，等等，都比以前又高过一筹。

《钦定大清会典》中记“官员终养”部分，对官员致仕终养记的相当详细，如“内外官员，有祖父母，父母，年老无伯叔兄弟者，准其终养。”“父母年七十以上其子均出仕在外，户内别无次丁者。或有兄弟笃病不能侍奉者……皆准回籍终养……”“汉军外官亦照汉官例准其终养”、“继母亦难终养”。[3]这一切规定，都体现一种敬老的精神。

3．丧葬孝思

古人往往以是否孝悌作为评价一个人的标准，宋人苏洵著《谥法》一书中，有些内容就体现这一精神。书中说“孝慈惠爱亲曰孝”，“能养能恭曰孝”，“继志成事曰孝”，“干蛊用誉曰孝”，“秉德不回曰孝”，正是从几个角度对孝的评价，能做到这一些就可谥为“孝”。这种谥号，在古时被认为最大的荣誉。

历代对父母之丧很重视，朝廷也支持此事，元世祖规定：“祖父母、父母丧亡并迁葬者，许给假限。限内俸钞，拟合支给。”元成宗时规定“云南官员，如遇祖父母、父母丧葬，其家在中原者，可以解任回家奔丧”，又规定“军官除边远出征”的例外，其余祖父母、父母丧亡，亦可以立即奔丧[4]。

1．元世祖至元二十八年四月二十三日《近奉省》。
2．一至七品官封赠。
3．汉旗官员、教职官员省亲、省墓制。
4．元世祖至元二十七年“祖父母、父母丧亡并迁葬者”制。

《明会典》中记明初颁布对遇到丧服如何处置事，相当详细，后来更定服制著为《孝慈录》。朝廷支持官员们返里对父母丧葬。如建国之初，马皇后就对诸生在京日久，其父母亡而大父母、伯父母存者，皆可以回家省亲，并且每人还赐衣一袭，银五锭，为道里费。[1]

《钦定大清会典》对官员们回家丁忧的事记载十分详细。什么级别的官员，赴父母丧时准多长时间的假。准假期间照发俸禄。对汉官如何？对八旗官员如何？旗员又分内任、外任官员以及蒙古官员，新选、新补官员等都作了明确规定。清朝皇帝从来把丧亲孝思当作一件大事，说明他们对孝亲敬老的重视，当然也是为了巩固统治所必需。

4．其他法令

历代体现孝亲敬老的精神的还有一些法令，如宋初对父母尚在，子女分家，致不能奉养老人的，规定按律处分。又多次下令，子父应在家中奉养父母，不得“别财异居”。有的诏令明确提出子弟“轻薄无赖，愆于孝义，货鬻田业，追随蒱博者”应经常劝诫。劝诫不成，要绳之以法。[2]

在过去，子女孝亲时，有的割股孝亲，有的卧冰行孝，在元朝却反对这些行为，在《元典章》第三十三《礼部六 · 行孝》部分有“禁割股剜眼”“行孝割股不当”“禁卧冰行孝”等标题，对这些愚孝行为批评、禁止，都是十分正确的。《元史》之《志 · 刑法》中列出“十恶”中就有：

“恶逆：谓殴及谋杀祖父母、父母，杀伯叔父母、姑母、兄、姊、外祖父母、夫、夫之祖父母、父母者。”

“不孝：谓告言诅詈祖父母、父母，及祖父母、父母在，别籍异财，若供养有阙，居父母丧，身自嫁娶，若作乐释服从吉；闻祖父母、父母丧，匿不举哀；诈称祖父母、父母死……”

这些规定都有益于孝亲敬老的推行。[3]

1．明太祖孝慈马皇后红仓养诸生及尊老事。

2．宋太宗太平兴国元年十一月轻薄无赖，愆于孝义绳法令。

3．元律：十恶。

《明会典》中对上述规定重述又加具体化，在“十恶”中除“恶逆”“不孝”外，还有“不睦：谓谋杀及卖缌麻以上亲，殴告夫及大功以上尊长，小功尊属，具体如匿父母之丧者，杖六十，徒一年”。另外又如殴打祖父母、父母，弃亲任职者乃至乡饮酒礼时不按规定者，均有详细处置规定。

清代以来，对于不孝的各种情况如何处罚，规定的更加具体。均载于《大清律例》中，《圣祖仁皇帝圣训》及《畿辅通志》《世祖宪皇帝圣训》《皇朝义献通考》《钦定八旗通志》等书也有不少记载。

骆承烈

辛卯夏于孔子故里

凡 例

1．本《集成》共十二册，除第一册为今人论文外，其他十一册均依古代孝亲、敬老等内容分类选录，所录文章均剔除愚孝内容。每册所列古籍一般依出现时间的先后排列。每一类中选录的文献亦按照类别和时间顺序排列。第二册《历代〈孝经〉序跋题识》同一书下的序跋归于一书，并依书中前后顺序排列。

2．为使内容简明，所录文章多有删节，前、后文及其间未选录的内容以“……”表示。

3．为方便阅读，编者将正文略加分节。

4．除第一、二册外，其余各册所引古文，每段原文后均附白话译文，译时基本为直译，不好译出的内容适当意译。

5．选录文章所涉书目及原书作者，在书中第一次出现时，对其进行必要的介绍。

6．原文中所遇难解字句、专有名词，多在其后加简明注释。

7．原文缺字或存疑者以“□”表示。

8．原书中的异体字、避讳字、讹字均改为规范汉字，不出校，仅有极个别必要的异体字予以保留。

9．全书均用简化汉字。

目 录

第八卷　两宋辽金（上）

一、孝亲敬老诏令

《宋朝事实》一则

宋真宗咸平五年十一月十一日南郊赦文

咸平五年十一月十一日南郊赦文。

门下[①]：礼莫大于事天，孝莫重于严父……自伯考[②]建万世之基，圣父[③]缵重熙之业，莫不三年而郊上帝。九庙[④]以飨神宗，用荐精诚，以伸昭报。顾予寡薄，获荷庆灵，奉以周旋，焉敢废坠……

宋 · 李攸《宋朝事实 · 卷四 · 郊赦一》

【简注】①门下：即门下省，官署名。东汉时称侍中寺。晋代时因为其掌管门下众事，始称“门下省”。南北朝沿用此称，与中书省、尚书省并立，侍中为其长官。隋代承继其制。唐高宗龙朔二年改名“东台”，唐高宗咸亨初年复旧称，武则天临朝时，改名“鸾堂”“鸾台”。唐中宗神龙初复旧称，唐玄宗开元元年改称“黄门省”，五年仍复旧称。宋代沿袭，元代废止。执掌审查诏令，驳正违失，受发通进奏状，进请宝印等。其长官初名侍中，后又或称左相、黄门监等。 ②伯考：即宋太祖赵匡胤。 ③圣父：即宋太宗赵炅。④九庙：指帝王的宗庙。古时帝王立庙祭祀祖先，有太祖庙及三昭庙、三穆庙，共七庙。王莽时增为祖庙五、亲庙四，共九庙。后以此代指太庙。

【译文】（宋真宗）咸平五年十一月十一日祭南郊赦文。

门下：世上没有哪一种礼法是大于奉事上天的，孝敬这种德行最重要的是奉侍自己的父母……自从皇伯父建功立业，确立大宋的万世基业，皇父承继了天下大业，没有不是三年一次祭祀上天的。在九庙之中祭祀祖先，要用精诚的态度，向上天昭告申报。朕以微薄的德行承继皇统，却屡次承接了上天的意旨，恭敬地崇奉上天，的确是不敢废坠……

《端明集》一则

宋仁宗中书度郡国察孝悌力田诏

敕：朕念古先圣人极远虑而垂大法，元元之民其生长也，有教育之地故能兴行于家、力作于野，亲族和同，爱足以相恤，衣食赡给，力足以相保，然后狱讼衰而盗贼息，以格于治平。呜呼！其盛也哉！自战国历秦，重利而寡恩，孝悌之风薄矜，奢而广欲，惰游之手众，驱人于不善，率由是已，岂斯民之性有所偏异，盖导之之具至与不至耳。朕居士民之上父母之司，内竭至诚奉祖宗而惇族属，外务朴素却侈用而息烦费，思与吾人尚本而弃末，然而生齿之聚或戾于教义而困于饥馑者，其导之未至欤！今郡国长吏皆朕协力而宣化，其有孝悌章明、勤于田亩、可率乡党者，其以名闻，朕将录之以风天下。

宋 · 蔡襄《端明集 · 卷十 · 中书度郡国察孝悌力田诏》

【译文】（宋仁宗）敕书：朕感念古时的先圣、哲人极有远虑地传下了各种制度，使天下的百姓能够正常生活在世间，古时圣贤创下了各种教育、教化方面的制度，使百姓之家得以兴盛，使他们能够在田野里正常地耕种、收获，使得百姓之家、亲族之间出现了和顺和美的现象，相互爱敬的品性，使得他们之间可以相互扶助，衣、食、赡养能够自给自足，正因为这样国家才会出现狱讼平息、盗贼灭迹的现象，直至天下大治。哎呀！这是多么好的盛世景象！（可是）从战国直到秦朝，那个时代人重利益而刻薄恩义，孝悌这样的社会风气十分淡薄，而穷奢广欲、游手好闲的人众多，这种习气使社会形成了不好的民风，这种情况，岂能怨百姓们的心性有所偏离，只是因为执政者引导的方向不正确而导致的。朕身为百姓的父母，对内竭诚地崇奉祖宗，进而敦睦宗族，对外讲求朴素、舍弃奢侈、去除不当的消费，经常考虑着如何才能崇尚根本去除末节，然而百姓们的成长聚集时，有的人却违背教化、背离道义，进而使许多人困于饥馑之中，这都是教化引导没有达到的原因！今后天下各郡国长吏都要协同朕去教化百姓，如果出现因孝敬父母、友悌兄弟、努力耕田而闻名的人，官府可以在乡党之间宣扬他们的名声，朕将记录他们的事迹，让天下人去学习他们，以使好的风俗传于天下。

《宋大诏令》二则

宋徽宗大观二年黔南兴学御笔

黔南新造之邦，人始从化。虽未知学，然溯其鄙心，非学无以善之。委转运判官李仲将以渐兴学，举其孝、弟、忠、和，使知劝向。

《宋大诏令 · 卷一百五七 · 政事十 · 学校》

【译文】黔南是国家新开发的地方。那里的百姓才开始接受国家的教化。黔南地区的人们因国家还未在那里兴办学校，人们不知教化，因此那个地区人心鄙薄。不对那里的百姓进行教化，人们是不知道如何向善的。国家将委派转运判官李仲在黔南地区兴办学堂，以期教化百姓，培养人们具备孝、悌、忠、和的道德品质，以劝导、教化百姓。

宋太宗太平兴国八年癸未令长吏延见耆德高年讯民疾苦诏

养老乞言，三代之达道；兴廉举孝，两汉之旧章。故遒人[①]振铎以采诗，刺史褰帷[②]而按部。省方[③]所及，必存问百年，行春所至，亦延见三老，斯为茂典[④]，可举而行。自今仰诸路州县长吏、或部内有耆德高年为乡里所信重者，并延见讯民间疾苦，吏治得失。退而改之，以称吾意。

《宋大诏令 · 卷一百八七 · 政事四十 · 慰抚上》

【简注】①遒人：古时帝王派出去了解各地民情的使臣。语出《尚书 · 胤征》：“每岁孟春，遒人以木铎徇于路。” ②褰帷：代指官吏体察民情之事。 ③省方：即指国家派官员巡视四方。语出《易》：“先王以省方而观民设教。” ④茂典：盛美的法则、条文、制度。

【译文】养老这样的礼法、制度，是上古三代就兴起的一种良好的治国、教化的方法；提倡廉洁奉公的执政方法、举荐孝悌忠信的人，是两汉以来国家的传统制度。因此自古以来国家就派遣官员去了解各地的民情，采集民风汇成诗歌以供国家参考，各级官员体察民情，要将所记、所得呈报朝廷。在国家省问、探访所能到达的地方，必定要去存问年高德劭的老人，到了春天的时候，也要行养老礼以尊奉三老，这是国家良好的礼法制度，各地可行养老礼。从现在开始国家各地的州、县长官，或者中央各部的长官对德高望重、年高德劭且为乡里信赖敬重的人，要尊奉他们、请见他们，以访问民间的疾苦，以探求吏治的得失。如果有不足、不当之处要退省并加以更正，以称国家的意旨。

《钦订重定大金国志》一则

金世宗大定二十二年春三月恤民诏

大定二十二年春三月诏恤民诏略曰：

皇祖有训，非继体敢忘，圣人无心，惟百姓是念。朕丕承宏绪二纪于兹，祇遹先猷不为不远，永言治理务在恤民，万方有罪罪在朕躬，所以当馈兴忧夕惕载怀者也。今天下粗安，海内无事，可使人分巡风俗，申达冤枉，孝弟力田给以优复，鳏寡孤独时加赈济，其有蠹民害政之事一切罢行。

宋 · 宇文懋昭《钦订重定大金国志 · 卷十一 · 世宗圣明皇帝下》

【译文】（金世宗）大定二十二年春三月下诏优恤百姓，诏书的内容略为：

皇祖的训令，不是承继大统的人所敢忘记的，圣人没有私心，只是以天下百姓为念。朕承继大统已经将近二十四年，记述先王的言行典章、实录年代并不远，（从这些典章、实录中可以看出，）历代皇祖都要求在治理国家、处理政务时要体恤百姓，天下如果出现罪责，其罪都在朕一身，所以在施政时应当以兴盛国家为念，时常在夜晚仍要怀有忧惧之心。现在天下刚刚安定下来，国家没有什么大的事件发生，可以派使者巡视各地风俗，申明各地的冤屈之事，给予孝敬父母、友悌兄弟、努力耕田的人以优免赋役的待遇，对鳏夫、寡妇、孤独贫弱的人给予赈济，如果有发现蠹民害政的事一律要使其停止。

《续资治通鉴长编》三则

宋太宗至道二年六月庚辰旌孝诏

（宋太宗至道二年六月）庚辰，温州言永嘉县民陈侃五世同居，内无异爨。侃事亲至孝，为乡里所称。诏旌表门闾，赐其母粟帛。

《续资治通鉴长编 · 卷四十》

【译文】（宋太宗至道二年六月）庚辰这一天，温州上奏言永嘉县百姓陈侃五世同居，家族内的人共同居住，没有什么矛盾。黄侃事奉父母至为孝敬，为乡里所称颂，皇帝下诏旌表其家。光大其门楣，赐给他的母亲粟和帛。

宋真宗咸平二年夏四月丙子庶官求孝行事

（宋真宗咸平二年夏四月）丙子，上谓辅臣曰：“庶官中求才干则不乏，询德行则罕见其人。夫德为百行之本，德行之门必有忠臣孝子，岂无德行者能全其忠孝乎……若能自干本局，则百职不严而肃，又何患乎政事之挠渎哉！”

《续资治通鉴长编 · 卷四十四》

【译文】（宋真宗咸平二年夏四月）丙子这一天，皇帝对辅臣说：“在百官之中寻求有才能的干才，可以说是不乏其人，但查询他们之后发现，具有很高德行的人却十分罕见。道德是天下种种行为举止的根本，有德行的家族中一定会出现忠臣孝子，没有德行又怎么会具有忠孝这样的品性呢……如果能修养好自己的德行、处理好本职的事情，那么天下所有官员不用严格要求便会整肃自己，又何必忧患处理政事的人出现渎职的现象呀！”

宋神宗元丰三年秋七月丁亥诏

（宋神宗元丰三年秋七月丁亥诏曰：）“朕惟先王制行以赴礼，孝莫大于严父，严父莫大于配天。配天一也，而属有尊亲之殊，礼有隆杀之别。故远而尊者祖，则祀于郊之圜丘而配天；迩而亲者祢，则祀于国之明堂而配上帝……”

《续资治通鉴长编 · 卷三百零六》

【译文】（宋神宗元丰三年秋七月丁亥这一天，皇帝下诏说：）“朕根据先帝所制定的行止方法而使用礼法，知道孝敬之事没有什么大过尊奉严父的，崇奉严父及祖先没有什么大过他们祭祀、配享上天的。祭祀、配享上天是一件事，可是亲人们有尊仰和亲附这一区别，礼法中有尊卑、厚薄、高下这些分别。因此距离远的先人可以尊称其为‘祖’，这些祖先可在南郊的圜丘祭祀以配祀上天；近代去世的父祖可以称其为‘祢’，这些人可以在明堂之中去祭祀他们，进而配祀上帝……”

《咸淳临安志》一则

真宗皇帝文臣七条

一曰清心，谓平心待物则物自正；二曰奉公，谓公直洁己则民自服；三曰修德，谓以德化人不专猛威；四曰责实，谓专求实效勿竞虚誉；五曰明察，谓勤察民情勿使赋役不均、刑罚不中；六曰劝课，谓劝谕下民勤于孝弟之行、农桑之务；七曰革弊，谓求民疾苦而厘革之。

元 · 潜说友《咸淳临安志 · 卷四十二 · 御制》

【译文】真宗皇帝敕文臣规范七条：

第一是清心，指臣子在施政时要用平常心去待人接物处事，自然会公正；第二是奉公，指臣子在处理政事时要有公平态度、正直、廉洁、严于律己的风范，这样百姓自然钦服；第三是修德，指臣子在处世时以德化人，不专擅、不以势压人；第四是责实，指臣子们在处理政事时要务求实效，不得竞相攀比、求取虚誉；第五是明察，指臣子们要勤于体察民情，不要使境内出现赋役不均、刑罚不中的现象；第六是劝课，指臣子们要劝谕辖境内百姓孝敬父母、友悌兄弟，努力耕种田地、种植桑麻；第七是革弊，指臣子们在职时要访求百姓疾苦，将不合理的东西革除以便于百姓生计。

《宋史》一则

宋理宗淳祐十一年夏四月戊戌旌孝诏

（宋理宗淳祐十一年）夏四月戊戌，潭州民林符三世孝行，一门义居。福州陈氏……寿逾九秩，诏皆旌表其门。

《宋史 · 本纪第四十三 · 理宗三》

【译文】（宋理宗淳祐十一年）夏四月戊戌这一天，潭州百姓林符三代都具有孝行，一门之中孝义同居。福州百姓陈氏……年寿达九十以上，皇帝下诏对其给予旌表。

《辽史》一则

辽圣宗统和元年十一月庚辰旌孝诏

（辽圣宗统和元年十一月）庚辰，上与皇太后祭乾陵，下诏谕三京①左右相、左右平章②事、副留守判官③、诸道节度使判官、诸军事判官、录事参军④等，“当执公方，毋得阿顺。诸县令佐如遇州官及朝使非理征求，毋或畏徇……民间有父母在，别籍异居者，听邻里觉察，坐之。有孝于父母，三世同居者，旌其门闾。”

《辽史 · 本纪第十 · 圣宗一》

【简注】①三京：指南京、中京、上京。②左右平章：古代官名，唐代以尚书、中书、门下三省的长官为宰相，因其官高权重，不常设置，而是选任其他官员加同中书门下平章事之名，简称“同平章事”，同参国事。唐睿宗时又有平章军国重事的称谓。宋代沿袭，由年高望重的大臣担任，位在宰相之上。金、元时有平章政事，位次于丞相。元代设行中书省置平章政事，则为地方高级长官。简称平章。明初仍沿袭，不久废止。③留守判官：古代官名，唐代于节度使、观察使、防御使中设置判官，是地方长官的僚属，辅助地方长官协理政事。宋、辽、金沿用唐制，并于团练、宣抚、制置、转运、常平等司衙设置判官。元代改为在各州府设置判官。明清之际仅于州中置判官。④录事参军：官秩名。晋代时始置，又称“录事参军事”。是王、公、大将军的属员，职掌总录众曹文簿，举荐贤良、弹劾恶行。之后北魏至唐代，中央各州均设此职。宋、金、辽亦在京府为置司录参军，各州置录事参军。元代废止。

【译文】（辽圣宗统和元年十一月）庚辰这一天，皇帝和皇太后在乾陵祭祀，下诏谕示南京、中京、上京的左右相、左右平章事、副留守判官、各道的节度使判官、各军镇军事判官、录事参军等人，说：“执政时要公平、公正，不得阿谀附顺。各县的县令、县佐如果遇到州官及朝廷的使者征发不合理的赋役、租税，不要畏惧他们……民间有父母尚在的人家，其子孙分居、分籍居住的，如果邻里不举发、察举，将给予连坐的处罚。如果有孝敬父母的人家、三世同居的人家，国家将旌表其门闾，以光大他们的门楣。”

《金史》四则

金世宗大定十三年五月甲辰诏

（金世宗大定十三年五月）甲辰，尚书省[①]奏：“邓州民范三殴杀人当死，而亲老无侍。”上曰：“在丑不争谓之孝，孝然后能养。斯人以一朝之忿忘其身，而有事亲之心乎？可论如法，其亲，官与养济。”

《金史 · 本纪第七 · 世宗中》

【简注】①尚书省：南北朝刘宋时始得名。前身为“尚书台”，是汉代皇帝的秘书机关，魏、晋至宋代是中央最高政令机构，为中央政府最高权力机构之一。其组织机构隋朝定形。唐代辖有吏部、礼部、兵部、刑部、户部、工部等六部及主爵等二十四司。宋代仅形式上还保留尚书省，辽、金二国有尚书省设置，与宋制相同。元代尚书省时置时废。明清时废止。

【译文】（金世宗大定十三年五月）甲辰这一天，尚书省奏称："邓州百姓范三殴杀人，按律应当处死，而母亲年老无人侍奉，（请示下如何处理）。"

皇帝下诏说："在丑不争可以称之为孝，只有具有孝的品质才能侍养老人。此人以一时的激忿忘却自己所担负的责任，能说他有侍养亲人的心思吗？可以将其交予法司处理，其家中的老人，官府去侍养接济。"

金世宗大定十四年四月帝谓太子、亲王孝行事

（金世宗大定十四年四月）上御垂拱殿，顾谓皇太子及亲王曰："人之行，莫大于孝弟，孝弟无不蒙天日之佑。汝等宜尽孝于父母，友于兄弟。自古兄弟之际……汝等当以朕言常铭于心。"

《金史 · 本纪第七 · 世宗中》

【译文】（金世宗大定十四年四月）皇帝在垂拱殿理政，对皇太子及亲王说："人的行为，没有比孝这种德行更大的事情，身具孝悌品性的人没有得不到上天垂怜的。你们一定要尽孝于父母、友悌于兄弟……你们一定要将朕的言语铭记于心。"

金世宗大定二十五年七月乙未诏

（金世宗大定二十五年）七月乙未，上谓宰臣曰："天子巡狩当举善罚恶，凡士民之孝弟姻睦者举而用之，其不顾廉耻无行之人则教戒之，不悛者则加惩罚。"

《金史 · 本纪第八 · 世宗下》

【译文】（金世宗大定二十五年）七月乙未这一天，皇帝对宰臣说："天子巡狩应当褒扬善行惩治恶行，凡是士民之中的孝敬父母、友悌兄弟、和睦姻亲的人各级官员都要将他们举荐上来，其他如果有不顾廉耻、轻狂无行的人，一定要教训、戒止他们，屡教不改的要对他们加以惩处。"

金世宗大定二十五年九月甲申嘉赞老人赐食帛事

九月辛巳朔，次辖沙河，赐百岁老妪帛。甲申，次辽水，召见百二十岁女真老人，能道太祖开创事，上嘉叹，赐食并赐帛。

《金史 · 本纪第八 · 世宗下》

【译文】九月辛巳初一，皇帝行至辖沙河，赐给百岁老妪帛。甲申这一天，行至辽水，召见一百二十岁的女真老人，其人能说出太祖（即完颜阿骨打）开创国家的事迹，皇帝嘉叹，赐给他食物和帛。

《钦定续通志》五则

宋太宗太平兴国六年旌李罕澄七世同居诏

李罕澄，冀州阜城人，七世同居。汉乾祐三年[1]诏改乡里名及旌其门闾，太平兴国六年[2]长史以汉所赐诏书来上复，旌表之。

清 · 《钦定续通志 · 卷五百二十四 · 孝友传 · 宋 · 李罕澄》

【简注】①汉乾祐三年：乾祐，后汉隐帝刘承祐年号，三年为公元950年。 ②太平兴国六年：太平兴国为宋太宗年号，六年即公元981年。

【译文】李罕澄，冀州阜城县人，其家七世同居。后汉乾祐三年诏令改乡里的名字并且旌表其门闾，太平兴国六年当地长史以后汉所赐的诏书上复朝廷，国家又对其给予旌表。

宋太宗淳化间旌孝悌累世同居诏

许祚，江州德化人，八世同居，长幼七百八十一口。太平兴国七年旌其门闾，淳化二年本州言祚家春夏常乏食，诏岁贷米千斛。

又有信州李琳十五世同居，贝州田祚、京兆惠从顺十世同居，庐州赵广、顺安军郑彦圭、信州俞隽八世同居，陕州张文裕六世同居，襄州张巨源、刘芳、潭州瞿景鸿、温州陈侃、江陵褚彦逢五世同居，徐州彭程四世同居，皆赐诏旌表门闾。

清 · 《钦定续通志 · 卷五百二十四 · 孝友传 · 宋》

【译文】许祚，江州德化人，其家中八代同居，长幼共七百八十一口。宋太宗太平兴国七年国家旌表其门闾，淳化二年本州守令上奏说许祚一家春夏之交常缺乏食物，皇帝下诏每岁贷其家米千斛。

又有信州李琳十五代同居，贝州田祚、京兆惠从顺十代同居，庐州赵广、顺安军郑彦圭、信州俞隽八代同居，陕州张文裕六代同居，襄州张巨源、刘芳、潭州瞿景鸿、温州陈侃、江陵褚彦逢五代同居，徐州彭程四世同居，国家都赐诏旌表其门闾。

宋太祖开宝间旌陈兢十三世同居并免徭役诏事

陈兢，江州德安人，陈宜都王叔明之后……僖宗时尝诏旌其门闾，南唐又为立义门，免其徭役。崇子衮江州司户，衮子昉试奉礼郎，昉家十三世同居，长幼七百口不畜仆妾，上下姻睦人无间言……开宝初平江南，知州张齐贤上请仍旧免其徭役，从之。

清 · 《钦定续通志 · 卷五百二十四 · 孝友传 · 宋》

【译文】陈兢，江州德安人，南朝陈宜都王陈叔明的后代……唐僖宗时曾经下诏旌表过其家族，五代时南唐又将其家立为“义门”以示褒奖，免除其家的徭役。陈崇的儿子陈衮任江州司户，陈衮的儿子陈昉任试奉礼郎，陈昉一家十三代同居，长幼七百口没有妾及仆役，上上下下和睦相处，人与人没有什么冲突……宋太祖开宝初年，太祖皇帝平定江南后，知州张齐贤上奏请旨仍旧除其家徭役，皇帝听从了这一奏议。

宋真宗咸平间旌表孝悌累世同居诏

裘承询，越州会稽人。居云门山前，十九世无异爨，子弟习弦诵，乡里称其敦睦，州以闻，诏旌其门闾。

咸平后又有保定军孙浦、襄州常元绍、蔡州王美、解州董孝章并十世同居，莫州高珪、永定军朱仁贵、潞州邢濬、相州赵祚八世同居，麟州杨荣、隰州赵友、开封李居正、颍州张可象、卫州张珪、沧州崔谅七世同居，邢州王觉、赵州曹遵六世同居，兖州童升、陈州樊可行、京兆元守全、平定军段德五世同居，开封张仁遇、亳州王子上、建昌军瞿肃四世同居，又河阴王世及大名李宗祐、陈州刘闰、宣州汪政、潭州李耕，或聚居至七百口，累数十百年并所在，请加旌表，诏从之，仍蠲其课调。

清 · 《钦定续通志 · 卷五百二十四 · 孝友传 · 宋》

【译文】裘承询，越州会稽人。家居云门山前，十九代同居没有分家，家族中的子弟都读书学习，乡里称其家一门敦睦，州里听闻之后上奏朝廷，朝廷下诏旌表其门闾。

宋真宗咸平年间之后又有保定军的孙浦、襄州的常元绍、蔡州的王美、解州的董孝章，他们家十代同居；莫州的高珪、永定军的朱仁贵、潞州的邢濬、相州的赵祚，他们家八代同居；麟州的杨荣、隰州的赵友、开封的李居正、颍州的张可象、卫州的张珪、沧州的崔谅，他们家七代同居；邢州的王觉、赵州的曹遵，他们家六代同居；兖州的童升、陈州的樊可行、京兆的元守全、平定军的段德，他们家五代同居；开封的张仁遇、亳州的王子上、建昌军的瞿肃，他们家四代同居，又有河阴的王世以及大名的李宗祐、陈州的刘闰、宣州的汪政、潭州的李耕，这些人的家族或者聚族而居其家族达七百口，或者数十年、数百年共同居住，当地官员上奏请求加以旌表。朝廷听从这些奏议，下诏褒奖，仍然蠲免其家课调。

宋真宗大中祥符封禅泰山旌表孝悌累世同居诏

大中祥符初，东封泰山，判兖州王钦若言曲阜东野宜乾、封窦益合居五六世有节行；四年祀汾阴，考制度使马起言陕州张化基、阎用和、杨忠义聚族累世孝弟可称，并即行在所降诏褒美，各优赐粟帛。

清·《钦定续通志·卷五百二十四·孝友传·宋》

【译文】宋真宗大中祥符初年，皇帝东封泰山时，兖州府判王钦若上奏说曲阜的东野宜乾、封窦益其家族五、六代同居，并且家族中的人都有节操行义；大中祥符四年皇帝祀汾阴时，考制度使马起上奏说陕州的张化基、阎用和、杨忠义聚族而居，其家族累世孝悌可以称颂，朝廷一并于皇帝行在下诏褒奖、赞美他们，各自优免赋役、赐予粟帛。

《夏津县志》一则

宋徽宗大观元年举孝悌、明人伦以敦风俗诏[1]

学以善风俗、明人伦，而人材所自出也。今有教养之法，而未有善俗明伦之制，殆未足以兼明天下。孔子曰：“其为人也孝悌，而好犯上者鲜矣！不好犯上，而好作乱者，未之有也！”盖设学校、置师儒所以敦孝悌，孝悌兴则人伦明，人伦明则风俗厚，而人才成刑罚措。朕考成周之隆，教万民而实兴以六德②、六行③，否则威之以不孝不悌之刑，比已立法保举孝、悌、姻、睦、任、恤、忠、和之士。去古绵邈，士非里选，习尚科举，不孝不悌有时而容，故在官为政趋利犯义、诋讪贪污，无不为者，此官非其人士不素养故也。近因余暇，稽周官之旧制为法度，颁之校学，明伦善俗，庶几于古。

宋 · 《大观御制碑》

【简注】①此诏见于《大观御制碑》，此碑山东夏津县存有一幢，碑文可从《夏津县志》中查阅。碑首高二尺二寸，宽三尺一寸五分，身高九尺二寸，宽三尺九寸，楷书，字径一寸一分，共二十六行，碑文中有许多字已脱落不清。首题："大观元年九月十八日，资政殿学士兼侍读臣郑居中乞以御笔，八行诏旨，摹刻于石，立之宫学及太学、辟雍、天下郡邑……太师尚书左仆射兼门下侍郎上柱国魏国公食邑一万一千二百户实封参阡（原文如此）八百户臣蔡京奉敕题额。"此碑文在明代的《万历保定府志》、清代的《古令图书集成》等书中都有记录。 ②六德：《周官·地官·大司徒》："六德：知、仁、圣、义、忠、和。"③六行：《周官·地官·大司徒》："六行：孝、友、睦、姻、任、恤。"

【译文】世人通过学习是可以改善世间风俗、明定人伦道德的，国家的人才也是从这些学有所成的人中选拔的。现在国家有教化、培养的方法，却没有改善风俗、明定人伦的制度，这是国家想要兼明于天下的缺憾呀！孔子曾说："其为人也孝悌，而好犯上者鲜矣！不好犯上，而好作乱者，未之有也！"于是国家设立学校，安置师长以儒学教化世间，以求世间出现孝悌这种风俗敦厚的现象。孝悌这种德行兴盛则世间人伦道德就会昌明，人伦道德昌明，世间的风俗也将趋于淳厚，于是国家的人才就会涌现，而刑罚之事就会减少。朕考察成周这一朝代之所以兴隆，是这一朝代教化万民的方法实际上是兴隆六德、提倡六行，如果做不到，国家再用不孝不悌的罪责去刑罚。正因为采用这个方法，当时的社会上具有孝、悌、姻、睦、任、恤、忠、和这样德行的士人充斥于朝堂之中。现在朕处的时代离古时候已经很远了，国家的士子也不是由乡、里举荐产生的，士子们习惯于以科举入仕，不孝不悌的现象时有发生，因此有许多官员在为政时往往趋利犯义、诋毁他人、贪污受贿，无所不为，这是为官之人平素不学习、不修养所造成的。近来（朕）因为余暇时间较多，稽考周官的旧制，审定为国家的法度，将其颁行于天下的学校，以使在学的士子能明正人伦、迁善风俗，使国家的风气恢复古时的淳厚之风。

二、高年尊养

《燕翼诒谋录》一则

宋仁宗天圣九年十二月癸丑诏

（宋仁宗天圣）九年十二月癸丑，诏流内铨[①]，选人父母年八十以上，权听注近官。此教人以孝，且厚风俗也。

宋·王栐《燕翼诒谋录·卷五》

【简注】①流内铨：宋官署名。属吏部。掌幕职、州县官以下注拟、磨勘等事。

【译文】（宋仁宗天圣）九年十二月癸丑这一天，皇帝下诏给吏部流内铨：被选取入仕的官员父母年纪在八十以上的，可以听任他们在其父母所在地就近取官就职。这是为了教化人们孝敬之风，是为了让风俗敦厚而定的制度。

《钦订重定大金国志》二则

金世宗大定五年春二月赐高年孝悌令

大定五年[①]春正月大雷。

二月，赐高年孝悌力田人粟帛各有差。

宋·宇文懋昭《钦订重定大金国志·卷十六·熙宗孝成皇帝上》

【简注】①大定五年：大定，是金世宗完颜雍的年号，是年公元1166年。

【译文】（金世宗）大定五年春正月，出现了大雷雨的天气。

二月，国家为应和天兆，于是下令各地据不同情况赐予老年人、孝敬父母的人、友悌兄弟的人和努力耕田的人粟和帛不等。

金章宗明章元年三月赐高年孝悌力田令

（明昌元年）三月，赐高年孝悌力田者粟帛有差，鳏寡孤独优加赈恤。

宋·宇文懋昭《钦订重定大金国志·卷十九·章宗皇帝上》

【译文】（金章宗明昌元年）三月，皇帝下令：据各地不同情况赐予老年人、孝敬父母、友悌兄弟、努力耕田的人粟和帛不等，对鳏夫、寡妇、孤独贫弱的人给予优恤和赈济。

《宋史》五则

宋神宗熙宁二年京师雪寒恤老诏

熙宁（宋神宗年号）二年，京师雪寒，诏："老幼贫疾无依丐者，听于四福田院额外给钱收养，至春稍暖则止。"

《宋史·志一百三十一·食货上六》

【译文】（宋神宗）熙宁二年，京师大雪天气寒冷，皇帝下诏说："老年人、幼年人、贫苦无依的行乞之人，可以听凭他们到四福田院领取赈济他们的钱粮，以便国家收养他们，到了春天气候稍暖的时候再停止。"

宋神宗熙宁九年太原恤老奏对

九年，知太原韩绛言："在法，诸老疾自十一月一日州给米豆，至次年三月终。河东[①]地寒，乞自十月一日起支，至次年二月终止；如有余，即至三月终。"

从之。

《宋史·志一百三十一·食货上六》

【简注】①河东：古地区名。黄河流经晋、陕两省，自北而南的一段的东部，即指现在的山西省。秦汉时设河东郡，唐初设河东道，唐玄宗开元年间又设河东节度使，宋代设河东路，明代废止。

【译文】熙宁九年太原知府韩绛上奏说："在法令当中，年老的人、有疾病的人国家自当年的十一月一日开始赈给米豆，到第二年三月停止。可是河东地区天气寒冷，请准于当年十月一日起赈给，至第二年二月停止，如果还有剩余，请准予三月时停止。"

皇帝准其奏请。

宋神宗熙宁九年孤独癃老疾废贫乏不能自存者居官屋令

凡鳏、寡、孤独、癃老、疾废、贫乏不能自存应居养者，以户绝屋居之；

无，则居以官屋，以户绝财产充其费，不限月。

《宋史 · 志一百三十一 · 食货上六》

【译文】凡是鳏夫、寡妇、孤独之人、年老体弱多病的人、身患疾病的人、残废之人、贫乏不能自存的人，国家将把他们安排到已经无民户居住的房子之中；如果没有这种房屋，则居住在官府所提供的房屋之中，用已经无民户居住的房子中的财产作为其生活费用，不限定月数。

宋太祖开宝年间赐吕继美等二十九位八十老人公士令

澶、密、齐、沂、莱、江、吉、万州、江阴、梁山军，各奏八十已上吕继美等二十九人，并赐爵公士。

《宋史 · 列传第二百一十六 · 隐逸上》

【译文】澶州、密州、齐州、沂州、莱州、江州、吉州、万州、江阴、梁山军，各自奏闻八十以上的老人，如吕继美等二十九人，国家一并赐给他们公士的爵称。

宋真宗赐百岁老人衣帛米麦等诏

真宗时，凡老人年百岁已上者，州县以名闻，皆诏赐衣帛、米麦，长吏存抚之。

《宋史 · 列传第二百一十六 · 隐逸上》

【译文】宋真宗时（皇帝下令：）凡是老年人在百岁以上的，州县官员都要将他们的名字奏闻朝廷，国家都赐给他们衣帛、米麦，派遣当地官长去慰问他们。

《钦定续通典》六则

辽圣宗统和十六年赐九十妇女诏

辽圣宗统和十六年六月诏：“妇人年逾九十者赐物。”

清 · 《钦定续通典 · 卷六十七 · 礼 · 嘉 · 养老》

【译文】辽圣宗统和十六年皇帝下诏：“妇女年纪达到九十的赐给财物。”

辽圣宗太平四年二月赐各宫老人诏

太平四年二月诏："赐诸宫分耆老食。"

清 · 《钦定续通典 · 卷六十七 · 礼 · 嘉 · 养老》

【译文】辽圣宗太平四年二月下诏："赐给各官的老年人食物。"

金世宗大定二十五年七十以上老人补一官诏

金世宗大定二十五年四月诏："会宁府百姓年七十以上者补一官。"

九月次希沙河赐百岁老妪帛。

清 · 《钦定续通典 · 卷六十七 · 礼 · 嘉 · 养老》

【译文】金世宗大定二十五年四月，皇帝下诏："会宁府的百姓中，年纪达到七十以上的补授官职。"

九月在次希沙河赐给百岁的老妪帛。

宋太宗淳化四年二月京城赐高年百岁赐涂金带诏事

（宋）太宗淳化四年[①]二月召赐京城高年帛，百岁者一人加赐涂金带。

清 · 《钦定续通典 · 卷六十七 · 礼 · 嘉 · 养老》

【简注】①淳化四年：即公元993年。

【译文】（宋）太宗淳化四年二月皇帝下召赐予京城中老年人帛，百岁老人每人加赐涂金带。

宋真宗咸平二年十一月赐京城父老、十二月赐澶州父老事

（宋）真宗咸平二年[①]十一月赐京城父老衣帛。

十二月驻跸澶州，赐澶州父老锦袍茶帛。

清 · 《钦定续通典 · 卷六十七 · 礼 · 嘉 · 养老》

【简注】①咸平二年：即公元999年。

【译文】（宋）真宗咸平二年十一月皇帝下召赐予京城中的老年人衣帛。

十二月暂驻澶州，赐给澶州父老锦袍、茶、帛。

宋真宗大中祥符三年闰二月犒年九十者授摄官令

大中祥符三年[①]闰二月诏赤县父老本府宴，犒年九十者授摄官[②]、赐粟帛身，八十者爵一 。

清 · 《钦定续通典 · 卷六十七 · 礼 · 嘉 · 养老》

【简注】①大中祥符三年：即公元1010年。 ②摄官：原意为暂行代理的非正式官员，宋代养老以“公士”爵位或授摄官，以表示国家对老年人的尊奉。

【译文】（宋真宗）大中祥符三年闰二月皇帝下诏：赤县的老年人由当地的官府宴请他们，犒劳年纪九十岁的老人授予摄官，赐给他们粟、帛终身，八十岁的老人赐晋爵一级。

三、孝贤、科举

《东都事略》一则

宋太祖开宝三年举孝悌诏

（开宝）三年春正月辛酉诏："诸道、州、府察民有孝悌彰闻，德行纯茂、擅乡曲之誉、为士庶推服者以闻。"

宋 · 王称《东都事略 · 本纪二 · 太祖》

【译文】（宋太祖开宝）三年春正月辛酉这一天，皇帝下诏说："天下各道、州、府要察举百姓之中因孝敬父母、友悌兄弟而闻名的人，察举德行高尚、品行纯正的贤才，那些被乡里所推重、为士庶所敬服的人，各道、州、府要奏报朝廷。"

《玉海》二则

宋太祖开宝八年举孝悌诏

（开宝八年十月十三日）诏："周室荐贤，必由乡里；汉廷取士，或按版图。当察行以议年，务兴廉而举孝。朕尝观旧史，慨慕前王，匪敢荒宁，咸求俊乂。尚虑幽远难于自进，隐逸泥于所安。宜令郡国下属邑，令佐下乡里耆艾，察民有孝悌力田、奇才异行或文经武略堪任用者……具以名闻。"

宋 · 王应麟《玉海 · 卷一百一十六 · 选举》

【译文】（宋太祖开宝八年十月十三日）皇帝下诏说："周代时候的制度，为荐举贤才，一定要从乡里之中选取；汉代的制度，为国家选取士子，经常按以国家不同的区域为准由各地举荐孝廉。这些选才方法都要考察被选、被举荐人的品行，要考虑其年岁，一定要求被选、被举荐的人具有廉洁的作风和孝敬父母的品性。朕曾经观览以往的史书，十分钦慕以往的贤王，不敢荒废这些制度，于是也想求取贤德的俊才以助（朕）治理国家。可是却忧虑这些人处于幽远的地域，难以自荐于朝廷，隐逸于山野之中，不求仕进只为心安。令郡国及其各地的府、州、县、邑，要派令佐之类的官员下到乡间里社去访问老人和有德望的人，察举百姓之中具有孝敬父母、友悌兄弟、努力耕田的人，察举有奇才异行或者文能经国、武具韬略才能堪用的贤才……要记录他们的名字上奏朝廷。"

宋徽宗大观元年三月十八日诏孝悌等八行入太学

（宋徽宗）大观元年三月十八日甲辰诏，士有孝、悌、睦、姻、任、恤、忠、和八行贡入太学。

宋 · 王应麟《玉海 · 卷一百一十六 · 选举》

【译文】（宋徽宗）大观元年三月十八日甲辰这一天，皇帝下诏说：士子中具有孝敬父母、友悌兄弟、和睦家庭、友善姻亲、诚信守义、体恤他人、忠诚君主、能与人和谐相处这八种品行的人可以在太学之中读书。

《文献通考》二则

见任官应进士举

见任官应进士举，谓之"锁厅试[①]"。所属官司先以名闻，得旨而后解。既集贡院[②]，十人或五人同保[③]，不许有大逆人、缌麻[④]以上亲及诸不孝不悌，隐匿工商异类、僧道归俗之徒（宋初考科举取士要求之一）。

元 · 马端临《文献通考 · 卷二十九 · 选举考二 · 举士》

【简注】①锁厅试：亦作"厅试"。宋代称现任官或有爵禄者应进士试。②贡院：是古代会试的考场，即开科取士的地方。贡，就是通过考试选拔人才贡献给皇帝或国家的意思。贡院最早始于唐朝。现存有北京贡院、江南贡院、河北定州贡院、川北道贡院等遗址。③保：看守住，护着不让受损害或丧失。④缌麻：古代丧服名。是次于"小功"的丧服，"五服"中最轻的一种。用较细的熟麻布制成，做工也较"小功"为细。服期三月。清代，凡男子为本宗之族曾祖父母、族祖父母、族父母、族兄弟，以及为外孙、外甥、婿、妻之父母、表兄、姨兄弟等服丧，均服缌麻。

【译文】（北宋初期科考）所有的现任官考取进士时的考试，都称之为

“锁厅试”。考试前相关司衙的官吏要先熟悉他的名字，在得到皇上的旨意之后才能对他本人做具体的了解。应试人员要到贡院中聚集，这些应试人员要有十个人或五个人共同担保，不允许有服缌麻丧服或者为父母行孝的人以及不遵从孝悌之道的人去参加考试，也不允许隐瞒自己是商人、僧人、道徒这类身份的人参加考试。

宋徽宗崇宁三年令州县学用三舍法取士

（宋徽宗崇宁）三年，令州县学用三舍法[①]升太学，罢科举。

旧法：隶学三年，经两试不预升贡[②]，即除其籍，法涉太严。自今三年内三经公试[③]不与选，两经补内舍、贡上舍不及格，且曾犯三等以上罚，若外舍即除籍归县，内舍降舍，已降而私试不入等，若曾犯罚亦除籍。再赴岁升试，每上舍生升舍，巳[④]其秋即贡入辟雍。长吏集阖郡官、提举司官，即本所燕设，以礼津遣，限岁终悉集阙下。自川、广、福建入贡者，给借职券，过二千里给大将券[⑤]，续其路食，皆以学钱给之。

选士入贡其自今年始。如有孝、弟、姻、睦、任、恤、忠、和，若行能尤异，为乡里所推，县上之州，免试入学。教授、知通[⑥]询审无谬，即保任入贡，仍具实以闻，不实者坐罪有差。

八行者，孝、弟、睦、姻、任、恤、忠、和。凡有八行实状，乡上之县，县延入学，审考无伪，即以上州。州第其等，孝、弟、忠、和为上，睦、姻为中，任、恤为下。苟备八行，不俟终岁即奏贡入太学，免试补为上舍。司成以下审考不诬，即释褐[⑦]，命之官，仍优加升擢；不能全备者，为州学上等上舍，余有差。八刑则反八行而丽于罪，名以其罪名之。县上其名于州，州籍于学，毋得补弟子员[⑧]。

元 · 马端临《文献通考 · 卷四十六 · 学校考七 · 郡国乡党之学》

【简注】①三舍法：宋代“三舍考选法”或“三舍选察升补法”的简称。为熙宁“新政”之一，是北宋王安石变法科目之一，即用学校教育取代科举考试。“三舍法”，是把太学分为外舍、内舍、上舍三等，外舍2000人，内舍300人，上舍100人。官员子弟可以免考试即时入学，而平民子弟需经考试合格入学。“上等以官，中等免礼部试，下等免解”，后来地方官学也推行此法，反映了班级教学的特色。这一改革措施，事实上将太学变成了科举的一个层次，学校彻底变成了选官制度的一个组成部分。 ②升贡：即成为贡士。贡士即科举制度下，中央一级考试中试者的称谓。科举制出现前原为指诸侯推荐给天子的士。唐代和宋代，在州、府、县举行的科举考试，即乡贡、乡举中试的称之为贡士。明、清两代，会试中试者统称为贡士。贡士，再经殿试后赐出身，成为进士，但一般来说考中贡士的人，很少有在殿试时落榜的，因此习惯上会试考中后的人即称为进士。 ③公试：官方主持的考试，多与“私试”相对。 ④巳：指农历三月的巳日。 ⑤大将券：与上文的借职券的功用相同。宋代川、广、福建入贡或参加国家科举考试的士子进京时的凭证，可借宿于国家的馆驿之中。 ⑥知通：知州和通判的并称。 ⑦释褐：指脱去平民的衣服，穿上官服，一般指中进士后授官。 ⑧弟子员：汉代时对太学生，宋、明、清等诸代对县学生员的称谓。

【译文】（宋徽宗崇宁）三年时，皇上下旨：州县的学校实行三舍法选取学生升入太学继续学业，从此废除科举考试。

原来实行的办法是：生员在隶属于州县的学校学习三年，经过两次科举考试考不中贡士的，就去除他的学籍，这样的法律对生员的干涉过于严苛。从今往后，三年之内经历三次官方考试没有考中者，给两次补考内舍、贡上舍的机会，仍然不及格，并且曾犯过三等以上的罪行的人，如果他是外舍的生员就直接除去学籍返归县学，如果是内舍学生就对其作降舍处理，已经降舍处罚但是私试仍然考不中的人，将被除去学籍。其次三舍生员赴岁升试，通过的上舍生将升入更高的学府，每年的三月和秋天，各地要将这些贡生举荐至辟雍。每到这个时候，各地的长官、吏目以及阖郡官员、儒学提举各司官，都要在本地行燕射礼，之后各地务必备齐川资，以礼将这些生员遣送至京，限每年年末汇集于京师。从川、广、福建入贡的生员，各地要给借职券以证明其身份，距京师路程超过二千里的地方，当地要给生员大将券以助其行程，借职券、大将券所耗费用，都要用学钱充抵。

从进士中选贡士自今年开始。假若有孝顺父母、友爱兄弟、夫妇互爱、睦邻友善、体恤他人、忠诚君主、能与人和谐相处这些品性的人，假若他的行为尤其好，且被乡里人推荐的，那么免去考试可直接入学。各级学校的教授，以及各州的知州、通判询问审核没有错误的，就可以保证他选任进入贡院，这些都必须据实禀报朝廷，如有不实隐瞒的人按连坐罪行处罚。

八种德行指的是孝顺父母、友爱兄弟、睦邻友善、夫妇互爱、体恤他人、忠诚君主、能与人和谐相处。凡是有这八种德行并且属实的人，可由乡学举荐进入县学读书，在县学内经过学习、审核、考试，没有作弊的，就可以进入州学。在州学对他进行等次排列，孝、悌、忠、和为上等之人，睦、姻为中等人，任、恤为下等。倘若八种德行都具备，不必等待一年就可以奏请贡院进入太学，并且免去考试直接补替为上舍生，其余有所差别。八种罪行则是违反这八种德行的行为，有这样的行为就会被判定有罪行，罪行的名称就以这八种德行命名。县学将他的名字上报给州学，州学在他的学籍中进行记录，这样的人就不能再补为生员了。

《宋史》十一则

宋太祖开宝三年春正月举孝弟诏

（宋太祖开宝三年春正月）辛酉，诏："民五千户举孝弟彰闻、德行纯茂者一人，奇才异行不拘此限，里闾郡国递审连署以闻，仍为治装诣阙。"

《宋史 · 本纪第二 · 太祖二》

【译文】（宋太祖开宝三年春正月）辛酉这一天，皇帝下诏说："百姓之中每五千户要向国家举荐具有孝敬父母、友悌兄弟品行，以德行超卓、品行纯正的人一人，身怀奇才异行的人不在这一限定之内，乡村里社一直至郡国，各级官员要连署奏闻于朝廷，地方上依然要为这些人整理行装，组织他们赴朝廷接受表彰、赏赐。"

宋太祖开宝八年诏举孝弟力田诏

（宋太祖开宝八年冬十月）辛亥，诏郡国令佐察民有孝悌力田、奇材异行或文武可用者遣诣阙。

《宋史 · 本纪第三 · 太祖三》

【译文】（宋太祖开宝八年冬十月）辛亥这一天，皇帝下诏各郡国：令各郡国协助国家访察百姓之中孝敬父母、友悌兄弟、努力耕田的人，具有奇才异行或者文武才能皆可以为国家所用的人才，将他举荐、礼送至朝堂。

宋度宗咸淳七年十一月旌举赐孝弟诏

（宋度宗咸淳七年）十一月癸亥，诏民有以孝弟闻于乡者，守、令其具名上闻，将旌异劳赐焉。

《宋史 · 本纪第四十六 · 度宗》

【译文】（宋度宗咸淳七年）十一月癸亥这一天，皇帝下诏：百姓之中有以孝敬父母、友悌兄弟这样的品行闻名于乡里的，当地的太守、县令要将其名字上奏，国家将对其进行旌表，对那些特别孝敬的人，国家将给予他们赏赐。

宋仁宗嘉祐二年科举增设明经科诏

（嘉祐二年）下诏："间岁贡举，进士、诸科悉解旧额之半。增设明经[①]，试法：凡明两经或三经、五经，各问大义十条；两经通八，三经通六，五经通五为合格，兼以《论语》《孝经》，策时务三条。出身与进士等，而罢说书举。"

《宋史 · 志一百零八 · 选举一 · 科目上》

【简注】①明经：即通晓经学。是汉代始出现的选拔官员的科目，隋唐科举制兴起，明经与进士是其基本科试，此种考试在北宋神宗时废止。

【译文】（宋仁宗嘉祐二年）皇帝下诏说："以往的科贡举荐的人才，进士、诸科生员都将一半的入仕名额给那些科试入选的官员。现在国家将增设明经一科，其试法为：凡是通达明晓两经或者三经、五经的士人，每经各策问其经书大义十条；两经中各自回答上八条，三经中各回答上六条，五经中各回答上五条为合格，同时《论语》《孝经》、时务各策试三条。以此来确定士子的出身和是否中进士，而去除奏疏举荐这一规定。"

宋科举礼部贡举制

初，礼部贡举，设进士、《九经》《五经》《开元礼》《三史》《三礼》《三传》、学究[①]、明经、明法[②]等科，皆秋取解，冬集礼部，春考试。合格及第者，列名放榜于尚书省……凡学究，《毛诗》对墨义[③]五十条、《论语》十条，《尔雅》《孝经》共十条，《周易》《尚书》各二十五条……

凡命士应举，谓之锁厅试。所属先以名闻，得旨而后解。既集，什伍相保，不许有大逆人，缌麻以上亲，及诸不孝、不悌、隐匿工商异类、僧道归俗之徒。

《宋史 · 志一百零八 · 选举一 · 科目上》

【简注】①学究：科举中的科目名。唐代取士制度中，明经一科有"学究一经"的科目；宋代称之为"学究"，为唐宋礼部贡举十科之一。 ②明法：

汉、唐、宋各代察举人才及科举取士的科目名称。汉武帝建元初年令各郡国察人才，设四科，其三即为明习法令，是“明法”的开始。唐宋科举制度中都有明法科。主要考试关于法令的知识。③墨义：科举考试时所用的名词。自唐代始，科举考试时令士子笔答经义，谓之“墨义”。

【译文】最初，礼部科贡举荐的方法，设进士、《九经》《五经》《开元礼》《三史》《三礼》《三传》、学究、明经、明法等科目，都是秋天考试以取生员的名次。到了冬天这些考取的生员要在礼部汇集，到第二年春天考试。合格及第的人，在尚书省列名放榜……凡是学究科，要通读《毛诗》对墨义五十条、《论语》十条，《尔雅》《孝经》共十条，《周易》《尚书》各二十五条……

凡是让士子应举的考试，称之谓锁厅试。相关司衙要将录用的生员姓名奏闻朝廷，得到旨意后再解封。汇集后，（所举士子的家乡要）什伍相保，不允许犯有大逆的人、服缌麻以上亲人丧服的人，以及各种不孝、不悌、隐匿工商出身的异类、僧道还俗之人应试。

宋太祖开宝八年察举孝弟力田诏

开宝（宋太祖年号）八年，诏诸州察民有孝弟力田、奇才异行或文武材干年二十至五十可任使者，具送阙下，如无人塞诏，亦以实闻。

《宋史 · 志一百零八 · 选举一 · 科目上》

【译文】（宋太祖）开宝八年，皇帝下诏让天下各州察举百姓之中具孝敬父母、友悌兄弟、努力耕田的人，察举具有奇才异行或者具有文武才干，年纪在二十岁至五十岁之间的，可以被国家使用的人，送呈至朝堂，如果各地没有能达到条件的人，要具实奏闻。

宋太祖开宝九年察举孝悌力田以李昉为翰林学士诏

九年，诸道举孝弟力田及有才武者凡七百四十人，诏翰林学士李昉等于礼部试其业……

《宋史 · 志一百零八 · 选举一 · 科目上》

【译文】（开宝）九年，各地察举孝悌力田及有才武之人共七百四十人至东京，皇帝下诏让翰林学士李昉在礼部测试他们的学业……

宋孝宗淳熙八年童子试制

（宋孝宗淳熙）八年，始分为三等（童子试）：凡全诵《六经》《孝经》《语》《孟》及能文，如《六经》义三道、《语》《孟》义各一道或赋一道、诗一首为上等，与推恩[1]；诵书外能通一经，为中等，免文解[2]两次；止能诵《六经》、《语》、《孟》为下等，免文解一次；覆试不合格者，与赐帛。

《宋史·志一百零八·选举一·科目上》

【简注】①推恩：即指广施恩惠；移恩。古时帝王对臣属推广封赠，以示恩典的一种制度。②文解：入京应试的证明文书之类。科举乡试中式称举人，考中举人即由地方官给予文解发解入京，参加中央考试。《旧五代史·唐书·明宗纪九》载："戊申，诏选人文解不合式样，罪在发解官吏，举人落第，次年免取文解。"

【译文】（宋孝宗淳熙）八年，科举始分为三等（童子试）：凡是能全部诵读《六经》《孝经》《论语》《孟子》以及能书写文章的，如《六经》义旨三道，《论语》《孟子》各一道或者赋一道、诗一首的为上等，国家可以推恩任用他；能诵读这些书同时能通习一经的，为中等，可以免于文解两次；止能诵读《六经》《论语》《孟子》的为下等，免于文解一次，考试不合格的赐给其帛，鼓励其继续学习。

宋徽宗崇宁元年上舍生入贡辟雍制

（宋徽宗崇宁元年）凡州学上舍生升舍，巳其秋即贡入辟雍，长吏集阖郡官及提学官，具宴设以礼敦遣，限岁终悉集阙下。自川、广、福建入贡者，给借职券，过二千里给大将券，续其路食，皆以学钱给之。如有孝弟、睦姻、任恤、忠和，若行能尤异为乡里所推，县上之州，免试入学。州守贰若教授询审无谬，即保任入贡，具实以闻，不实者坐罪有差。

《宋史·志第一百一十·选举三·学校试》

【译文】（宋徽宗崇宁元年）凡是州学的上舍生升舍，在每年的三月份的巳日和秋天的时候贡入辟雍，各地的长官、吏目以及阖郡的官员及提学官，都要设宴以礼将他们遣送至京，限岁末全部集于京师。来自四川、广东、福建的入贡生员，当地官府要给其职券，路途超过二千里的将给大将券，以补充其路途上的川资，这些财物都从学校之中拨付。如果这些人有孝悌、睦姻、任恤、忠和这样品行的人，其才能卓异为乡里所推重的，县学要举荐至州，可以免试入学。各州的守、令以及学校教授在审核后，没有什么谬误的，即可以保举入贡，各地官员要具实奏闻，如有不实者将据情节承担不同的罪责。

宋徽宗崇宁元年立八行科诏

（宋徽宗崇宁元年）立八行科，诏曰：“学以善风俗，明人伦，而人材所自出也。今法制未立，殆无以厉天下。成周以六行宾兴万民，否则威之以不孝、不弟之刑。近因稽周法，立八行[①]、八刑[②]，颁之学校，兼行惩劝，庶几于古。士有善父母为孝，善弟为悌，善内亲为睦，善外亲为姻，信于朋友为任，仁于州里为恤，知君臣之义为忠，远义利之分为和。凡有八行实状，乡上之县，县延入学，审考无伪，上其名于州。州第其等，孝、悌、忠、和为上，睦、姻为中，任、恤为下。苟备八行，不俟中岁，即奏贡入太学，免试补为上舍[③]……”

《宋史·志第一百一十·选举三·学校试》

【简注】①八行：即指孝、悌、姻、睦、任、恤、忠、和。　②八刑：《周礼·地官·大司徒》所记的周代对八种犯罪行为所施加的刑罚，即：“以乡八刑纠万民。一曰不孝之刑，二曰不睦之刑，三曰不姻之刑，四曰不悌之刑，五曰不任之刑，六曰不恤之刑，七曰造言之刑，八曰乱民之刑。”后世将刑政总称为八刑。　③宋代的太学生员有外舍、内舍和上舍的分别，学生可按一定的年限和条件依次而升。明清之际以“上舍”作为监生的别称。

【译文】（宋徽宗崇宁元年）设立“八行”科，诏书中说：“世人通过学习可以使天下的风俗变的良好起来，就可以明晓世间的人伦之道，自古人才都是从这些人中选拔、举荐而来的。现在相关的法令制度没有确立，这大概会危及到天下。古时候成周以‘六行’去教化万民，如果触犯了这一行为标准将以‘不孝’、‘不悌’的罪名处罚。近代以来的礼法因沿袭于周代的礼法，确立了‘八行’、‘八刑’这一制度，并将其颁布于学校之中，用这种方法去劝导善行、惩戒恶行，这种做法已经同古时候的礼法相当接近了。对士子来说善于奉养父母是孝的表现，善于友悌兄弟是悌的表现，善于和睦亲族是睦的表现，善于和爱姻亲是姻的表现，能够诚信于朋友是任的表现，能够在乡里之中行仁爱是恤的表现，知道君臣之义是忠的表现，远利重义并分清义利是和的表现。凡是具有这八种行为的人，各级学官要具实对他们的行为进行记述，乡里之中举荐的人可升入县学，县里要将其延入县学，如果审核、考查没有什么错误，将其名上呈于州。州里要根据其行为划分其品行等级。具有‘孝’、‘悌’、‘忠’、‘和’这些品行的列为上等，具有‘睦’、‘姻’这些品行的列为中等，具有‘任’、‘恤’这些品行的列为下等。如果具备了八种品行，不用等到岁考之时，即可奏请贡入太学，可免试补为上舍生……”

宋高宗绍兴五年立县令四课

绍兴二年，初诏监司、守臣举行考课之法……五年，立县令四课：曰纠正税籍，团结民兵，劝课农桑，劝勉孝悌。三岁，就绪者加旌赏，无善状者汰之。

《宋史 · 志第一百一十三 · 选举六 · 考课》

【译文】（宋高宗）绍兴二年，皇帝初次诏令各监司、各地守令颁行考课的法令……绍兴五年，制定了考察县令这一级官员的方法：纠正各地拖漏的税款，组织百姓参加团练，劝导百姓勤于农桑耕种，在辖境内劝勉教化百姓孝悌的品性。考课规定，三年之内如果这些都做到了，就对其进行旌表赏赐，如果没有去做或成绩太差则被淘汰。

《续资治通鉴长编》一则

宋仁宗庆历四年三月诏令

（宋仁宗庆历四年三月）其令曰：“……州若县皆立学，本道使者选属部官为教授，三年而代；选于吏员不足，取于乡里宿学有道业者，三年无私谴，以名闻……所禁有七：曰隐忧匿服；曰学尝犯刑责；曰行亏孝弟，有状可指；曰明触宪法，两经赎罚，或不经赎罚，而为害乡党；曰籍非本土，假户冒名；曰父祖干十恶四等以上罪；曰工商杂类，或尝为僧道。皆不得预。”

《续资治通鉴长编 · 卷一百四十七》

【译文】（宋仁宗庆历四年三月）皇帝下令说：“……州和县都要建立学官，本道的使者要在本道之内的属员、部官中选员担任学官的教授，三年一替换，如果可选择的吏员人数不足，可从乡间中选取学识高的宿儒去教习。三年之中如果没有什么不好的传闻，可以将他的名字奏闻朝廷……（学官中生员人员选取）有七种不可取：隐藏忧患、隐匿丧服的不可取；已经触犯刑律的不可取；行止有亏于孝道，并且有行状指明的不可取；触犯国家明令禁止的法令，并且两次赎罚的人，或者没有经赎罚，其行为危害乡党的不可取；籍贯不是本地，假冒姓名的不可取；其父、祖触犯了十恶之中四等以上罪责的不可取；为工商杂户，或者曾经出家为僧为道的人不可取。这些人都不可以进入学宫。”

《江西通志》一则

宋孝宗淳熙二年十二月戊寅赦制

淳熙二年[①]十二月戊寅朔甲午赦制：……有孝行节义著乡闾者令长吏以闻，当议旌录。

清 ·《江西通志 · 卷一百二十五 · 艺文 · 宋》

【简注】①淳熙二年：是年公元1175年。淳熙，南宋孝宗年号。

【译文】宋孝宗淳熙二年十二月戊寅初一甲午，皇帝赦制：……如果当地的百姓之中有以孝敬父母而著名的，有以品行、节操、信义闻名于乡间之中的，令各地长官奏闻朝廷，国家当议定对他们进行旌表、录用。

《钦定续文献通考》五则

宋理宗景定元年七月诏举孝廉

诏曰：“孝为百行之先，廉为四维[①]之一。三代以上风俗淳而孝廉之名泯，迨汉始诏以此举士，当时二千石不举孝以不敬论，不察廉则免，其严且重如此。我国家以孝治天下，以廉察吏，治科虽不常设，固有不待举而劝者，比年以来浇风污习澜倒莫回，朕甚悯焉，然念良心所蕴谁独无此？特为善者无所劝，不善者莫之惩，表厉之道未至焉！尔今嘉与宇内之士同归于善，举孝廉如汉法。夫孝廉一本也，好货财则不得为孝，哇母食则不得为廉，以菽水[②]为乐者行必不污以冰，以冰蘖自持者亲必不辱。诏下之日，凡吾帅、守、监、司、令、长采公论考实行，各疏其事以名闻朕，将尊显之以为臣子之劝。”

清 ·《钦定续文献通考 · 卷三十八 · 选举考 · 孝廉》

【简注】①四维：我国封建社会以礼、义、廉、耻为治国之四纲，称为“四维”。 ②菽水：即豆与水。指所吃的东西只有豆和水，形容生活清苦。

语出《礼记·檀弓下》："子路曰：'伤哉！贫也！生无以为养，死无以为礼也。'孔子曰：'啜菽饮水尽其欢，斯之谓孝。'"后常以"菽水"指晚辈对长辈的供养。

【译文】（宋理宗景定元年七月，）皇帝下诏书说："孝是天下百行之中首先要遵守的，廉是四维（即礼、义、廉、耻）之一。夏、商、周三代之前风俗淳厚，百姓们都以孝、廉作为自己的品行，直到汉代皇帝才开始下诏以此作为举荐士子的方法，当时二千石以上的中级官吏不举孝就以不敬罪论处，不察廉则免除官职，那时对"孝廉"是如此的看重。我朝历来以"孝"作为治理天下的根本，以廉去考察、考核官吏，这种举荐的科目虽然不是常态，却经常有不待举荐而以各种名目劝谏得以进入仕途的，这些年来这种不好的风气一直没有得到纠正，朕心中十分忧虑，可是念在人们心中谁没有这种幸进的想法，（没有去触动这一惯例）。因此特别为良善、贤德的人得不到他人推荐，品性不好的人得不到惩罚而叹息，这是因为表彰、惩戒之道没有严格执行的原因！现在朕十分高兴地和天下的士子们共同推行善举，举荐孝的方法和汉代法令一致。孝、廉本来是一体的，好财货的人不会孝敬父母，贪图钱财的人不会廉洁，贫穷的人以菽水供养父母使他们快乐必然不以冰为污，有爱护幼苗品性的人必然不会辱没自己的亲人。诏书下达的这一天，凡是国内的帅、守、监、司、令、长等都要在辖地广为采访、考评、实际推行（朕的诏令），各自上疏陈述此事，将所采访、考评的人名上奏到朕这里，朕将为他们彰显形迹，并以他们作为表率，作为天下臣子的榜样。"

金世宗大定十三年四月诏授孝子刘政掌饮丞事

金初，西北路明安人温德亨鄂啰补，以孝行擢为护卫。世宗大定十三年四月，以有司言授洛州孝子刘政太子掌饮丞。

清·《钦定续文献通考·卷三十八·选举考·孝廉》

【译文】金代初期，西北路明安人温德亨鄂啰补，以孝行被国家补擢为护卫。（金）世宗大定十三年四月，相关司衙授洛州孝子刘政为太子掌饮丞。

金章宗明昌三年三月命宰臣用孝义之人事

（金）章宗明昌三年三月，命宰臣录用孝义之人。时赐棣州孝子刘瑜、锦州孝子刘庆祐绢粟，旌其门闾复其身。因问宰臣："从来孝义之人曾官使者几何？”左丞完颜守贞以世宗时刘政对，且言若辈多淳质不及事。

帝曰：“岂必尽然？孝义之人素行已备，稍可用即当用之……”

清 · 《钦定续文献通考 · 卷三十八 · 选举考 · 孝廉》

【译文】（金）章宗明昌三年三月，皇帝命宰臣录用具有孝敬、忠义品性的人。同时赐予棣州孝子刘瑜、锦州孝子刘庆祐绢和粟，旌表其门并免其税赋。因此事问宰臣说：“以往孝敬、忠义之人有多少人在朝任职？”左丞相完颜守贞以金世宗时刘政之事对答皇帝，并且说这些人多是性格淳朴但其资质不善于处理政事。

皇帝说：“并不是一定这样吧？具有孝敬、忠义品性的人其德行素质已然具备，稍加磨炼即可为国家所用……”

金章宗明昌三年八月以孝行录王震赐同进士出身事

（金章宗明昌三年）八月，有司奏宁海州文登县王震孝行以尝业进士，并试其文特赐同进士出身，仍注教职一等职任。

清 · 《钦定续文献通考 · 卷三十八 · 选举考 · 孝廉》

【译文】（金章宗明昌三年）八月，相关司衙奏宁海州文登县王震的孝行，此人曾举进士，皇帝试其文才，特赐其同进士出身，仍然以教职一等任用。

金章宗明昌三年九月以孝廉录王枢赐同进士出身事

十一月尚书省奏：益都府举王枢事亲至孝兼博学善书。特赐同进士出身，附王泽榜。

清 · 《钦定续文献通考 · 卷三十八 · 选举考 · 孝廉》

【译文】（金章宗明昌三年）十一月尚书省奏：益都府所举荐的王枢事奉父母至孝，且此人博学多才、文采可观。皇帝特赐予他同进士出身，其名附于王泽这一科的金榜之中。

《钦定续通典》一则

宋太祖开宝三年荐举孝悌德行诏

三年诏：州、府万五千户举孝悌德行一人，五千户举孝悌德业一人籍贡。

士及十五（道）[①]举以上尝终者得司马浦等一百六人，并赐本科[②]出身。

清 · 《钦定续通典 · 卷十八 · 选举 · 历代制中》

【简注】①十五道：唐玄宗开元二十一年，分天下为十五道，每道设置采访使，即：京畿采访使都畿关内、河南、河东、河北、陇右、山南东道、山南西道、剑南、淮南、江南东道、江南西道、黔中、岭南。宋太宗至道三年沿唐制亦分十五道，宋神宗元丰年间又分为二十三道。 ②本科：宋制指进士科。

【译文】（宋太祖）开宝三年，皇帝下诏说：州、府辖境之内民户有一万五千户的举荐具有孝敬父母、友悌兄弟德行的人一名，有五千户民户的地方举荐具有孝敬父母、友悌兄弟德业的人一名为在籍贡生。士及十五道以上所举荐的人中，最终得到了司马浦等一百零六人，这些人都被赐予了本科出身。

第九卷　两宋辽金（下）

一、法令条文

《宋大诏令》二则

宋太宗淳化五年令子弟因父兄殁收叙未经百日不得公参诏

（淳化五年七月壬午）孝居百行之先，丧有三年之制，著于礼典，以厚人伦。中外文武官子弟，因父兄之沦亡，因朝廷之收序，未及卒哭，因以脱縗，遽忘哀戚之容。不念劬劳之报，虽黾匪懈勉从事，克遵匪懈之言，而创钜因心，殊乖未忍之意。自今文武百官子弟，因父兄殁收叙，未经百日，不得辄赴公参。御史台专加纠察，并有冒哀求仕释服从吉者，并以名闻奏。

《宋大诏令 · 卷一百四十六 · 典礼三十一 · 丧服》

【译文】（宋太宗淳化五年七月壬午这一天，皇帝下诏说：）孝行是天下各类行止的始发点，丧葬一事在礼法中有服丧三年的规定，这是详细地写明于礼法典籍之中的制度，这种制度是为了敦厚人世间的人伦道德。朝廷内外的各级官员及其子弟，因为其父母丧亡，朝廷对这些官员或父母的丧亡给予其子弟安葬的假期，可是许多官员未能来得及尽为人子弟的孝道，就脱去了丧服，忘记了为父母亲人哀戚。他们这个样子是没有念及父母生养的辛劳，并以之去回报父母的表现。虽然这些人也能勤勉地做事，克遵国家的法令，做事也不懈怠，而将父母亲人去世未能尽孝的心情藏于心中，朕对这样的情况心中有不忍之念。从现在开始，今后文武官员及其子弟，父兄亲人去世要依礼法丧葬，未服满百日丧服的，不得参与国家的公事。御史台要针对此事专门加以纠察，如果有假冒父兄丧亡以求取恩荫的，以及服丧未到时日去除丧服身穿吉服的，都要上奏朝廷（国家将对他们加以惩处）。

宋太宗太平兴国六年十一月癸丑诫饬士庶子弟甥侄诏

周设乡饮之礼，以序正长幼；汉立孝悌之选，以敦劝人伦。应内外文武官及两京诸道州府士庶子弟甥侄等，方属承平，宜伸诫谕：

自今州县长吏，伺察部内。有轻薄无赖，孝悌有亏，货鬻田园，追随蒲博，宗族所共弃，乡党所不容者，并当严加诱掖，俾之悛改。其闻义不服，为恶务滋者，即须条具姓名以闻，当议置于刑辟，束不率者以告。盖有格言，致比屋于可封，用成至化。凡尔中外，咸体至怀。

《宋大诏令 · 卷一百九十 · 政事四十三 · 诫饬一》

【译文】周代设乡饮酒之礼定礼法制度，是为了世间端正长幼的序次；汉代制定察举孝悌的制度，是为了敦厚世间的风俗、端正人伦。（朕）谕示朝廷内外的文武官员，两京以及诸道、州、府的士人、庶民以及其国家亲贵子弟、甥侄等人，现在国家正处于承平之时，宜申明国家诫谕：

从现在起各州县的长官、吏员，都要对所辖地区进行查询。发现有轻薄无赖行为的，孝悌父母兄长的行为有亏的，深迷于赌博之中的，为宗族所厌弃的，为乡党所不容的人，要对他们严加管束，督促他们改正。如果这类人在听闻正确的道义之后却不服管教，继续为恶滋事的，须将他们的名字记录下来上呈各级官府，以议定这些人所应受到的刑罚，用以约束、警告那些屡教不改的人。以期国家达到格言中所说比屋可封的境界，以使国家达到大治的局面。中外的臣民，都要深切地体会（朕的意旨）。

《东都事略》二则

宋太祖乾德六年六月十一日厚人伦莫大于孝慈诏

（乾德六年六月十一日）厚人伦者莫大于孝慈，正家道者无先于敦睦。况犬马尚能有养，而父子岂可异居？有伤化源，实玷名教。近者西川管内及山南诸州相次上言：百姓祖父母、父母在者，子孙别籍异财，仍不同居。诏到日，仰所在长吏明加告诫，不得更习旧风，如违者并准律处分。

宋 · 王称《东都事略 · 本纪二 · 太祖》

【译文】（宋太祖乾德六年六月十一日，皇帝下诏书：）敦厚世间的人伦，这一道德习俗的养成，没有什么比培养孝慈这一社会风气更重要的了。端正家道，没有什么比家庭和顺、和睦这样的习气养成更重要的了。更何况犬、马尚且能养，父子之间怎么可以分开居住？这种行为实在是有伤教化，所玷污的是名教中的规范。近来西川境内和山南道诸州相继上疏说，有些百姓的祖父母、父母尚在，子孙却分宅分财，而且不居住在一起，不去奉养老人。诏令到达之日，所在地的官长、吏目要明确地告诫辖区内的人，不得继续沿用旧的陋习、不好的风俗，如果有违反的，一定要按律令中的制度给予处分。

宋太祖开宝元年夏六月癸亥人伦以孝慈为先诏

开宝元年春二月，立皇后宋氏。夏六月癸亥，诏曰："人伦以孝慈为先，家道以敦睦为美。矧犬马而有养，岂父子之异居？伤败风化莫此为甚。应百姓祖父母、父母在者，子孙无得别籍异财，长吏其申戒之。"

宋 · 王称《东都事略 · 本纪二 · 太祖》

【译文】（宋太祖）开宝元年春二月，皇帝立宋氏为皇后。夏六月癸亥这一天，下诏说："天下间人伦道德是以孝悌这一品性为首，家道端正是以敦睦、和顺为美的。况且犬、马尚且能养，父子之间如何能分开居住？败伤教化、风俗，没有什么比这一行为更严重的。百姓们如果祖父母、父母尚在的，子孙不得分财别居，各地的长吏要严加申戒此事。"

《庆元条法事类》四则

宋宁宗僧道不得受缌麻以上尊长拜敕

敕令：诸僧道不得受缌麻以上尊长拜。

宋 · 《庆元条法事类 · 卷五十 · 道释门 · 总法》

【译文】敕令：各地的僧人、道士，不得接受自己缌麻关系以上的尊长礼拜。

宋宁宗祖父母父母老疾，犯人遇赦移乡敕

敕令：诸祖父母、父母老疾应侍家，无期亲成丁，应移乡①者移邻州。

宋 · 《庆元条法事类 · 卷七十五 · 刑狱门五 · 移乡》

【简注】①移乡：即移乡避仇，古时杀人者遇到国家大赦可免于刑罚，而被杀者家中尚有近支亲属，为履行赦令，又防止相互仇杀，被赦者不得返居故乡，要移居千里之外落户。

【译文】敕令：凡是祖父母、父母年老或身患疾病家中应有人侍养的，家中除犯罪的人之外，又无其他成丁的期亲关系的人照顾，犯人被赦出狱后，按律其家应移向远方或移至邻州安置。

宋宁宗诸遭丧应解官临时窜名军中规免执丧敕

敕令：诸遭丧应解官而临时窜名军中规免执丧者，徒三年；所属知情容庇或为申请起复者，徒二年。

宋 · 《庆元条法事类 · 卷七十七 · 服制门 · 匿服》

【译文】敕令：凡是家中遭受丧事应该解官丁忧的人，却临时改名籍于军中，以求免于执丧丁忧的官员，要对其处以徒三年的刑罚；所属的官吏知情包容、庇护或者为其申请起复的，要处以徒二年的刑罚。

宋宁宗诸父母亡过五年无故不葬者敕

敕令：诸父母亡过五年，无故不葬者，杖一百。官委御史一阖门弹奏，民庶之家令州县觉察。

宋 · 《庆元条法事类 · 卷七十七 · 服制门 · 丧葬》

【译文】敕令：凡是父母丧亡已超过五年，子女无故不安葬的，对这样的子女要处以杖一百的刑罚。如果是官员犯此条敕令，相关司衙要委派御史对其一家进行弹劾，以奏闻皇帝，百姓之家令州县官员查处。

《政经》一则

宋宁宗嘉定十年到任五事谕民示

其一谓人道所先莫如孝弟，编民中有能孝于父母弟于兄长性行尤异者，所属详加采访，以其实上于州，优加赏观。或身居子职有阙侍养，或父母在堂别蓄私财，或犯分陵忽不顾长幼之伦，或因利忿争遽与骨肉之讼，凡若此者有常刑……

宋 · 真德秀《政经》

【译文】（宋宁宗）嘉定十年到任以五事谕民：

其一是做人、成人之道没有比孝悌这种德行更为重要的，有户籍在编的百姓中，如果有能孝敬父母、友悌兄弟且品行极为突出的人，当地官员要详加采访，以其孝敬友悌的实绩上呈于州，对这些人将予以赏赐和表彰。如果有身为子女却不奉养父母，或者父母尚在却私下里积蓄私财，或者不尊重父母亲人、轻慢地对待他们、不顾长幼之间的伦常，或者因利益而产生纷争使得骨肉之间诉讼于官府的，凡是像这样做的都要用刑罚去处罚他们……

《宋史》八则

宋太祖开宝元年六月癸亥父母在子孙不得别财异居诏

（宋太祖开宝元年六月）癸亥，诏："荆蜀民祖父母、父母在者，子孙不得别财异居。"

《宋史·本纪第二·太祖二》

【译文】（宋太祖开宝元年六月）癸亥这一天，皇帝下诏说："荆州、巴蜀二地的百姓，祖父母、父母尚在的人家，其子孙不得分家、分财，另外单独居住，（以便奉养他们。）"

宋太祖开宝二年八月丁亥父母在子孙别财异居论死诏

（宋太祖开宝二年）八月丁亥，诏："川峡诸州察民有父母在而别籍异财者，论死。"

《宋史·本纪第二·太祖二》

【译文】（宋太祖开宝二年）八月丁亥这一天，皇帝下诏说："川陕各州察举出父母尚在而子孙分家、分财另外居住，不奉养老人的人，以死罪论处。"

宋太宗咸平元年二月乙未减老幼病疾刑令

（宋太宗咸平元年二月）乙未，虑囚老幼疾病，流以下听赎，杖以下释之。

《宋史·本纪第六·真宗一》

【译文】（宋太宗咸平元年二月）乙未这一天，（皇帝）考虑囚犯之中的老年人和幼年人容易患疾病，于是下令流放以下的罪行可以用钱财赎罪，杖责以下的刑罚可以免除。

宋真宗大中祥符三年闰二月九十受摄官八十加爵诏

（宋真宗大中祥符三年闰二月）诏："东京畿内死罪以下递减一等。将吏逮事太宗藩府者并赐予。赤县父老本府宴犒，年九十者授摄官，赐粟帛终身，八十者爵一级。"

《宋史·本纪第七·真宗二》

【译文】（宋真宗大中祥符三年闰二月，）皇帝下诏说："东京所属范围之内，死罪以下可减免一等。将领、官吏、从事出身于太宗藩府的官员，一并给予赏赐。赤县的士绅由当地官府宴请犒赏，年纪在九十以上的老人，国家将授予其官职称号，终身赐予他们粟帛，年八十以上的老人将赐晋爵一级。”

宋太宗太平兴国八年五月《戒谕百官辞》令

太平兴国八年五月，太宗作《戒谕百官辞》二通，以付阁门……其后，又作《文》《武》七条。《文》，赐京朝官任转运使、提点刑狱、知州府军监、通判、知县者：一曰清心，谓平心待物，不为喜怒爱憎之所迁，则庶事自正；二曰奉公，谓公直洁己，则民自畏服；三曰修德，谓以德化人，不必专尚威猛；四曰责实，勿竞虚誉；五曰明察，谓勤察民情，勿使赋役不均，刑罚不中；六曰劝课，谓劝谕下民，勤于孝悌之行，农桑之务；七曰革弊，谓求民疾苦而厘革之。

《宋史 · 志一百二十一 · 职官八》

【译文】（宋太宗）太平兴国八年五月，太宗皇帝作《戒谕百官辞》二篇，并将其张于阁门之中……其后又作了《文》《武》七条。《文》这一谕告赐给在京的朝廷官员和各地转运使、提点刑狱、知州、知府、军监、通判、知县这些官员：其一是说官员施政时要清心，即对待事物要平心静气，不要被喜、怒、爱、憎等情绪左右，处理事情要公正；其二要官员奉公守法，也就是说，从政时要以正直的心去公正对待事物，要廉洁自律；其三是官员要修养德行，施政时要以德去感化人，不必崇尚威猛；其四是官员行事时要实事求是，不要贪图虚妄的名声；其五是官员在职时要明察事物、明辨是非，即施政时要勤察民情的变化，不要出现赋役不均的现象，亦不得出现用刑、处罚不当的现象；其六是官员在职时要劝谕百姓，在日常生活中要有孝悌的品性、行为，努力耕田、勤于桑麻；其七是官员在施政时要革除弊政、陋习，访求百姓疾苦，有不当政令要革除。

宋礼部职责

礼部：掌国之礼乐、祭祀、朝会、宴飨、学校、贡举之政令……掌后妃、亲王以下推恩，公主以下嫁，宗室冠、婚、丧、葬之制，及赐旌节、章服、冠帔、门戟，旌表孝行之法……

《宋史 · 志一百一十六 · 职官三》

【译文】礼部：执掌国家的礼乐、祭祀、朝会、宴飨、学校、贡举之类的政令……负责管理后、妃、亲王以下宗室的推恩，以及公主下嫁，宗室冠礼、婚礼、丧礼、葬礼等制度，以及负责赐予官员旌节、章服、冠帔、门戟，旌表孝行，推行孝治……

宋府、州、军、监职责

府、州、军、监：宋初革五季之患，召诸镇节度会于京师，赐第以留之，分命朝臣出守列郡，号权知军州事，军谓兵，州谓民政焉。其后，文武官参为知州军事，二品以上及带中书、枢密院、宣徽使职事，称判某府、州、军、监。诸府置知府事一人，州、军、监亦如之。掌总理郡政，宣布条教，导民以善而纠其奸慝；岁时勤课农桑，旌别孝悌；其赋役、钱谷、狱讼之事，兵民之政皆总焉。

《宋史 · 志一百二十 · 职官七》

【译文】府、州、军、监：宋初革除了五代时期国家的弊病，召各镇节度使会聚于京师，赐给他们宅第以留养他们，分遣朝臣去各郡任职，名为权知军州事，军指的是兵，州指的是民政。之后，文武官员被任命为知州军事，二品以上的附带中书、枢密院、宣徽使等职事，称为判某府、州、军、监。各府设知府事一人，州、军、监也是如此。执掌一地的政讼，宣布国家的政令，推行国家的教化，劝导百姓向善而纠察那奸恶之人以及隐匿的恶行；每年都要勤于劝课农桑，发展生产，旌奖孝敬父母、友悌兄弟的人；其中一郡的赋役、钱谷、狱讼之类事，兵民之类的政务都由其总管。

宋县令职责

县令：……有水旱则有灾伤之诉，以分数蠲免；民以水旱流亡，则抚存安集之，无使失业。有孝悌行义闻于乡闾者，具事实上于州，激劝以励风俗。

《宋史 · 志一百二十 · 职官七》

【译文】县令：……凡是境内出现水、旱灾害要向上呈报，以实际情况蠲免其税赋；百姓如果因水灾、旱灾而出现流亡现象，则要安抚、招集百姓，不要让他们失业。如果有境内孝敬父母、友悌兄弟闻名于乡里之间的义行，要具实上呈于州，以激励、劝化民风、民俗。

《金史》一则

金章宗泰和六年三月甲辰子孙远游无人侍养父母加罪敕

（金章宗泰和六年三月）甲辰，敕尚书省：“祖父母、父母无人侍养，而子孙远游至经岁者，甚伤风化，虽旧有徒二年之罪，似涉太轻。其考前律，再议以闻。”

《金史·本纪第十二·章宗四》

【译文】（金章宗泰和六年三月）甲辰这一天，皇帝敕令尚书省：“祖父母、父母无人侍奉供养，子孙却经常性地整年远游，这是有伤于风俗、教化的现象，虽然以往的法令、制度对这种行为判以徒二年的规定，可是（朕）总感到这种处罚太轻。可以考察前朝的律法，再议如何处理这种事情，奏闻于朝堂。”

《续资治通鉴长编》七则

宋太祖开宝八年辛亥孝悌力田二十以上五十以下赴阙令

（宋太祖开宝元年八年）辛亥，诏诸道、州、府下属邑令佐，令佐下乡里耆艾，察民有孝弟力田，奇才异行，或文武才干堪备任用，年二十以上，五十以下者，传送赴阙。

《续资治通鉴长编·卷十六》

【译文】（宋太祖开宝元年八月）辛亥这一天，皇帝下诏给全国各道、州、府及其下属县邑的令佐，让他们下到乡里去访问耆老及有名望的人，察举具有孝敬父母、友悌兄弟品行及努力耕田的人，凡是具有奇才异行，或者身具文武才能可以为国家备用人才的，年二十岁以上、五十岁以下的人，都要送达朝廷备国家选用。

宋太宗太平兴国三年十一月开封访义居孝行令

（宋太宗太平兴国三年十一月）令开封府访义居①、孝行②、年八十已上者，临见之。

《续资治通鉴长编·卷十九》

【简注】①义居：指孝义之家世代同居。②孝行：具有孝敬父母的德行的人。

【译文】（宋太宗太平兴国三年十一月）皇帝下令：开封府访察世代同居的孝义之家、具有孝敬父母品行的人、年纪在八十以上的老人，（将他们的姓名奏报朝廷，）皇帝将召见他们。

宋太宗太平兴国六年十一月轻薄无赖、慜于孝义绳法令

（宋太宗太平兴国六年十一月）癸丑，诏诸州长吏察部内民有轻薄无赖、慜于孝义、货鬻田业、追随蒱博者，深加劝诫之。或闻义不服，为恶务滋者，条其姓名以闻，当置于法。

《续资治通鉴长编·卷二十二》

【译文】（宋太宗太平兴国六年十一月）癸丑这一天，皇帝下诏各州的长吏，让他们监察各地的百姓，要监察百姓之中有无轻薄无赖行径的，有无对父母不行孝义之道的，有无出售家内田产的，有无追随赌博的行为，各地都要对犯有轻薄无赖行径的人严加劝勉。如果听说出现不服从教化，继续为恶、滋事的人，要条陈其姓名上奏，用刑罚去处罚他们。

宋太宗淳化五年八月壬午孝者人伦至重奏对

（宋太宗淳化五年）八月壬午，上谓近臣曰："孝者人伦至重。古之人，三年守坟墓。今臣僚子弟以祖、父亡殁，或与叙用，意在继其后嗣，然有不俟百日便预朝集者，朕每矩之，中心不忍。"

赵昌言曰："陛下如此宣谕，乃敦厚风俗之旨也。"

遂诏文武百官子弟，因父兄亡殁，叙用未经百日，不得辄赴公参。令御史台专知纠察，并有冒哀求仕，释服从吉者，并以名闻。

《续资治通鉴长编·卷三十六》

【译文】（宋太宗淳化五年）八月壬午这一天，皇帝对近侍的臣子说："孝道是人伦道德之中至关重要的一种德行。古时候的人，（父母去世要为其）庐墓三年。现在臣僚的子弟在祖、父亡殁的时候，便上奏朝廷要求叙用，意在让后世子孙能够承续自己的爵位，于是有的祖、父亡殁不到百日，子弟们便会集于朝堂，朕每当拒绝这种事，心中便会不忍。"

赵昌言说："陛下可以这样宣达诏谕，这是秉承了敦厚风俗的意旨呀！"

于是皇帝诏令文武百官的子弟，因为父、兄亡殁，丧服未满一百天的不得叙用，也不能参与国家的公事。令御史台专事纠察这件事，如果有在丧葬期间

求取仕途的，去掉丧服换取吉服的，都要上奏朝廷给予处罚。

宋仁宗天圣元年六月初赴铨集人父母年及七十许注近任诏

旧制，幕职、州县官父母年七十以上无兼侍者，权注近官。自今赴铨集人当远官者，父母年及七十，许用前例近任。

《续资治通鉴长编 · 卷一百》

【译文】（宋仁宗天圣元年六月，皇帝下诏：）旧的制度，幕府之中的职员、州县官员的父母年纪已经在七十以上且身边没有其他子女侍养的，可以要求在父母所在地就近就职。从现在开始初次被授予官职的官员，任职为远地的，且父母年已七十以上，可以沿用以往的旧制请求就近就职。

宋仁宗天圣九年十二月父母年八十已上选人权注近官诏

吏部流内铨：选人父母年八十已上，听权注近官。

《续资治通鉴长编 · 卷一百一十》

【译文】（宋仁宗天圣九年十二月，皇帝下诏给）吏部流内铨：被选取入仕的官员父母年纪在八十以上的，可以听任他们在其父母所在地就近取官就职。

宋仁宗景祐四年正月乙未祖父母父母服阕后分财事诏

应祖父母、父母服阕后，不以同居、异居，非因祖父母财及因官自置财产，不在论分之限。

《续资治通鉴长编 · 卷一百二十》

【译文】（宋仁宗景祐四年正月乙未这一天）祖父母、父母服阕后分财事诏：

（子孙）给祖父母、父母服丧之后，不管是共同居住，还是分产另居，不是祖父母、父母的财产或因职位的原因自置的财产，不在分析财产的范围之内。

《钦定续文献通考》一则

金章宗泰和元年十二月祖父母父母无人侍养律

泰和元年[①]十二月，新律成，增徒至四年五月为七、六年三月，敕尚书省："祖父母、父母无人侍养，而子孙远游至经岁者甚伤风化，虽旧有徒二年之罪，似涉太轻，其考前律再议以闻。"

清·《钦定续文献通考·卷一百三十七·刑考·徙流》

【简注】①泰和元年：泰和，金章宗年号，是年公元1201年。

【译文】（金章宗）泰和元年十二月国家新的律令修成，增徒刑四年五个月为七年、六年三个月，皇帝敕旨尚书省说："祖父母、父母无人侍养，子孙却整年地在外地远游，是十分伤风化的事情，虽然以往有徒二年这样的刑罚，但感到这种处罚太轻，要考据以往的律法再行议定奏闻于朝廷。"

《钦定续通典》二则

宋诸府职掌

（宋）诸府置知府事一人，州、军、监亦如之。掌总理郡政宣布条教，导民以善而纠其奸慝，岁时劝课农桑，旌别孝弟。其赋役钱谷狱讼之事，兵民之政皆总焉。

清·《钦定续通典·卷三十七·职官·州郡下》

【译文】（两宋之时）各府设置知府事一人，州、军、监同样如此。他们执掌总理郡内的政务，宣布国家的条文法令，教化百姓，劝导百姓处事以善，纠察境内的奸恶以及隐匿的恶行，每年都要按照时令劝课农桑，表彰旌扬孝敬父母、友悌兄弟的人，辖区之内的赋役、钱粮、狱讼这些事，以及其他的一些兵、民政务都由其总管负责。

宋神宗熙宁三年州县考察士民孝悌力田令

（宋神宗熙宁三年）令州县考察士民有能孝悌力田为从所知者给帖付身，偶有犯令情轻可恕者特议赎罚，其不悛者科决。

清·《钦定续通典·卷一百九·刑·杂议一》

【译文】（宋神宗熙宗三年）皇帝令州县的官员考察辖区内有能孝敬父母、友悌兄弟、努力耕田为众人所知的人，赐给他们凭帖，偶有过错违犯法令且情有可恕的，可以特别议定以钱财处罚的形式赎刑，其中怙恶不悛的按照法令律例处罚。

二、税役优恤

《钦定重订大金国志》一则

三代同居段免户下三年差拨

三代同居仪：三代同居孝义之家，委所属申覆朝廷旌表门闾，仍免户下三年差拨。

宋 · 宇文懋昭《钦定重订大金国志 · 卷三十五 · 杂色仪制》

【译文】三代同居的优免规定：三代同居的孝义之家，相关司衙要委派所属司衙奏报朝廷旌表其门闾，仍然免除其户旌表之后三年的差役、税赋。

《宋史》三则

宋真宗天禧元年六月壬申八十者赐茶帛除课役令

（宋真宗天禧元年）六月壬申，赦西京系囚，死罪减一等，流以下释之。父老年八十者赐茶帛，除其课役。

《宋史 · 本纪第八 · 真宗三》

【译文】（宋真宗天禧元年）六月壬申这一天，皇帝下令赦免西京地区的囚犯，死罪减免一等，流刑以下释放。百姓年纪在八十岁以上的赐给他们茶和帛，免除其赋役课税。

宋仁宗嘉祐四年冬十月壬申民父母年八十复其一丁令

（宋仁宗嘉祐四年）冬十月壬申，朝飨景灵宫。癸酉，大祫于太庙，大赦。诏诸路监司察士有学行为乡里所推者，同长吏以闻。民父母年八十以上，复其一丁。

《宋史 · 本纪第十二 · 仁宗四》

【译文】（宋仁宗嘉祐四年）冬十月壬申这一天，皇帝在景灵宫外以礼祭祀上天。癸酉这一天，在太庙中祭祀祖先，下令大赦天下罪囚。下诏给各路的监、司官员，让他们察举士人之中有学行且被乡里所推重的人，会同长吏一同奏闻朝廷。百姓之中有父母年八十以上的人家，免除家中一丁的赋役，以便其奉养老人。

宋真宗天禧三年孝悌力田倍存恤之诏

（宋真宗天禧）三年，诏民有孝弟力田、储蓄岁计者，长吏倍存恤之。

《宋史·志一百二十七·食货上一》

【译文】（宋真宗天禧）三年，皇帝下诏：百姓之中如果有孝敬父母、友悌兄弟、努力耕田的人，善于储蓄精于岁计的人，各地的官员守令要加倍地存恤他们。

三、致仕、终养

《庆元条法事类》一则

京朝官父母年七十以上无亲兄弟者与近地诏

（绍兴元年十一月八日）敕："诸命官及翰林院医人，乞寻医侍养随侍随行指教者：通判路分都监以上，及缘边主兵之官具奏听旨；余所属勘会无规避即放离任，讫保明申请在京所属，满一年许朝参赴选，其小使臣、校尉、承直郎以下仍于所居州县给公凭。"

宋 · 佚名《庆元条法事类 · 卷六 · 朝参选赴》

【译文】（宋高宗绍兴元年十一月八日）皇帝敕令："各地的朝廷命官以及翰林院的官员、医官，上表乞请寻医侍养父母的官员，及随侍在父母身边随时听取父母教训指导的官员：是通判各路分都监以上官员的，以及边境地区军事长官的，都要上奏朝廷听凭旨而行；其他官员以及其属吏有这种申请的，磨勘之后没有什么可以规避的事情即可放其离任，只是要保奏说明申请人是属于京中在哪一个司衙的官吏，侍养满一年后允其入朝参加赴选；其他的小使臣、校尉、承直郎等人申请侍养的由所在的州县给公文、凭据。"

《宋会要辑稿》一则

宋仁宗天圣十年十二月甲寅诏

京朝官父母年七十以上无亲兄弟者与近地诏：

审官院①，京朝官②父母年七十以上□入远官、无亲兄弟者，并与近地；如有亲□兄弟年二十以上者不在此限。

《宋会要辑稿 · 职官十一之一》

【简注】①审官院：北宋时官署名。宋太宗淳化四年（993）时设置。是北宋初期主管中下级文官考课铨注的机构。宋神宗熙宁三年（1070）分其为审官东院、审官西院，负责原由枢密院管理的中高级武臣考课选任。宋神宗元丰改制时废。 ②京朝官：即指在京城中的朝廷官员。

【译文】京朝官父母年七十以上无亲兄弟者与近地诏：

审官院，在京的朝廷官员父母年七十以上迁往远地为官的、且家中没有其他兄弟奉养老人的，可以就近将这类官员迁往距其父母所居地较近的地方任职。如果家中有亲兄弟，且年纪已在二十岁以上的不在这一限定之内。

《宋史》五则

宋仁宗天圣十年十二月甲寅诏

（宋仁宗天圣十年）十二月甲寅，诏吏部铨：选人父母年八十以上者，权注近官。

《宋史 · 本纪第九 · 仁宗一》

【译文】（宋仁宗天圣十年）十二月甲寅这一天，皇帝下诏给吏部流内铨：被选取入仕的官员，父母年纪在八十以上的，可以听任他们在其父母所在地就近取官就职。

宋太宗太平兴国九年诏

（宋太宗太平兴国）九年，诏曰："访闻丧葬之家，有举乐及令章者。盖闻邻里之内，丧不相舂，苴麻之旁，食未尝饱，此圣王教化之道，治世不刊之言。何乃匪人，亲罹衅酷，或则举奠之际歌吹为娱，灵柩之前令章为戏，甚伤风教，实紊人伦。今后有犯此者，并以不孝论，预坐人等第科断。所在官吏常加觉察，如不用心，并当连坐。"

《宋史 · 志第七十八 · 礼二十八 · 凶礼四 · 士庶人丧礼》

【译文】（宋太宗太平兴国）九年，皇帝下诏说："听说有些家中有丧事的人家，有举行宴乐、行酒令宴饮的行为。按礼法规定：在邻里之间，如果其邻家有丧事的，邻家之人不做舂米之类的事情，身边如果有服丧服的人，吃饭也不要吃饱，这是圣哲、贤王教化百姓之道，是治理国家不可更改的言语。现在却有些人不顾礼法、不讲亲情，亲人去世后子孙没有悲伤的样子，反而一副无所谓的态度，有的居然在举行丧奠的期间歌舞吹笙以为娱乐，在灵柩之前行酒令以为嬉戏，这种做法实在是有伤风俗、教化，实在是背违人伦之道。今后如果再有这样做的子孙，皆以‘不孝’的罪名论处，和丧家子女共同嬉戏娱乐的人按其行为的不同治罪。各地官员对这类事情详加查访，如果不用心去做，亦以‘连坐’的方式对待。”

宋太宗淳化五年八月诏

淳化（宋太宗年号）五年八月，诏曰：“孝为百行之本，丧有三年之制，著于典礼，以厚人伦。中外文武官子弟，或父兄之沦亡，蒙朝廷之齿叙[①]，未及卒哭，已闻莅官，遽忘哀戚，颇玷风教[②]。自今文武官子弟，有因父亡兄殁特被叙用，未经百日，不得趣赴公参。御史台[③]专加纠察；并有昌哀求仕、释服从吉者，并以名闻。”

《宋史·志第七十八·礼二十八·凶礼四·服纪》

【简注】①齿叙：即按年龄大小定位次或录用。 ②风教：《诗·大序》说：“风，风也，教也。风以动之，教以化之。”后世以“风教”代指风俗教化。 ③御史台：官署名，职责专司弹劾。西汉时称为“御史府”，东汉初改称为“御史台”，又名“兰台寺”，南朝萧梁及北魏、北齐有时称为“南台”，后周则称“司宪”。隋唐皆称“御史台”。只是唐代曾一度改称“宪台”或“肃政台”，不久又恢复旧称。明洪武十五年改为“都察院”，清代沿用。

【译文】（宋太宗）淳化五年八月，皇帝下诏说：“孝道是人间百行的根本，丧服有三年之制的规定，这是明著于典籍之中的，这一礼法是为敦厚人伦而制定的。朝廷内外的文武官员子弟，有的因为父兄亡故，蒙朝廷延续恩泽恩荫序齿，还没有来得及服丧完毕，就听说可以入仕为官，于是便忘记了对其父兄的哀戚不去守丧，这实在是有亏于风俗教化的行为。从现在开始朝廷内外文武官员的子弟，因父兄亡故而被朝廷恩荫入仕的人，其服丧没有达到百日，不得进入朝廷公参。御史台要对此事专门加以纠察，如果发现在丧期求仕的人，丧期未满脱掉丧服穿吉服的人，要将他们的名字奏报上来，加以惩处。”

宋仁宗庆历三年“三年之丧”奏对

庆历三年，太常“礼”字议：“《礼记》：‘父母之丧，无贵贱’，一也。”又曰：“‘三年之丧，人道之至大也。’请不以文武品秩高下，并听终丧。”时以武臣入流[①]者杂，难尽解官。诏：“自今三司[②]副使以上，非领边寄[③]，并听终制，仍续月奉。武臣非在边而愿解官者，听。”

《宋史 · 志第七十八 · 礼二十八 · 凶礼四 · 服纪》

【简注】①入流：古时官制官阶在九品以内者为“流内”，九品以外者为“流外”。官阶从九品以外登入九品以内者称为“入流”。 ②三司：唐代以御史大夫、中书、门下为三司，主理刑狱。唐宋之际又以盐铁、度支、户部为三司，主理财赋；同时宋代在广州、明州、杭州设市舶司，主对外贸易，合称三司。这里的“三司”应为盐铁、度支、户部。 ③边寄：即指防守边疆的任务。

【译文】（宋仁宗）庆历三年，太常寺就“礼”一字上书议论说：“《礼记》上说：‘父母的丧服，没有贵贱之说’，这是其中的一种规定。”

又上奏说：“‘三年丧服这一制度，是人伦之道至关重要的部分。’请陛下不要以文武官员的品秩高下做为守制的标准，文武官员都要守满三年丧服。”

当时武臣入仕的人十分庞杂，很难再任用或罢免官员。于是皇帝下诏说：“从现在开始，三司副使以上，如果没有领受防卫边境的任务，父母去世都要守满三年，其俸禄按月支取。武臣不守边地且愿意解官守制的人，听凭他们解官去职。”

宋太祖建隆三年至宋真宗天禧元年封赠令

建隆三年，诏定文武群臣母妻封号：太皇太后、皇太后、皇后曾祖母、祖母、母并封国太夫人；诸妃曾祖母、祖母、母并封郡太夫人；婕妤[①]祖母、母并封郡太君；贵人[②]母封县太君。宰相、使相[③]、三师、三公、王、侍中、中书令（旧有尚书令）曾祖母、祖母、母封国太夫人，妻国夫人；枢密使[④]、知院[⑤]、同知、参知政事、宣徽节度使曾祖母、祖母、母封郡太夫人，妻郡夫人；签书枢密院事曾祖母、祖母、母封郡太君，妻郡君；同知枢密院以上至枢密使、参知政事再经恩及再除者曾祖母、祖母、母加国太夫人。三司使祖母、母封郡太君，妻郡君；东宫三太[⑥]、文武二品、御史大夫、六尚书、两省侍郎、太常卿、留守、节度使、诸卫上将军、嗣王、郡王、国公、郡公、县公，母，郡太夫人，妻郡夫人；常侍、宾客、中丞、左右丞、侍郎、翰林学士至龙图阁直学士、给事中、谏议大夫、中书舍人、卿、监、祭酒、詹事、诸王傅、大将军、都督、中都护、副都护、观察留后、观察使、防御使、团练使并母郡太君，妻郡君；庶子、少卿监、司业、郎中、京府少尹、赤县令、少詹事、谕德、将军、刺史、下都督、下都护、家令、率更令、仆母封县太君，妻县君……致仕同见任。亡母及亡祖母当封者并如之。父亡无嫡、继母，听封所生母……

咸平四年，从舍人院详定群臣母、妻所封郡县，依本姓望封……

天禧元年，令文武升朝官无嫡母者听封生母，曾任升朝而致仕，即许叙封。令给谏⑦、舍人⑧母并封郡太郡，妻郡君。

四年，又令翰林学士至龙图阁直学士如给、舍例。

《宋史 · 志一百二十三 · 职官十》

【简注】①婕妤：宫中女官官名。汉武帝时始置，职位可比上卿，爵秩于列侯。自魏晋至明多沿设。 ②贵人：宫中女官官名。东汉光武帝始置，地位次于皇后。历代沿其名，而位尊卑不一。 ③使相：唐代中期凡是宰相者必称"同中书门下平章事"，故称加"同中书门下平章事"官衔的节度使为使相。宋初因之，以亲王、留守、节度使加侍中、中书令、同平章事者皆谓之使相，实际上不主政事。明代官场中用此称谓表明辅臣身份为督师，清代用此表明其为兼领大学士的总督。 ④枢密使：官名。唐代宗时始置，以宦官担任，至唐昭宗时始改任士人。五代、后梁改名"崇政使"，后唐复称枢密使。宋代则以之称枢密院的长官。明代以后多用为掌管军事的大臣的代称。 ⑤知院：五代后晋天福初年，以桑维翰以翰林学士、尚书礼部侍郎，知枢密院事。知院之名，始出。宋代枢密院不置枢密使时，则以他官知枢密院事，因称知院。后渐为枢密使的通称。 ⑥东宫三太：即太师、太傅、太保。 ⑦给谏：官名，唐宋时给事中和谏议大夫的合称。清代用作六科给事中的别称。 ⑧舍人：官名。秦汉时有太子舍人，是太子属官；魏晋以后有中书通事舍人，掌传宣诏命；隋唐时又设置起居舍人，执掌修记言之史，又置通事舍人，掌朝见引纳；明清内阁中书科内设中书舍人一职，掌书写诰敕。此外，宋代设有阁门宣赞舍人，元代设有直省舍人、侍仪舍人，明代设有带刀散骑舍人，则皆为近侍武职。

【译文】（宋太祖）建隆三年，皇帝下诏定下了文武群臣的母亲、妻子的封号：太皇太后、皇太后、皇后的曾祖母、祖母、母亲都封为国太夫人；诸妃的曾祖母、祖母、母亲都封为郡夫人；婕妤的祖母、母亲都封为郡太君；贵人的母亲封为县太君。宰相、使相、三师、三公、王、侍中、中书令（旧有尚书令）的曾祖母、祖母、母亲封为国太夫人，妻子封为国夫人；枢密使、知院、同知、参知政事、宣徽节度使的曾祖母、祖母、母亲封为郡太夫人，妻子为郡夫人；签书枢密院事的曾祖母、祖母、母亲封为郡太君，妻子封为郡君；同知枢密院以上至枢密使、参知政事再经恩泽以及再除恩泽的官员的曾祖母、祖母、母亲加封为国太夫人。三司使的祖母、母亲封为郡太君，妻子为郡君。东宫三太、文武二品官员、御史大夫、六尚书、两省侍郎、太常卿、留守、节度使、诸卫上将军、嗣王、郡王、国公、郡公、县公的母亲封为郡太夫人，妻子为郡县夫人；常侍、宾客、中丞、左右丞、侍郎、翰林学士至龙图阁直学士、给事中、谏议大夫、中书舍人、卿、监、祭酒、詹事、诸王傅、大将军、都督、中都护、副都护、观察留后、观察使、防御使、团练使的母亲并封为郡太君，妻子为郡君；庶子、少卿监、司业、郎中、京府少尹、赤县令、少詹事、谕德、将军、刺史、下都督、下都护、家令、率更令、仆的母亲封为县太君，妻子为县君……致仕的官员封赠同现任官。母亲亡故以及祖母亡故应当封赠的也要如此办理。父亲亡故没有嫡母、继母，封其生母……

（宋真宗）咸平四年，从舍人院详定群臣的母、妻所封的郡县，依照其本姓而封……

（宋真宗）天禧元年，皇帝下令文武在朝的官员没有嫡母的封其生母，曾任朝中宰辅却已致仕的，也许以封赠。下令封赠给谏、舍人和母亲郡太君，妻为郡君。

天禧四年，又下令翰林学士至龙图阁直学士的母妻封赠如给谏、舍人例。

四、丧葬孝思

《谥法》六则

死不迁情曰“强”

死不迁情曰“强”：

晋太子申生之奔新城，其傅杜原款谓之曰：“死不迁情强也，守情说父孝也，杀身以成志仁也，死不忘君恭也。”申生乃死。

宋 · 苏洵《谥法 · 卷二》

【译文】（国家所规定谥法制度中）死时也不更改其性情品性的人，去世后可谥为“强”：

晋太子申在晋国之乱时逃到新城，追随他的傅杜原款对他说：“死去的时候也不更改其性情品性称之为‘强’，信守性情取悦父辈称之为‘孝’，世间君子杀自身来成全自己的志向称为‘仁’，至死不忘自己的君主称为‘恭’。”申生听后就自杀了。

孝慈惠爱亲曰“孝”

孝慈惠爱亲曰“孝”：

刘熙曰：“以己所慈所惠之心，推以事亲孝之至也。”

宋 · 苏洵《谥法 · 卷三》

【译文】（国家所规定谥法制度中）具有孝、慈、惠、爱、亲这一品性的人去世后谥号为“孝”：

刘熙说：“以慈爱、惠让后辈的心态去感悟自己父亲对自己的感情，推及到对待事奉自己的父母长辈身上可以说就已经达到孝了。”

能养能恭曰“孝”

能养能恭曰“孝”：

《新补子夏问孝》：“子曰：‘色难，有事弟子服其劳，有酒食先生馔，曾是以为孝乎？’子游问孝，子曰：‘今之孝者是谓能养，至于犬马皆能有养，不敬何以别乎？’”

宋 · 苏洵《谥法 · 卷三》

【译文】具有能奉养父母、恭顺长辈品性的人，去世后可谥为“孝”：

《新补子夏问孝》：“孔子说：‘（当子女的要尽到孝），最不容易的就是对父母和颜悦色，仅仅是有了事情，儿女需要替父母去做，有了酒饭，让父母吃，难道能认为这样就可以算是孝了吗？’子游问孝，孔子说：‘如今所谓的孝，只是说能够赡养父母便足够了。然而，就是犬马都能够得到饲养。如果不存心孝敬父母，那么赡养父母与饲养犬马又有什么区别呢？’”

继志成事曰“孝”

继志成事曰“孝”：

孔子曰：“武王周公其达孝矣乎！夫孝也者，善继人之志，善述人之事者也。”

宋 · 苏洵《谥法 · 卷三》

【译文】具有继承父母志向并成就事业的人去世后，可以谥为“孝”：

孔子说：“武王、周公已经达到了孝的极致了！孝这一个品行，是应该做到善于继承父辈的志向，同时又善于将先辈好的传统记述、继承下去。”

干蛊用誉曰“孝”

《新补易》曰：“干父之蛊用誉，象曰：‘干父用誉，意承考也，以意承之而已。其事有不可者亦不从也。’”

宋 · 苏洵《谥法 · 卷三》

【译文】具有恭敬地奉侍父辈的品行，不用激烈言辞去对待父辈的人，去世后可谥为“孝”。

《新补易》中说：“恭敬地侍奉父辈不用激烈言辞去对待他们，《象》中说：‘干父用誉的意思是敬奉老人，在这个基础上继承他们的志向。老人们如果有做得不合适的事情，不要去遵从。’”

秉德不回曰“孝”

秉德不回曰“孝”：

人有孝于其亲而秉德不回，以陷于患难不终其养者，世以为不孝。君子闵之，曰："是亦孝也。故《记》以战阵无勇为非孝，何者？恐以不义辱亲也。晋周处与贼战而死，有老母在，贺循谥之曰'孝'，君子韪之。然而人必先有孝德也，而后秉德不回乃得为孝。如徒曰'秉德不回'者是为贞也，非孝也。"

宋 · 苏洵《谥法 · 卷三》

【译文】能够保持住自己美德不受玷污的人，去世后可谥为"孝"：

人如果具有孝养其父母亲人的品行，且能够保持住美德不受玷污，却因为患难的原因不能始终的，世间认为是不孝的人。对这种情形作为君子是十分怜悯的，说："这也是孝，因此《礼记》中以战阵之中不能奋勇保国视为不孝，这是为什么呢？是害怕使自己的父母因为自己的行为而感到羞辱。晋代周处与盗贼征战而死，家中的老母尚在，贺循对周处所上的谥号为'孝'，天下的君子都认为是正确的，所以说做人首先要具有孝德，然后再秉持住这一德行不受玷污才可以称为孝。如果只是强调'秉德不回'这一品性，只是'贞'，不是'孝'。"

《宋大诏令》一则

宋太宗雍熙二年辛卯京官幕职州县官丁忧者放离任诏

三年之制，谓之通丧，乃圣人之垂教，贯百代而不易。向者臣僚居丧，多从抑夺，盖切于致理，而急于用人，求便一时，诚非永制。方敦孝治，以厚时风，宜从栾棘①之心，俾守苴麻之礼②。自今京官幕职州县官有丁父母忧者，并放离任，常参官③奏取进止。

《宋大诏令 · 卷一百六十 · 政事十三 · 官制一》

【简注】①栾棘：语出《诗 · 桧风 · 素冠》："棘人栾栾兮。"《毛传》注为："棘，急也。栾栾，瘠貌。"意思是说子女因居父母之丧因而哀痛、瘦瘠。后世以"栾棘"形容孝子的哀痛。 ②苴麻之礼：即丧葬之礼。 ③常参官：常朝日参见皇帝的高级官员。宋神宗元丰改制后，门下省起居郎以上，中书省起居舍人以上，尚书省侍郎以上，御史台中丞以上，每日参见皇帝，称之为"常参官"，也称"朝官"。

【译文】子女为父母亲人服三年的丧服，就可以说是通达丧葬的礼法了，这是圣人教化世间要求百姓所要做到的礼法，也是贯穿于百代而不变易的礼法。以往臣子和其僚属在居丧的时候，有很多人不遵守这一丧制，有人问起来时说，是因为国家急于用人才这样去做的，这是为求一时便利的方法，不是国家长久执行的制度。现在国家为了敦厚风俗，宜遵从子女为父母守丧这一制度，以体现子女对父母的孝敬之心，以遵从丧礼的规定。从现在开始，在京朝官及其幕僚、各地州县官员，如果家中有父母丧亡，应丁忧守制的，要放其离任回乡，在京参加常朝的官员要奏闻这类事情。

《钦定重订契丹国志》一则

辽圣宗为母守制奏对事

太后暴崩，帝[①]哀毁骨立哭必呕血，蕃汉群臣上言："山陵[②]已比，宜改元。"

帝曰："改元，吉礼也，居丧行吉乃不孝子也。"

群臣曰："古之帝王以日易月，宜法古制。"

帝曰："吾契丹主也，宁违古制，不为不孝之人。"

终制三年。

宋 · 叶隆礼《钦定重订契丹国志 · 卷七 · 圣宗文武大孝宣皇帝》

【简注】①帝：即辽圣宗耶律隆绪。 ②山陵：帝王、皇后皇太后的坟墓。

【译文】皇太后暴崩，辽圣宗十分悲伤，以至于容貌消瘦，每次哭泣都呕血。契丹、汉族的群臣上奏说："皇太后已经去世，这种情况宜改元（年号）以向上天祈福。"

辽圣宗说："改元，这是吉礼，在居丧的时间段内行此吉礼是不孝的行为。"

群臣说："古时的帝王居丧都是以天代替月份，可以效法古制。"

辽圣宗说："我是契丹国的君主，宁愿违反古制，也不当不孝之人。"

辽圣宗终于守丧三年，才结束丧服。

《宋史》一则

宋仁宗天圣六年敕

（宋仁宗）天圣六年敕，《开元五服制度》《开宝正礼》并载齐衰降服条例，虽与祁言[①]不异，然《假宁令》："诸丧，斩、齐三年，并解官；齐衰杖期及为人后者为其父母，若庶子为后为其母，亦解官，申心丧；母出及嫁，为父后者虽不服，亦申心丧。”

《宋史 · 志七十八 · 礼二十八 · 凶礼四》

【简注】①宋祁的奏疏是于宋仁宗景祐二年所上，内容可详见《宋史 · 志七十八 · 礼二十八 · 凶礼四》。

【译文】（宋仁宗）天圣六年，皇帝敕旨：《开元五服制度》《开宝正礼》都记载了齐衰降服的条例，虽然这些记载和宋祁奏疏的言论没有什么不同，然而《假宁令》中记："各类丧葬仪制之中，斩衰、齐衰都是三年守制期，都要去除官职，为父母守制；齐衰杖期以及过继给他人的人为生身父母守丧的规定中，如果是庶子为其生母守制，也要去除官职，申明心丧；母亲被休或是改嫁，过继给他人的人虽然不用守制，但依然要服心丧。"

《续资治通鉴长编》一则

宋仁宗景祐四年正月乙未祖父母父母未葬不得析居诏

（宋仁宗景祐四年正月乙未）士庶之家，应祖父母、父母未葬者，不得析居。若期尚远，即听以所费钱送官，候葬日给之。

《续资治通鉴长编 · 卷一百二十》

【译文】（宋仁宗景祐四年正月乙未这一天，皇帝下诏：）官宦、百姓之家，给祖父母、父母服丧，祖父母、父母未丧葬的，不得分产分家别居。如果葬期尚远，可以听任其家将家中财产的清单交于官府，待下葬后官府再还给丧葬之家。

《钦定续通典》一则

宋太宗太平兴国七年至九年"丧葬之家举乐"诏对

宋太宗太平兴国七年正月学士李昉等奏议曰："案唐长庆三年令：百姓丧葬不得陈设音乐。臣等参详，丧用音乐望严禁之。"

九年诏曰："访问丧葬之家有举乐及令章者。盖闻邻里之内丧不相舂，苴麻之旁食未尝饱，此圣王教孝之道，治世不刊之言。何乃匪人亲罹衅酷或则举奠之际，歌吹为娱灵柩之前令章为戏？甚伤风教，实紊人伦，今后有犯此者并以不孝论。”

清 · 《钦定续通典 · 卷八十四 · 礼 · 凶 · 丧不用乐》

【译文】宋太宗太平兴国七年正月，学士李昉等人上奏说："按照唐代长庆三年的律令：百姓丧葬时不得使用音乐。臣等参详那时的律令后认为，丧葬时使用音乐之事，国家应予严禁。"

九年，皇帝下诏说："各地要查访丧葬之家是否有吹奏音乐及其他违反礼制章程的事。按以往的礼法，邻里之间如果有丧事则相互不舂米，身边如果有服苴麻丧事的吃饭就不要吃饱，这是圣哲贤王教化人们的孝敬之道，是治世之中不用申明的礼法。为何现在有些百姓亲人去世、罹难或者在举行丧葬的时候，在灵前鼓吹、唱咏歌舞音乐，视国家律令章程为戏言？这种行为对风俗和教化是十分不利的，实在是紊乱人伦，今后如果有犯此事的人要以不孝罪论处。"

五、养老礼与乡饮酒礼

《建炎杂记》一则

宋高宗绍兴间“乡饮酒”礼诏

乡饮酒：

乡饮酒者，绍兴二年四月，待制林保为礼部郎中[①]，请命太常草具其礼，下郡邑行之。又诏“非常与乡饮酒者毋得应举”。

其仪有肃宾、祭酒、主献、宾酬、主人酬介、介酬众宾、修爵、无算、沃洗、扬觯、拜送、拜既凡十二节；又有约束，凡事主人以守令，其酒食器用卿大夫士之有力者共为之。

行之十余年，士人不以为便。二十六年四月应通判[②]抚州陈洙之请，虽不遇乡饮酒者许应举，又诏“乡饮酒听人自为之，公家毋得预”。

宋·李心传《建炎杂记·甲集·卷十三》

【简注】①郎中：官名，始于战国时期，秦汉时沿置。掌门户、车骑等事；对内充任侍卫，对外从事作战。另：尚书台设郎中司诏策文书。晋武帝时设置“尚书诸曹郎中”，郎中为尚书曹司之长。隋唐迄清，各部皆设郎中，分掌各司事务，为尚书、侍郎之下的高级官员。 ②通判：官名。宋代初年始设于诸州府，即与州府长官共同处理政务，地位略次于州府长官，但握有连署州府公事和监察官吏的实权，号称监州。

【译文】乡饮酒：

乡饮酒这一礼法，高宗绍兴二年四月，待制林保为礼部郎中时，请命于太常寺方草成这一礼法，下面的州邑沿用并执行。之后皇帝下诏说“国家的士子如果不参加乡饮酒礼的不得参加科举”。

这一礼法有肃宾、祭酒、主献、宾酬、主人酬介、介酬众宾、修爵、无算、沃洗、扬觯、拜送、拜既十二个步骤，又有礼法方面的约束，凡事都要听从主人的指令，其酒、食、器用等礼仪用具由有能力的卿大夫及士供应。

乡饮酒礼实行十余年后，士人对此礼法十分不适应。于是绍兴二十六年四月通判抚州陈洙奏请皇帝，天下士子即使不参加乡饮酒礼的也可以参加科举。皇帝同意了他的这一建议，之后又下诏说："乡饮酒这一礼法听任各地以其能力办理，国家不得干预。"

《玉海》二则

宋太宗淳化三年正月七日乡饮酒诏

（宋太宗）淳化三年正月七日诏有司，讲求乡饮酒故事，命学士承旨苏易简等撰乐章三十四。《鹿鸣》六、《南陔》二、《嘉鱼》八、《崇丘》二、《关雎》十、《鹊巢》六，五月五日礼院说定其仪。

宋·王应麟《玉海·卷七十三·礼仪》

【译文】（宋太宗）淳化三年正月七日皇帝下诏给相关司衙，让其在典籍之中寻找有关"乡饮酒礼"的记载，命学士承旨苏易简等人撰写三十四首乐章，（以待行"乡饮酒"礼时使用。）其中包括《鹿鸣》六首、《南陔》二首、《嘉鱼》八首、《崇丘》二首、《关雎》十首、《鹊巢》六首，并于当年五月五日在礼院说明乡饮酒礼的礼制准备情况，审订这一礼仪。

宋徽宗政和三年正月"鹿鸣宴"改"乡饮酒"诏

（宋徽宗）政和三年正月诏州郡"鹿鸣宴"改为"乡饮酒"……（宋高宗绍兴）二十六年四月二十七日诏行于里社者听之。

宋·王应麟《玉海·卷七十三·礼仪》

【译文】（宋徽宗）政和三年正月，皇帝下诏全国各州郡，将"鹿鸣宴"改名为"乡饮酒"……（宋高宗绍兴）二十六年四月二十七日诏令各地乡饮酒这一礼法听任各地以其能力办理。

《宋史》二则

宋礼：养老于太学

养老于太学。皇帝服通天冠、绛纱袍，乘金辂，至太学酌献文宣王，三祭酒，再拜，归御幄。比车驾初出，量时刻，遣使迎三老、五更于其第。三老、五更俱服朝服，乘安车，导从至太学就次；国老、庶老，有司预戒之，各服朝服，集于其次。大乐正帅工人、二舞入，立于庭。东上阁门、御史台、太常寺、客省[①]、四方馆[②]，自下分引百官、宗室、客使、学生等，以次入就位，如视学班。太常博士赞，三老、五更俱出次，引国老、庶老立于后，重行异位。

礼直官、通事舍人引左辅奏请中严，少顷，又奏外办。皇帝出大次，侍卫如常仪。大乐正令撞黄钟之钟，右五钟皆应，协律郎跪，俯伏举麾，兴，宫架"乾安之乐"作，皇帝即御坐，乐止。曲仪曰"再拜"，在位官皆再拜。三老、五更杖而入，各左右二人夹扶，太常博士前引，史臣执笔以从。三老、五更入门，宫架"和安之乐"作，至宫架北，北向立，以东为上。皇帝为兴，次奉礼郎揖国老升堂，博士引三老、五更，奉礼郎引群老随入，位于其后，乐止。博士揖进，三老在前，五更在后，仍杖夹扶，宫架"和安之乐"作，至西阶下，乐止。博士揖三老、五更，自西阶升堂，国老、庶老立堂下。三老、五更当御坐揖，奉礼郎引国老以下，各于席后立。典仪赞"各就座"，赞者承传，宫架"尊安之乐"作，三老、五更就座。

三公授几、九卿正履讫，殿中监、尚食奉御进珍羞及黍稷等，先诣御坐前进呈，遂设于三老前，乐止，尚食奉御诣三老座前，执酱而馈，讫，尚奉御诣酒尊所，取爵酌酒，奉御执爵，奉于三老。次太官[③]、良令以次进珍羞酒食于五更、群老之前，皆食。大乐正引工人升，登歌奏"惠安之乐"，三终。史臣既录三老所论善言、善行，宫架作"申安之乐"。"宪言成福之舞"毕，文武退，作"受成告功之舞"，毕，三老以下降筵。博士引三老、五更于堂下，当御座前，奉礼郎引群老复位，俱揖，皇帝为兴。三老、五更降阶至堂下，宫架"和安之乐"作，出门，乐止。礼直宫、通事舍人引左辅前奏礼毕，退，复位。典仪赞拜讫，皇帝降座，太常卿导还大次[④]，百僚以次退，车驾还宫，三老、五更升安车，导从还。

翼日诣阙表谢。

《宋史 · 志第六十七 · 礼十七 · 嘉礼五》

【简注】①客省：古代官署名。《资治通鉴 · 宋文帝元嘉二十二年》："其夜，呼晔（即范 ）置客省。"胡三省注称："客省，凡四方之客入见者居之，属典客令。" ②四方馆：官署名。隋炀帝时设置，对东西南北四方少数民族，各设使者一人，掌管往来及互相贸易等事，隶属鸿胪寺。唐代归通事舍人主管，隶属中书省。宋置四方馆使，掌管文武官朝见辞谢，国忌赐香及诸道元日、冬至、朔旦、庆贺章表、郊祀、朝蕃官、贡举人、进奉使、京官、致仕官、道释、父老陪位等事。其职务与隋唐不同，职权有所扩大。明代设有“四夷馆”，清代设有“会同四译馆”，职务与隋唐四方馆大体相同。 ③太官：官名。秦代设有太官令、丞，属少府。两汉沿用其制，掌管皇帝膳食及燕享之事。北魏时太官掌百官之馔，属光禄卿管辖。北齐、隋、唐沿用其制。宋代以后，皇帝膳食改归尚食局，太官只掌祭物。 ④大次：帝王祭祀、诸侯朝觐时临时休息的大帐篷。

【译文】养老于太学。皇帝在去太学行养老礼时，要头戴通天冠，身穿绛纱袍，乘坐金辂，要先到太学酌献文宣王，酌献时三次上祭酒，再拜，回到御帐。车驾开始出动的时候，要计量时刻，派遣使者到三老、五更的府第中去迎接他们。三老五更都要穿朝服，乘坐安车，被引导着去太学按次序就位；参加仪式的国老、庶老，相关司衙的官员要预先告诉他们礼法的程仪，这些人都要穿朝服集结在三老、五更的后边。大乐正率领乐工、舞生先行入内，立于庭院之中。众官所站立的位置以东为上，依次是上阁门、御史台、太常寺、客省、四方馆的官员，他们分别引领百官、宗室、客使、学生等人，按次序进入就位，所用的礼仪就如同日常学官巡视学班时的礼仪一样。太常寺的官员宣赞，三老、五更都要从序列中走出，引领着国老、庶老，并让他们位于三老、五更之后，分两行重新排位。

礼直官、通事舍人引领左辅奏请中严，少顷，又向皇帝奏明外出办事的原因。皇帝的车驾出宫，侍卫和往常一样。大乐正撞黄钟，右边的五钟都要回应。协律郎跪，俯伏着举起麾，之后站起来，宫架处奏起“乾安之乐”，皇帝在御座上坐下后，乐声停止。曲仪说“再拜”，在厅堂中的官员都要拜。三老、五更持杖进入太学，左右要各有二个人扶着他们，太常博士在前面引领，史臣执笔跟从。三老、五更进入太学大门时，宫架处奏起“和安之乐”，太常博士将三老、五更引领到宫架的北边，向北而立，以东为上。皇帝站起来礼让，之后奉礼郎行揖礼，国老进入厅堂，博士引领三老、五更，奉礼郎引领国老、庶老随从其后，位置在三老、五更的后面，乐曲停止。博士揖进，三老在前、五更在后，仍然是各由两人扶持，宫架处奏起“和安之乐”，走到西阶的下面，乐曲停止。博士揖拜三老、五更，然后三老、五更从西阶升堂，国老、庶老站立在台阶的下面。三老、五更朝向御座揖拜，奉礼郎引领国老以下众人，各自站于自己的席位后面。典仪宣赞“各就座”，宣赞的官员依次承传，官架处奏起“尊安之乐”，三老、五更就座。

三公将三老的案几放置好，九卿将他们的鞋端正放好后，殿中监、尚食奉皇帝旨意进奉珍馐食品及黍稷，先到皇帝的座前进呈以让皇帝审视，之后陈设在三老的案几上，乐曲停止。尚食按皇帝意旨走到三老的座前，执肉酱馈于三老，完成后，尚奉奉皇帝意旨将其放置酒尊旁边，取酒爵酌酒，奉皇帝意旨执爵，进奉于三老。之后太官、良令按次序进奉珍馐酒食于五更、群老的案几前，都要食用。大乐正引领乐工进入厅堂，歌舞吹奏“惠安之乐”，三曲结束。史臣记录三老所讲述的好的意见，以及所建议所推行的好的行政方法，官架处奏起“申安之乐”。“宪言成福之舞”结束之后，文武官员退出，歌舞“受成告功之舞”，结束后，三老、五更结束筵席走出席位。博士引领三老、五更走到厅堂的下首，在御座的前面，奉礼郎引领群老回到堂前的位置上，都向皇帝揖拜，皇帝还礼站起来。三老、五更下台阶走到堂下，官架处奏“和安之乐”，出门，乐曲停止，礼直官、通事舍人引左辅上前奏告礼仪完毕，退下，回到自己的位置，典仪宣赞“拜”，完成后，皇帝从御座中走出，太常卿引导皇帝回到御帐，百官按次序退出，车驾还宫，三老、五更登上安车，被引导着归还。

第二天，三老、五更、群老到朝堂上上表谢恩。

南宋乡饮酒礼

庆元中，朱熹以《仪礼》改定，知学者皆尊用之，主、宾、僎、介之位，始有定说。其主，则州以守、县以令，位于东南；宾，以里居年高及致仕者，位于西北；僎，则州以倅、县以丞或簿，位东北；介以次长，位西南；三宾，以宾之次者，司正众所推服者；相及赞，以士熟于礼仪者。

其日质明，主人率宾以下，先释菜于先圣先师，退各就次，以俟肃宾。介与众宾既入，主人序宾祭酒，再拜，诣垒洗洗觯，至酒尊所酌实觯，授执事者，至宾席前跪以献宾，宾酬主人，主人酬介，介酬众宾，宾主以下各就席坐。讫，酒再行，次沃洗，赞者请司正扬觯致辞，司正复位，主人以下复坐。主人兴，复至阼阶楣下，僎从宾介复至，西阶下立，三宾至西阶立，并南向。主人拜，宾介以下再拜。

《宋史 · 志第六十七 · 礼十七 · 嘉礼五》

【译文】庆元中期，朱熹经《仪礼》中的说法改定乡饮酒礼，知会学者们都尊用此仪法，从此之后，主、宾、僎、介人位置，才有确定的说法。其中主人，州里面由守令担当，县里面由县令担当，他们的位置在厅堂的东南；宾，以当地年高德盛以及致仕的人担任，位于厅堂的西北；僎，州里以州的副手、县里以县的县丞或县主簿担任，位置在厅堂的东北；介由是年纪德望稍次于宾的人担任，位置在厅堂的西南；三宾由再次的人担任；司正由众人所推服的人担任；相及宣赞的人，以士子中熟知礼仪的人担任。

到了行乡饮酒礼的那一天，天刚亮的时候，主人率宾之下的众人，要先到学堂行释菜礼，以酌献先圣、先师，之后退出各就其位，静立，肃穆地等待宾的到来，介和宾既入学堂，主人要按次序敬献宾酒祭酒，要揖拜两次，之后主人到垒洗处洗觯，到放置酒尊的地方酌酒将觯盛满，将觯授予执事者，之后与执事者同至宾席的前面跪呈献宾，之后（依主人献宾的方法）宾要酬献主人，之后主人酬献介，介酬献众宾，（这一过程完成后，）宾主以下都要各自就席安坐。各自安坐后，再行酒，之后垒洗处洗觯，（到放置酒尊的地方酌酒将觯盛满，交与执事者，）宣赞请司正扬觯致辞，（执事者将斛交与司正，司正致辞，致辞完成后，）司正复位，主人以下复就座。（礼法结束时，）主人起身，起至阼阶的与屋楣相交的地方，跟从宾、介也来到这个地方，到西阶下站立，三宾至西阶处站立，都面向南，主人拜宾、介、僎、及众宾，宾、介、僎、众宾等人回拜两次。

第十卷　元

一、孝亲敬老诏令

《通制条格》一则

元世祖至元十年二月圣旨一款

（至元十年二月）钦奉圣旨条画内一款节该，孤老幼疾贫穷不能自存者，仰本路官司验实，官为养济，而不收养或不如法者，委监察纠察，钦此。

元 · 孛术鲁翀《通制条格》

【译文】（元世祖至元十年二月）钦奉皇帝陛下圣旨条款之中的一款节略为：孤独、老年、幼弱、疾病、贫穷不能自存于世的人，本路的官府和司衙要对这样的人验证核实，由官府来收养、赈济他们，如果当地官府不收养、赈济或不遵从这一法令的，相关司衙要委派监察去纠察。钦此。

《元典章》五则

元成宗大德九年六月奉立皇太子诏书一款

大德九年六月，钦奉立皇太子诏书内一款，孝子顺孙曾经旌表，有材堪从政者，保结申明量材任用。

元 · 《元典章 · 典章二 · 圣政卷之一 · 旌孝节》

【译文】（元成宗）大德九年六月，钦奉皇帝陛下立皇太子诏书中事一款：孝敬父母、敬奉长辈的孝子顺孙曾经被国家旌表过的，有才能且有从政才干的，各地司衙要对这类人申明情况，（呈报朝廷，）国家将对他们量才录用。

元成宗大德十一年五月钦奉登宝位诏一款

大德十一年五月，钦奉登宝位诏内一款节，该义夫妇孝子顺孙，具宝以闻，别加恩赐。

元 · 《元典章 · 典章二 · 圣政卷之一 · 旌孝节》

【译文】（元成宗）大德十一年，钦奉皇帝陛下登基诏书之中的条款中的一项节略为：具有忠诚信义的人、贞洁的妇女、孝敬父母的孝子、敬奉长辈的顺孙，各地都要将其当作表率，各地司衙要将其人其事奏闻于朝廷，国家将对他们施以特殊的恩赐。

元成宗大德九年六月钦奉皇太子诏内一款

大德九年六月钦奉立皇太子诏内一款，年八十以上赐帛一匹，九十以上二匹。

元 · 《元典章 · 典章三 · 圣政卷之二 · 赐老者》

【译文】（元成宗）大德九年六月钦奉皇帝陛下立皇太子诏书中的条款一项：年纪在八十岁以上的老人国家将赐予其帛一匹，九十岁以上的老人国家将赐予帛二匹。

元武宗至大四年三月十八日钦奉登宝位诏内一款

至大四年三月十八日钦奉登宝位诏内一款，发政施仁国有令典，凡年各九十以上者赐绢二匹，八十以上者一匹。

元 · 《元典章 · 典章三 · 圣政卷之二 · 赐老者》

【译文】（元武宗）至大四年三月十八日钦奉皇帝陛下登宝位的诏书中的条款一项：朝廷颁发政令对国家施以仁政，是国家令典之中所要求的事情。凡是年纪在九十岁以上的老人赐予绢二匹，八十岁以上的老人赐予绢一匹。

元成宗大德九年六月钦奉诏书内一款

大德九年六月钦奉诏书内一款，致仕官员自壮至老宣力多矣，若止一子，应承荫者并免□，使子幼家贫者，给半俸终其身，虽年七十上以上精力未衰材识可取者录用之。

元 · 《元典章 · 典章十一 · 吏部卷之五 · 致仕》

【译文】（元成宗大德）九年六月，钦奉皇帝陛下的诏书内的条款一项：致仕的官员从壮年到老年，可以说是为国家贡献、出力已经很多了，如果他们仅有一子，可以恩荫他们的子侄并且免除他们的赋役，如果儿子年纪小且家中贫穷的，国家可给其一半的俸禄，免除其终身的赋役，年纪已经达到七十以上，且精力没有衰弱，其才能还可以为国出力的，国家要选用他们。

《庙学典礼》一则

元世祖至元六年四月钦奉圣旨定例画内一款

中书省至元六年四月钦奉圣旨定例条画内一款：该提刑按察司官所至之处，劝课农桑、问民疾苦、勉励学校、宣明教化……如遇朔望，自长次以下正官同首领官，率领僚属吏员俱诣文庙烧香，礼毕从学官主善诣讲堂，同诸生并民家子弟愿从学者讲议经史，更相授受，日就月将教化可明人材可冀。外据所在乡村镇店，选择有德望学问可为师长者，于百姓农隙之时如法训导，使长幼皆闻孝悌忠信廉耻之言。礼让既行风俗自厚，政清民化止盗息奸……

元 · 佚名《庙学典礼 · 卷一 · 官吏诣庙学烧香讲书》

【译文】中书省于（元世祖）至元六年四月钦奉圣旨，定例条划内一款：该提刑按察司所到之处，要劝课农桑，访问百姓的疾苦，鼓励兴办教育，宣明国家的教化……如遇到每月的初一、十五，自长官以下的正官和首领官，要率领僚属吏员去文庙中烧香祭告，礼毕后要跟从学官主持善诣讲堂，会同诸生以及百姓家的子弟愿意从学的人讲解经史，对他们进行教授，这样日积月累就可以教化百姓，国家的人才也会出现。官员们对外要在所管辖的乡、村、镇、店内，选择有德望、有学问，可以为人师表的人，在百姓农闲之际依法训导他们，使百姓们都能听到孝、悌、忠、信、廉、耻这样的言语。这样礼让的风气就可行之于天下，国家的风俗自然就会日趋敦厚，政治也会日趋清明，百姓得到了教化，则盗贼、奸行也就会渐渐止息……

《元史》六则

元成宗大德元年赐孤老令

（大德元年九月）丁卯，命平章伯颜专领给赐孤老衣粮。

《元史 · 本纪十九 · 成宗二》

【译文】（元成宗大德元年九月）丁卯这一天，皇帝命平章伯颜专门负责赐给孤弱的人、老年人以衣、粮。

元成宗大德五年十一月丁未恤老幼单弱令

（元成宗大德五年十一月丁未）减直粜米赈京师贫民，设肆三十六所，其老幼单弱不能自存者廪给五月。

《元史 · 本纪二十 · 成宗三》

【译文】（元成宗大德五年十一月丁未这一天，皇帝下令：）减免直粜米以赈济京师之中的贫民，相关司衙要设肆场三十六所，开棚厂赈济百姓，百姓之中的老年人、幼年人、孤单的人、贫弱的人、不能自存的人，廪给他们五个月的粮米。

元成宗大德九年册立皇太子并赐高年诏

（元成宗大德九年六月）庚辰，立皇子德寿为皇太子，诏告天下。赐高年帛八十者一匹，九十者二匹；孝子顺孙堪从政者量才任之；亲年七十别无侍丁者从近迁除……

《元史 · 本纪二十一 · 成宗四》

【译文】（元成宗大德九年六月）庚辰这一天，元成宗册立皇子德寿为皇太子，发文诏告于天下。赐年纪在八十以上的老人帛一匹，九十以上的老人帛二匹；孝敬父母、友悌兄弟的孝子顺孙，有从政才能的，各级司衙要量才录用他们；百姓当中如果其父母亲人有年纪七十以上，且家中没有子女奉养的，要就近迁回他们的子女去侍养他们……

元成宗大德十一年八月辛亥进译《孝经》诏

（元武宗大德十一年[①]八月）辛亥，中书右丞孛罗铁木儿以国字[②]译《孝经》进，诏曰："此乃孔子之微言，自王公达于庶民皆当由是而行。其命中书省刻版模印，诸王而下皆赐之。"

《元史 · 本纪二十二 · 武宗一》

【简注】①元武宗大德十一年：即1307年，这一年元成宗崩，元武宗即位，第二年改元"至大"，这一年年号依旧为大德。 ②国字：此处的国字即指蒙古文字"八思巴文"。

【译文】（元武宗大德十一年八月）辛亥这一天，中书右丞孛罗铁木儿用国语译《孝经》进呈皇帝，皇帝下诏说："此书中的言语是孔子的微言大义之言，从王公贵族至平民百姓都要奉行其书中的经义行事。令中书省将孛罗铁木儿译的《孝经》刻板成模后印刷，自诸王以下都要赐予一部。”

元武宗大德十一年诏

（元武宗大德十一年十二月庚申，武宗海山诏曰：）……招诱流移入户。禁投属怯薛歹[①]、鹰房[②]避役，滥请钱粮。劝农桑，兴学校，议贡举，旌赏孝弟力田，惩戒游惰。政令得失，许诸人上书陈言……

《元史·本纪二十二·武宗一》

【简注】①怯薛歹：怯薛是蒙古和元朝的禁卫军。突厥－蒙古语“番直宿卫”之意，担任宿卫的怯薛人员称“怯薛歹”，从万户、千户、百户那颜子弟及随从中选拔，分四班宿卫，称四怯薛。怯薛人员除宿卫外，也分任大汗（皇帝）的冠服、弓矢、食饮、文史、车马、庐帐、府库、医药、卜祝等事。任事者一概世袭。入元以后，备受优遇，因其是皇帝近侍，最受宠信，常常为自己、为他人向皇帝求官，请求各种赏赐，而且插手朝政。　②鹰房：元代官署，全名为“管领诸路打捕鹰房民匠等户总管府”，属中政院管辖。成宗大德三年（1299）始置。掌有关钱粮造作事务。官署中设有达鲁花赤、总管、同知、副总管等官。

【译文】（元武宗大德十一年十二月庚申，元武宗海山下诏曰：）……各地要招诱流民及迁移的人口回乡入户。禁止百姓投属国家的禁卫官员、鹰房的官员为奴以逃避国家的赋役，禁止官员借用名目向国家胡乱申请钱粮。国家将劝导农桑鼓励农作，兴办学校以教化百姓，会议贡举以向世间寻求贤才，旌表孝悌、力田以端正天下风俗，惩戒游手好闲及懒惰的人以培养百姓良好的习性。国家所颁布的政令有的合适，有的不合适，允许臣属百姓上书朝廷，发表自己的意见……

元成宗大德十一年六月癸未刊行《图象孝经》等令

（元成宗大德十一年）五月乙丑，帝与太后会武宗于上都[①]。甲申，武宗即位。六月癸巳，诏立帝[②]为皇太子，受金宝。遣使四方，旁求经籍，识以玉刻印章，命近侍掌之。时有进《大学衍义》者，命詹事王约等节而译之。帝曰：“治天下，此一书足矣。”因命与《图象孝经》《列女传》并刊行，赐臣下。

《元史·本纪二十四·仁宗一》

【简注】①上都：元初于滦河北岸建开平府，元世祖中统五年(1264)加号为上都，元代与大都并称两都。故址在今内蒙古多伦西北上都河北岸。 ②此处的“帝”指元仁宗孛尔只斤·爱育黎拔力八达。

【译文】（元成宗大德十一年）五月乙丑这一天，成宗皇帝与太后在上都召见了武宗皇帝（当月成宗未崩）。五月甲申这一天武宗即位。六月癸巳这一天，武宗下诏书册立仁宗为皇太子，授予他太子金宝。派遣使者，在全国各地搜寻经文典籍，用玉石刻制了印章印记在经籍之上，命近侍掌管。当时有人进献《大学衍义》一书，武宗命詹事王约等人对此书做了节略并翻译。武宗说：“治理天下的道理，有这一部书就足够了！”因此下令将此书与《图象孝经》《列女传》共同刊行，并赐予大臣们。

《元朝典故编年考》一则

元仁宗皇庆二年十一月诏

皇庆二年[①]（元仁宗年号）十一月诏：“惟我祖宗以神武定天下，世祖皇帝[②]设官分职征用儒雅，崇学校为育材之地，议科举为取士之方，规模宏远矣……次年二月会试京师，中选者朕将亲策焉……科场每三岁一次开试，举人从本贯官司[③]于诸色户内推举，年及二十五以上乡党称其孝悌、朋友服其信义、经明行修之士出给保举，以礼敦遣资。诸路府兵或徇私滥举并应举不举者，监察御史、肃政廉访司[④]体察究治……”

明末清初·孙承泽《元朝典故编年考·卷六·行科举》

【简注】①皇庆二年：皇庆，元仁宗年号。是年公元1313年。 ②世祖皇帝：指元世祖忽必烈。 ③本贯官司：指籍贯所在地的地方司衙。 ④肃政廉访司：元代的官署名。其职为监察百官。蒙古至元初时设置提刑按察司，负责纠察地方吏治以及政治得失，元世祖至元二十八年改称肃政廉访司。元成宗大德初期，全国分二十二道，遍置于全国，成为定制。

【译文】（元仁宗）皇庆二年十一月，皇帝下诏说：“惟我祖宗以神武平定天下，世祖皇帝设定官职并任用儒雅贤德之士为官，褒崇学校制度，并以此作为培育贤才的基地，在朝廷之中会议科举并拟定这种制度作为选取士子入仕的方法，他的治国的眼光十分宏远……皇庆三年二月，召集天下的举子在京城之中会试，被选中的人，朕将亲自策试他……（从今以后）科举考试每三年举行一次，参加科试的举人由籍贯所在地的官府司衙在各种人之中推举产生，所推举的人年龄在二十五岁以上，被乡党所称具有孝悌品性的，具有让朋友们信服的信义品行的，能通晓经义、明达世事的修德之士，各地司衙要给予保荐，以礼对待他们，并由当地官府出资，将其遣送至京师参加科试。各路、府、兵如果有徇私情、胡乱举荐或者应该举荐而不去举荐的，监察御史、肃政廉访使要详细体察、明文治罪……"

二、高年尊养

《五伦书》二则

元成宗诏赐天下高年帛诏

元成宗诏赐天下高年帛。

八十人一匹，九十人二匹。孝子顺孙堪从政者量才任之。亲年七十别无侍丁者，从近迁除。

明 · 朱瞻基《五伦书 · 卷十三 · 君道 · 善行 · 养老》

【译文】元成宗下诏赐天下的老年人帛。以示对老年的人尊奉，规定：

年纪在八十以上的老人每人赐帛一匹，年纪在九十以上的老人每人赐帛二匹。具有孝敬父母、顺承长辈品行的人，其才能可以从政的，国家要量才对他们进行任用。父母年纪在七十岁以上的，家中又无其他的兄弟侍养的官员，命吏部在安排他们的官职时，就其父母居住地的近处安排任职。

元顺帝至正元年十二月赐天下高年诏

顺帝至正元年十二月诏：民年八十以上蒙古人赐缯帛二表里；其余州县旌以“高年耆德”之名，免其杂役。

明 · 朱瞻基《五伦书 · 卷十三 · 君道 · 善行 · 养老》

【译文】元顺帝至正元年十二月，皇帝下诏：百姓年纪在八十以上的老人，国家将对其给予尊养，其中是蒙古人的，每人赐缯帛二表里；其余州县年纪在八十以上的老人赐给他们“高年耆德”的称号，国家将免除其杂役，以示尊奉。

《元史》一则

元顺帝至元四年春正月丙申诏

（元顺帝至元）四年春正月丙申，以地震赦天下。诏：“内外廉能官，父母年七十无侍丁者，附近铨注，以便侍养。”

以宣政院使不兰奚年七十致仕，授大司徒，给全俸终身。

《元史 · 本纪三十九 · 顺帝二》

【译文】（元顺帝至元）四年春正月丙申这一天，发生了地震，皇帝下令大赦天下，下诏说：“朝廷内外清廉有能力的官员，父母年纪在七十岁以上的，可在家乡附近的路府考选登录，以方便官员们侍养自己的父母。”

宣政院院使不兰奚年七十致仕，皇帝授予他大司徒的称号，并且给他全俸，以侍养终身。

三、孝贤、科举

《通制条格》一则

元成宗大德十年五月学令

……贫寒老病之士为众所尊敬者，月支口粮养赡，明有已降圣旨，所在学官多不钦承，却有伎术游谒之人，挟恃要取，虚糜廪粟。今后仰本学推举所尊敬贫老之士，钦依养赡，问题尽汰去。

本部议得：贫寒老病之士，验各处钱粮多寡，依例养赡。其间若有冒滥，从各处提调学正官改正。今后应养之士，从学宫列名保举，府、州、司、县申覆到路，体覆是实，发下本学，令教官支付钱粮养赡，仍牒廉访司体察。

元 · 孛术鲁翀《通制条格 · 卷五 · 学令 · 庙学》

【译文】……贫苦、孤寒、老年疾病的士子为百姓所尊敬的，国家将每月支付口粮去尊养他们 ，这是国家早有明旨的事情，可是有许多学官却不奉行国家的这一法令，却有一些游手好闲的人，依势索取这种口粮，凭空虚糜了国家的廪费和米粟。今后只要是由本学官推举出来的被人所尊敬的贫苦老年的士子，各地的学官要依照国家的法令去赡养，以往出现的问题要尽数改正，虚领、冒领之人尽数汰去。

礼部会议得应对之法：养赡贫苦、孤寒、老年疾病的士子，各地要验证各地钱粮的多寡，依照法令执行。其间如果出现冒名领取、滥发廪粟的现象，各地提调学正的官员要对此予以改正。今后应赡养的士子，要从学官保荐，府、州、司、县层层核实后荐举到路，确实是所保荐的情况，发文至学官，令教官支付钱粮赡养，仍然依照惯例由廉访司体察。

《元史》三则

元世祖中统二年夏四月乙卯劝农桑举孝贤诏

（元世祖中统二年夏四月）乙卯，诏十路宣抚使量免民间课程。命宣抚司官劝农桑，抑游惰，礼高年，问民疾苦，举文学才识可以从政及茂才异等，列名上闻，以听擢用，其职官污滥及民不孝悌者，量轻重议罚。

《元史 · 本纪第四 · 世祖一》

【译文】（元世祖中统二年夏四月）乙卯这一天，皇帝下诏给十路宣抚使，要求他们根据各地的实际情况酌情免除民间的赋税、劳役。命宣抚司派出农官到百姓中去，到乡里之间去劝勉农桑，抑制、制止民间游手好闲和懒惰等风气，尊奉年纪大的老人，存问百姓们的疾苦，举荐博于文学、富于才识且可以从政的奇才异士，将他们的名字列举出来上奏于朝廷，以便国家量才擢用，其中在职的官员如果出现贪污和滥用职权的，以及百姓之中不孝敬父母、友悌兄弟的，要根据其情节的轻重来议定如何处罚。

元仁宗皇庆二年十月科场举孝悌制

（元仁宗皇庆二年十月）科场，每三岁一次开试。举人从本贯官司于诸色户[1]内推举，年及二十五以上，乡党称其孝悌，朋友服其信义，经明行修之士，结罪保举，以礼敦遣，资诸路府。其或徇私滥举，并应举而不举者，监察御史、肃政廉访司[2]体察究治。

《元史 · 志三十一 · 选举一 · 科目学校》

【简注】①诸色户：元代将境内居民按职业划为各类种户，有数十种之多，称之为诸色户。诸色户一经划定，便世代相承，不得随意变动。其中军、匠、盐等户是由国家强制签充的，儒、僧、道等户是通过国家考试或其他方式所认可的。每种户都对国家承担特定的义务，赋役负担和待遇各不相同。

【译文】（元仁宗皇庆二年十月）科场，每三年开科一次。举人要以本人籍贯在本地官府中由诸色户推举，年纪在二十五以上，被乡里称为孝悌、为朋友所信服其信义的，明晓经义有修养的士子，其乡里、邻里连保举荐，共担罪责，以礼将他们遣送至京，其川资由官府提供。其中如果有徇私滥举、应该入举而没有被举荐的，监察御史、肃政廉访司要依律体察明白，并按律处治。

元监察御史、廉访司荐举孝贤制

诸义夫、节妇、孝子、顺孙，其节行卓异，应旌表者，从所属有司举之，监察御史、廉访司察之，但有冒滥，罪及元举。

《元史 · 志五十 · 刑法一 · 职制》

【译文】凡是具有忠诚信义的人、贞洁的妇女、孝敬父母的人、敬奉长辈的人，其品德行谊卓异的，应该予以旌表的，相关所属司衙要举荐他们，监察御史、廉访司要监察其事，如果有冒滥的现象，要对其最初举荐的人问罪。

四、法令条文

《通制条格》二则

元世祖至元八年尚书省等“父母在子孙别籍异居”律

至元[1]八年六月，尚书省御史台启：

监察御史体究得，随处诸色人等，往往父母在于堂，子孙分另别籍异财，实伤风俗。送户部讲究得旧例，祖父母、父母不得令子孙别籍，其支析财产者听。今照得士民之家，往往祖父母、父母在日，明有支析文字或未曾支析者，其父母疾笃及亡殁之后，不以求医侍疾丧葬为事，止以相争财产为务。以此参详，拟合酌古准今，如祖父母、父母在，许令支析者听，违者治罪。

都省准拟。

元 · 孛术鲁翀《通制条格 · 卷三 · 户令 · 亲在分居》

【简注】①至元：元朝“至元”年号，元世祖、元顺帝都曾使用，前为（1264—1294），后为（1335—1340），此处为元世祖纪年。

【译文】（元世祖）至元八年六月，尚书省御史台启奏：

监察御史依照具体的实例、各地的风俗探究得出，各地的有色人等，往往是父母健在，子孙却分别另开户籍、分财另居，这种情况实在是有伤于风俗教化。将这种情况呈送户部后探究旧例知道，祖父母、父母（健在）旧例是不得让子孙另开户籍，其中分析财产的可以听凭。现在比照士民之家的惯例，往往是祖父母、父母健在的时候，有的人家有明确说明分析财物的文字，有的没有说明如何分析财物的文字，其父母因患疾病及亡殁之后，（有些人家的）子孙不以求医侍疾、丧葬之事为重，只是以相互争夺财产为要务。户部参详这种情况，拟合酌古今的准则，如果祖父母、父母健在，允许分析财物的听凭其处理，如果违反要治子孙的罪则。

都察院、尚书省准许了这一拟请。

元世祖至元十一年正月“养亲当致其乐”制

至元十一年正月中书省御史台呈：

切闻为人子者，养亲当致其乐，不敬其亲谓之悖礼。伏见随格路民有父母在堂，兄弟往往异居者，分居之际，置父母另处一室，其兄弟诸人分供日用，父母年高，自行拾薪、取水执爨为食。或一日所供不至，使之诣门求索；或分定日数，令父母巡门就食，日数才满，父母自出，其男与妇亦不恳留。循习既久，遂成风俗，甚非国家所以孝治之意。今后禁约：父母在堂之家，其兄弟诸人不许异居，著为定式，如此庶使人子竭养亲之心，父母得终身之乐。都省准拟。

元 · 孛术鲁翀《通制条格 · 卷三 · 户令 · 亲在分居》

【译文】（元世祖）至元十一年正月，中书省御史台呈奏：

臣等听说为人子女的人，应当奉养老人让他们生活快乐，不敬养老人的人被称为悖礼。臣伏见各地的百姓中有许多父母健在，兄弟却往往辟地另居，分居的时候，往往将父母另外别置一室，由兄弟们按日分别供养父母的日常用度，于是年事已高的父母，却自行拾柴、取水做饭。以至于一天所供给的食物不至，便会在子孙的门前求索；有的则分定日数，让父母轮流到子孙家中就食，天数刚刚满，父母出门而去，其子、媳也不恳留。这种情况循习已经很久了，有些地方遂成了一种风俗，这是不符国家以孝治国的意旨的。今后应立定禁约：父母健在的人家，其家中的兄弟不许分户另居，以为定式。如此可以让百姓的子女生出竭力侍养亲人的心意，而父母也可以得到终身的快乐。

都察院、尚书省准许了这一拟请。

《元典章》三则

元世祖至元三年十月禁断愚孝令

至元三年十月□□日，中书左三部承奉省判原呈备，据上都路总管府申，松州林部落寨梁清弟重兴为母病割肝行孝乞照验事。

本部照得旧例：诸为祖父母、伯、叔、父母、姑、儿、姊、舅割股者，并委所属体，究保甲申尚书省，官给绢五匹、酒二瓶、羊二口，以劝孝悌。其□□□□（应为割股、割肝）之类并行禁断，如准所呈，拟合遍行随路禁断。

批奉都堂钧旨，准拟施行。

元 · 《元典章 · 典章三十三 · 礼部六 · 行孝 · 禁割肝剜眼》

【译文】（元世祖）至元三年十月□□日，中书左三部承奉行省判词呈报备案，据上都路总管府申报，松州林部落寨梁清的弟弟重兴为了给母亲治病，割肝入药行孝母亲一事，请求照实验看。

本部依照旧例：凡是为祖父母、伯、叔、父母、姑、儿、姊、舅割股的，要将此事呈报所属地方司衙，由其保入尚书省，官府给绢五匹、酒二瓶、羊二口，以劝导孝义。其（割股、割肝行孝）之类的事情一律禁止，如准其呈报，拟行文各行省禁止此事。

皇帝御批、都堂钧旨，准许各地施行。

元世祖至元七年十月禁断愚孝令

至元七年十月，御史台为新城县杜天儿为伊嫡母患病割股煎汤行孝，旧例合行旌赏，为此公议得下项。割股行孝虽为行孝之一端，近代是以条例颇与圣人垂戒“不敢毁伤父母遗体”不同，又恐愚民为知侍养常道，因缘奸弊以致毁伤肢体或致性命，又贻父母之忧。具呈尚书省更为讲究。

去后回呈送礼部讲究，得“割股行孝”一节终是毁伤肢体，今后遇有割股之人，虽不在禁限，亦不须旌赏。

省府呈准。

元 · 《元典章 · 典章三十三 · 礼部六 · 行孝 · 行孝割股不当》

【译文】（元世祖）至元七年十月，御史台为新城县杜天儿为其嫡母患病割股煎汤行孝事，按旧例应旌表一事上呈朝廷，这件事朝廷公议得到以下内容。割股行孝虽然是行孝的一种方式，近代以来，旌表此类事情的条例与圣人的垂诫“不敢毁伤父母遗体”的意思不同，又恐愚顿的百姓不知侍养的常道，因不明其理、不明其中的奸弊之处而陷入其中不知缘由，以致于毁伤身体或者性命，又贻下了父母的忧虑。再呈送尚书省更加仔细地研究。

呈报后又回送礼部研究，得出“割股行孝”一事终究是损伤肢体，今后再遇到割股行孝的人，虽然不在禁限之内，亦不需再行旌表。

尚书省呈准这一建议。

元世祖至元八年二月禁断愚孝令

至元八年二月，御史台据山东东西道按察司申，东平府汶上县田改庄为母病冬月去衣卧冰行孝，乞照验事。

呈奉尚书省，答付礼部公议得：为孝奉侍自有常礼，赤身卧冰于亲无益，合行禁断。省府相度依准所。

元 · 《元典章 · 典章三十三 · 礼部六 · 行孝 · 禁卧冰行孝》

【译文】（元世祖）至元八年二月，御史台据山东东西道按察使申报，东平府汶上县的田改庄因为母亲生病，去年冬天赤身卧冰求鱼行孝这件事，乞照例验准旌表。

呈奉至尚书省，交付礼部公议，得出结论：因为孝而奉侍父母自古以来自有常礼，赤身卧冰对于亲人来说是无益之举，应该加以禁断。行省、各府要相互对比法度照准执行。

《元史》二十七则

元世祖至正十九年十一月杀祖父母、父母正典刑令

（元世祖至正十九年十一月）甲戌，中书省臣言："天下重囚，除谋反大逆，杀祖父母、父母，妻杀夫，奴杀主，因奸杀夫，并正典刑外，余犯死罪者，令充日本、占城、缅国中。"

从之。

《元史 · 本纪十二 · 世祖九》

【译文】（元世祖至正十九年十一月）甲戌这一天，中书省的臣子们上奏说："天下重囚，除了谋反这种大逆不道的事情，弑杀祖父母、父母，妻子杀丈夫，奴仆杀主人，因奸情杀丈夫，除了主犯明正典刑之外，其他的各类从犯，要将他们充军到日本、占城、缅国等边远的地方。"

皇帝听从了这一建议。

元世祖至正十八年九月初六日诏定经略使职事

经略使[①]。至正十八年九月初六日，命经略使问民疾苦，招谕叛逆，果有怙终不悛。总督一应大小官吏，治兵裒粟，精练士卒，审用成算，申明纪律……江南各省民义，忠君亲上，姓名不能上达者，优加抚存；量才验功，授以官爵。旌表孝子顺孙、义夫节妇、高年耆德，常令有司存恤鳏寡孤独。

《元史 · 志四十一下 · 百官八》

【简注】①经略使：官名。南北朝时始设经略这一职位，唐代初年边境置经略使，宋元置经略安抚使，掌一路民兵之事，皆简称“经略”。明及清初有重要军事任务时特设经略，职位在总督之上。

【译文】经略使：（元顺帝）至正十八年九月初六日令，其职责为访问民间百姓的疾苦，申谕朝廷政令，招降叛逆，如果有怙恶不悛、不思悔改的则讨伐。总督属下一应大小官吏，勤于治兵、囤积粮草，操练精壮士兵，审用成算，申明军队纪律……对江南一带忠义的百姓，如果有忠于君主，且姓名不能上达于朝廷的要对他们从优抚慰、存问；根据官员的才能和功绩，去验证其功勋的大小以授予官爵。旌表孝敬父母、崇奉长辈的孝子顺孙，具有忠诚信义的人，贞洁的妇女，年高德劭的老人，并要常令属下的相关官员去慰问、优恤那些鳏夫、寡妇、孤独贫弱的人。

元律：十恶

十恶：

……

恶逆：谓殴及谋杀祖父母、父母，杀伯叔父母、姑、兄、姊、外祖父母、夫、夫之祖父母、父母者。

……

不孝：谓告言诅詈祖父母、父母；及祖父母、父母在，别籍异财，若供养有阙；居父母丧，身自嫁娶，若作乐释服从吉；闻祖父母、父母丧，匿不举哀；诈称祖父母、父母死。

……

赎刑

……

诸年老七十以上，年幼十五以下，不任杖责者，赎。

《元史 · 志五十 · 刑法一 · 职制上 · 名例》

【译文】十恶：

……

恶逆：指殴打、谋杀祖父母、父母，杀伯叔父母、姑母、兄、姊、外祖父母、丈夫、丈夫之祖父母、父母的这一类罪行。

……

不孝：指状告诅咒、侮骂祖父母、父母；以及祖父母、父母健在，却别立户籍分析财物，而供养父母有阙的；在父母守丧期间，自行婚嫁迎娶，居丧期间心情快乐去除丧服更换吉服的；听到祖父母、父母丧亡的消息，隐匿不举哀的；诈称祖父母、父母死亡的这一类罪行。

……

赎刑

……

凡是年纪在七十岁以上或年龄在十五岁以下，不能承受刑杖的人，听凭用赎金赎罪。

元律：诸职官亲死不奔丧者

诸职官亲死不奔丧，杖六十七，降先职二等，杂职叙。未终丧赴官，笞四十七，降一等，终制日叙。若有罪诈称亲丧，杖八十七，除名不叙。亲久没称始死，笞五十七，解见任，杂职叙。凡不丁父母忧者，罪与不奔丧同。

《元史 · 志五十 · 刑法一 · 职制上》

【译文】凡是在职官员亲人（祖父母、父母之类的长辈，下同）丧亡不去奔丧，要处以杖六十七下的刑罚，降二等职务，以杂职叙用。丧期未结束赴官任职，处以鞭笞四十七下的刑罚，降一等职务，丧期结束后再行叙用。如果官员有罪却诈称亲人丧亡，处以杖八十七下的刑罚，除去姓名不再叙用官职。亲人去世已久却称刚刚丧亡，处以笞五十七下的刑罚，解除现任官职，以杂职叙用。凡是不为父母守丧的，其罪行与不去奔丧的处罚相同。

元律：诸官吏私罪被逮，罹父母大故者，听其奔赴丁忧

诸官吏私罪被逮，无问已招未招，罹父母大故者，听其奔赴丁忧，终制日追问，公罪并矜恕之。

《元史 · 志五十 · 刑法一 · 职制上》

【译文】凡是官吏以私罪被逮捕，没有经过讯问便已经招供，遇到父母丧亡的这种情况的，听凭其回家奔丧守制，守制结束后再行追问；如果是因公事获罪，遇到这种情况则免除其罪责。

元律：诸职官父母亡匿丧纵宴乐者

诸职官父母亡匿丧纵宴乐，遇国哀私家设音乐，并罢不叙。

《元史 · 志五十 · 刑法一 · 职制上》

【译文】凡是在职官员父母丧亡，隐匿丧情不报却纵情宴乐，遇到国丧在家中私自陈设音乐者，一律罢除其官职，不再叙用。

元律：诸官吏迁葬祖父母父母者

诸官吏迁葬祖父母、父母，给假二十日，并除马程日七十里，限内俸钱仍给之，违限不至者勒停。

《元史 · 志五十 · 刑法一 · 职制上》

【译文】凡是官吏迁葬祖父母、父母的，给假二十天，并将车马行程之日（按日行七十里计算）排除在外。给假期内俸禄照付，超过规定的期限仍未到任者，则停止付给俸禄。

元律：诸义夫节妇孝子顺孙其节行卓异应旌表者

诸义夫、节妇、孝子顺孙，其节行卓异应旌表者，从所属有司举之，监察御史、廉访司察之，但有冒滥，罪及元举。

《元史 · 志五十 · 刑法一 · 职制上》

【译文】凡是具有诚信的人、贞洁的妇女、孝敬父母的子女、顺承长辈的子孙，其节行卓异、应予旌表的人，要从所属地的相关司衙举荐，各地的监察御史、廉访司要核实、核察，如果有冒名、滥举的现象，首先举荐的人将被问罪。

元律：诸贫寒老病之士下本学养赡

诸贫寒老病之士，必为众所尊敬者，保申本路体覆无异，下本学养赡，仍移廉访司察之。但有冒滥，从提调官改正。

《元史 · 志五十一 · 刑法二 · 职制下》

【译文】凡是贫寒老病的士子，其人必定是为众人所尊敬的，（对这样的人，）由本路官员申报保荐覆实无异议，下令到士子所在学校由学校赡养，这种情况仍然移送廉访司由其查访，一旦出现冒名、滥举，由提调官改正其保荐。

元律：诸鳏寡孤独等人于养老院收养

诸鳏寡孤独、老弱残疾、穷而无告者，于养济院收养。应收养而不收养，不应收养而收养者，罪其守宰，按治官常纠察之。

《元史 · 志五十一 · 刑法二 · 职制下》

【译文】凡是鳏夫、寡妇、孤独的人，老年人、贫弱的人、残疾的人，贫穷无告的人，由各地的养济院收养。应该收养而不收养的，不应收养而收养的，其罪责在当地的守令、执事者，按处理官员的常法纠察他们。

元律：诸愿弃俗出家为僧道者差役不缺

诸愿弃俗出家为僧道，若本户丁多，差役不阙，及有兄弟足以侍养父母者，于本籍有司陈请，保勘申路，给据簪剃，违者断罪归俗。

《元史 · 志五十一 · 刑法二 · 职制下》

【译文】凡是愿意弃俗出家为僧、为道的人，如果家中户丁多，所交纳的差役不阙，以及家中有其他兄弟侍养父母的，在本地向相关司衙陈情，由当地相关司衙做保、勘实、申领路引，相关司衙给予凭据剃度或束簪，违反的则判断其罪责令其还俗。

元律：诸父母在分财异居父母困乏不共子职者

诸父母在，分财异居，父母困乏，不共子职，及同宗有服之亲，鳏寡孤独、老弱残疾不能自存，寄食养济院，不行收养者，重议其罪。亲族亦贫不能给者，许养济院收录。

《元史 · 志五十一 · 刑法二 · 职制下》

【译文】凡是父母健在，子女分析家财、分户另居，而父母生活困乏，子女奉养他们不尽子职，以及同宗之间存在有服这种亲戚关系，同宗中的鳏夫、寡妇、老弱残疾等不能自存于世的，寄养在养济院中，而同宗不去收养的，要从重议定其罪责。亲族间也都贫穷不能自给的，许养济院收录。

元律：诸遭父母丧忘哀拜灵成婚者杖之

诸遭父母丧，忘哀拜灵成婚者，杖八十七，离之，有官者罢之，仍没其聘财，妇人不坐。

《元史 · 志五十一 · 刑法二 · 职制下》

【译文】凡是遭到父母丧亡之痛，（子女在守制期间）忘却悲哀在父母神主前成婚的，要处以杖八十七下的刑罚，官府要判定其离异，有官职爵位的要罢官削爵，仍然要没收其聘用的彩礼，妇人不连坐。

元律：诸子孙弑其祖父母父母者死者

诸子孙弑其祖父母、父母者，凌迟处死……

《元史 · 志五十二 · 刑法三》

【译文】凡是子孙弑杀其祖父母、父母的，要凌迟处死……

元律：诸醉后殴其父母，父母无他子，告乞免死养老者杖

诸醉后殴其父母，父母无他子，告乞免死养老者，杖一百七，居役百日。

《元史 · 志五十二 · 刑法三》

【译文】凡是醉酒后殴打其父母，而父母又无其他儿子养老的，父母向官衙告讫说明情况后，可免去子女的死罪，以便侍养老人，但仍处以杖一百七十下的刑罚，服刑役百天。

元律：诸子弑其父母死狱中支解其尸者

诸子弑其父母，虽瘐死狱中，仍支解其尸以徇。

《元史 · 志五十二 · 刑法三》

【译文】凡是子女弑杀其父母，即使死在狱中，也要肢解其尸体以宣示其罪行。

元律：诸殴伤祖父母、父母者处死

诸殴伤祖父母、父母者，处死。

《元史 · 志五十二 · 刑法三》

【译文】凡是子孙殴伤祖父母、父母的，要将他们处以死刑。

元律：诸谋杀已改嫁祖母者恶逆论罪

诸谋杀已改嫁祖母者，仍以恶逆论。

《元史 · 志五十二 · 刑法三》

【译文】凡是子孙谋杀已经改嫁的祖母的，仍然列入恶逆这一条例之中论罪。

元律：诸为人子孙因贫困信巫觋说诱发掘祖宗坟墓等

诸为人子孙，或因贫困，或信巫觋说诱，发掘祖宗坟墓，盗其财物，卖其茔地者，验轻重断罪。移弃尸骸，不为祭祀者，同恶逆结案。买者知情，减犯人罪二等，价钱没官；不知情，临事详审，有司仍不得出给卖坟地公据。

《元史 · 志五十二 · 刑法三》

【译文】凡是为人子孙，或者因为贫困、或者因为听信男女巫师的邪说诱导，发掘祖宗的坟墓，盗窃其财物，卖其墓地的，要根据其行为轻重验断其罪。移动抛扔尸骸，不去祭祀祖先的要依照类同于恶逆例结案；买者知情的，其罪责减二等处罚，买卖所用钱财没入官府；不知情，遇到这种事情要详细审明情况，相关司衙仍然不得出具买卖坟地的公文。

元律：诸为人子孙为首同他盗发祖宗坟墓，盗取财物者罪

诸为人子孙，为首同他盗发掘祖宗坟墓，盗取财物者，以恶逆论，虽遇大赦原免，仍刺字徙远方屯种。

《元史 · 志五十二 · 刑法三》

【译文】凡是为人子孙，如果为首会同他人盗发掘发祖宗坟墓，盗取其中财物的，都以恶逆论处，即使遇到国家大赦原应免罪，仍然要刺字流徙于远方屯种。

元律：诸挟仇殴死其伯叔母者处死

诸挟仇殴死其伯叔母者，处死。

《元史 · 志五十二 · 刑法三》

【译文】凡是挟仇殴死其伯叔母的，要处以死刑。

元律：诸因争，兄弟同谋殴死诸父者处死

诸因争，兄弟同谋殴死诸父者，皆处死。

《元史 · 志五十二 · 刑法三》

【译文】凡是因为纷争，兄弟同谋殴死伯、叔的，都要处死。

元律：诸挟仇，故杀其从父，偶获生免者处死

诸挟仇，故杀其从父，偶获生免者，罪与已死同。

《元史 · 志五十二 · 刑法三》

【译文】凡是因为挟仇，故意杀其从父，即使从父偶然生还，行凶者的罪行和已杀死从父的罪行相同。

元律：诸赐高年帛，应受赐而有司不以实报者笞

诸赐高年帛，应受赐而有司不以实报者，正官笞四十七，解职别叙。

《元史 · 志五十 · 刑法一 · 职制》

【译文】凡是赏赐老年人的帛，各地的老人应该受赐，（却未受赐，）相关司衙不以实情呈报的，正职官员将受到鞭笞四十七下的刑罚，解除其官职，另外叙用。

元律：诸为子行孝，以割肝、刲股、埋儿之属为孝者禁

诸为子行孝，辄以割肝、刲股、埋儿之属为孝者，并禁止之。

《元史 · 志五十三 · 刑法四》

【译文】凡是子女对父母行孝，动不动就有割肝、刺股、埋儿之类行为去行孝的，各地一定要禁止这种情况出现。

元律：诸犯死罪，有亲年七十以上，无兼丁侍养者奏裁

诸犯死罪，有亲年七十以上，无兼丁侍养者，许陈请奏裁。

《元史 · 志五十三 · 刑法四》

【译文】凡是犯死罪的人，如果家中有年七十以上的亲人，家中除了罪犯没有其他成年人去侍养的，官府要奏请朝廷陈述情况等待裁定。

元律：诸有罪年七十以上十五以下，及笃废残疾罚赎者罚

诸有罪年七十以上、十五以下，及笃废残疾罚赎者，每笞杖一，罚中统钞一贯。

《元史 · 志五十三 · 刑法四》

【译文】凡是年纪在七十岁以上、十五岁以下犯罪的人，和笃废、残疾以罚金赎刑的人，每处以笞杖一下的刑罚，可用中统钞一贯赎刑。

《钦定续文献通考》一则

元礼部职掌

元礼部掌天下礼乐、祭祀、朝会、燕享、贡举之政令，尚书三人、侍郎二人。凡仪制损益之文符印简册之信，神人封谥之法，忠孝贞义之褒，送迎聘好之节，文学僧道之事，婚姻继续之办，音艺膳供之物，悉以任之。

清 · 《钦定续文献通考 · 卷五十三 · 职官考 · 礼部》

【译文】元代礼部执掌天下的礼乐、祭祀、朝会、燕享、贡举这些政令，部中设尚书三人、侍郎二人。凡是礼仪制度的增加和补益的诏文、印符、简册、书信，神灵及世人的封谥方法，忠孝贞节这些品行的褒奖，迎来送往交好的礼节，文学、僧道之类的事情，婚姻、承继、嗣续之事的办理，音乐、艺术、食膳等事的供奉，都由礼部办理。

《钦定续通典》一则

元文宗至顺二年“省亲假”奏对

（元文宗）至顺二年河南北道廉访副使僧嘉努言：“自古求忠臣于孝子之门，今官于朝十年不省觐者有之，非无思亲之心，实由朝廷无给假省亲之制，而有擅离官次之禁。古律：诸职官父母在三百里外于三年听，一给定省假二十日；无父母者五年听，一给拜墓假十日。以此推之父母在三百里以至万里宜计道里远近定立假期，其应省谨匿而不省进觐者坐以罪，若诈冒假期规避以掩其罪与诈奔丧者同。”①

科御史台臣以闻，命中书省议，行之。

清 · 《钦定续通典 · 卷一百十 · 刑 · 杂议二》

【简注】①孙承泽《元朝典故编年考 · 卷六》记时为至顺三年六月。

【译文】（元文宗）至顺二年河南道廉访御史僧嘉努说：“自古寻求忠臣都是在具有孝敬家风的人家中寻求。现在朝廷中的一些官员十年不曾回乡探视父母，这些人不是没有思念亲人的想法，实在是朝廷没有制定官员省亲的制度，可是擅离职守又为国家的律令所禁。古律：凡是在职官员父母在三百里之外的在职三年听凭其回家省亲一次，一次给假二十天；父母丧亡的官员在职五年听凭其回乡扫墓一次，一次给假十天。以此类推父母在三百里以至万里，计算路程的远近定立假期，其中应该省亲却隐匿不省亲、不看望父母的将获罪，如果诈冒已服假期，规避以掩饰其罪行的与诈奔丧的罪行一样。”

科道、御史台的大臣看到这一奏呈后上闻于朝廷，皇帝命中书省议定，同意去推行这一制度。

五、税役优恤

《通制条格》一则

元成宗大德九年二月钦奉诏书内一款

大德九年二月，钦奉诏书内一款：老者年八十者许存侍丁一名，九十以上者存二名，并免本身杂役，钦此。

元 · 孛术鲁翀《通制条格 · 卷三 · 户令 · 年老侍子》

【译文】（元成宗）大德九年二月，钦奉皇帝陛下诏书中一款：老年人年满八十岁以上的人家，可以留一子做为侍丁以奉养老人，九十岁以上的可以留二子奉养老人，侍丁同时免除赋税和杂役，钦此。

《元典章》一则

元世祖至元二十八年钦奉诏书内一款

至元二十八年，钦奉诏书内一款，老人年八十以上与免一子杂泛，使之侍养。钦此。

元 · 《元典章 · 典章三 · 圣政卷之二 · 赐老者》

【译文】（元世祖）至元二十八年，钦奉皇帝陛下诏书之中的条款中的一项，老年人八十岁以上的，可免除一子的赋税和杂役，让他们去侍养自己家的老人。钦此。

《元史》一则

元成宗大德二年春正月壬辰老、单、病、弱减税诏

（大德）二年春正月壬辰，诏以水、旱，减郡县田租十分之三，伤甚者尽

免之，老、病、单、弱者差税并免三年。

《元史 · 本纪十九 · 成宗二》

【译文】（元成宗大德）二年春正月壬辰这一天，皇帝下诏：因水旱等自然灾害频发，减免当年郡县之中田租的三成，受害严重的百姓尽数免除其今年的田租，老年人、身患疾病的人、孤单的人、贫弱的人免除其差税三年。

六、致仕　终养　封赠

《元典章》一则

元世祖至元二十八年四月二十三日《近奉省札》

至元二十八年四月二十三日尚书，吏部承奉尚书省判送本部呈《近奉省札》。诸职官年及七十者合令依例致仕。本部议得，职官年已七旬至部求仕，相得老病不胜职任，拟合致仕；如有精力未衰、别无疾病者，依例迁叙；若年未及委，有疾病自愿致仕者听呈。

奉都堂钧旨，准呈施行。

元 · 《元典章 · 典章十一 · 吏部卷之五 · 致仕》

【译文】（元世祖）至元二十八年四月二十三日尚书，吏部承奉尚书省判送礼部呈上《近奉省札》。朝廷官员年龄在七十岁以上的人都要依国家法令致仕。本部会集议论结果为，朝廷官员年龄已经七十岁要到部奏请致仕，如果实在是因年老、病疾不能担任职务的人，拟奏请皇帝陛下准其致仕；如果精力并未衰弱，没有其他疾病的官员，依照律令考核劳绩或晋职或奖励；如果年纪还没有到，因有疾病自愿致仕的官员听便。

奉都堂的钧旨，准呈报后施行。

《续资治通鉴》一则

元成宗大德四年五月癸未“翰林养老之地”奏对

（元成宗大德四年五月癸未）帝谕集贤殿大学士阿鲁浑撒里等曰：“集贤、翰林乃养老之地，自今诸老满秩者升之，勿令辄去，或有去者罪将及汝，其谕中书知之。”

清 · 毕沅《续资治通鉴 · 卷一百九十三》

【译文】（元成宗大德四年五月癸未这一天）帝谕集贤殿大学士阿鲁浑撒

里等人说："集贤殿、翰林院是国家尊养老年臣子的地方，从现在起，朝中的老臣已达致仕年龄的，都要尊升其职位，不要让他们致仕后就离开朝廷，如果有离去的，也要确认是否致仕的官员确实有罪责，这一谕令传于中书省，令中书省知晓、记录这一谕令。"

《元史》五则

元世祖至元二十年封赠之制

封赠之制：

至元二十年，制："考课虽以五事责办管民官，为无激劝之方，徒示虚文，竟无实效。自今每岁终考课，管民官五事备具，内外诸司官职任内各有成效者，为中考。第一考，对官品加、妻封号。第二考，令子弟承荫叙仕。第三考，封赠祖父母、父母。品格不及封赠者，量迁官品，其有政绩殊异者，不须升擢，仰中书参酌旧制，出给诰命。"

《元史·志三十四·选举四·考课》

【译文】封赠之制：

（元世祖）至元二十年，皇帝下制："国家考课制度虽然以五事责办管理民事的官员，仅因为有作为激励劝导的方法，在实际应用中却成了一纸空文，竟无实际的效果。自今后每年岁末的考课，管理民事的官员五事具备，朝廷内外诸司官员在职务范围内各有成效的，可以通过考课。考课第一等的，加晋官员品阶，妻子得获封号。考课第二等的，可以让恩荫家中子弟进入仕途。考课第三等的，封赠官员的祖父母、父母。考课成绩达不到封赠标准的，根据情况迁晋官阶品级，其中确实政绩殊异的，不需升职擢拔的，由中书省参酌以往的制度，给予他们诰命。"

元武宗至大二年流官五品等封赠诏

至大二年诏："流官五品以上父母、正妻，七品以上正妻，令尚书省议行封赠之制。礼部集及吏部、翰林国史院、集贤院、太常等官，议封赠谥号等第。"制以封赠非世祖所行，其令罢之。

《元史·志三十四·选举四·考课》

【译文】（元武宗）至大二年，皇帝下诏说："流官五品以上的官员父母、正妻，七品以上官员的官员正妻，令尚书省议定执行封赠的制度。由礼部以及吏部、翰林国史院、集贤院、太常寺等处官衙，议定封赠谥号的等次。"皇帝下制说，封赠的封赠号不是世祖（忽必烈）时代所颁行的，将下令罢除。

元英宗至治三年定封赠之制

至治三年，省臣言："封赠之制，本以激劝将来，比因泛请者众，遂致中辍。"诏从新设法议拟与行，毋致冗滥。

礼部从新分立等第：

正、从一品封赠三代，爵国公，勋正上柱国[①]、从柱国，母、妻并国夫人[②]。正、从二品封赠二代，爵郡公[③]，勋正上护军[④]，从护军，母、妻并郡夫人。正、从三品封赠二代，爵郡侯，勋正上轻车都尉，从轻车都尉，母、妻并郡夫人。正、从四品封赠父母，爵郡伯[⑤]，勋正上骑都尉，从骑都尉，母、妻并郡君。正五品封赠父母，爵县子，勋骁骑尉，母、妻并县君。从五品封赠父母，爵县男，勋飞骑尉，母、妻并县君。正从六品封赠父母，父止用散官，母、妻并宜人。

正、从一品至五品宣授，六品至七品敕牒。如应封赠三代者，曾祖父母一道，祖父母一道，父母一道，生者各号给降。封赠者，一品至五品并用散官勋爵，六品、七品止用散官职事，从一高。封赠曾祖，降祖一等，祖降父一等，父母妻并与夫、子同。父母在仕者不封，已致仕并不在仕者封之，虽在仕弃职就封者听。父母应封，而让曾祖父母、祖父母者听。诸子应封父母，嫡母在，所生之母不得封，嫡母亡得并封。若所生母未封赠者，不得先封其妻。诸职官曾受赃，不许申请，封赠之后，但犯取受之赃，并行追夺……妇人因其子封赠，而夫、子两有官者，从一高。封赠曾祖母、祖母并母，生封并加"太"字，若已亡殁或曾祖、祖父、父在者，不加"太"字。职官居丧，应封赠曾祖父母、祖父母者听。其应受封之人，居曾祖父母、祖父母、父母、舅姑、夫丧者，服阕申请。应封赠者，有使远死节，有临陈死事者，验事特议加封……

父母曾任三品以上官，亡殁，生前有勋劳，为上知遇者，子孙虽不仕，具实迹赴所在官司保结申请，验事迹可否，量拟封赠。无后者，许有司保结申请。曾祖父母、祖父母、父母曾犯十恶、奸、盗、除名等罪，及例所妻不是以礼娶到正室，或系再醮[⑥]娼优婢妾，并不许申请……

正、从七品至正、从六品，止封一次。升至正、从五品，封赠一次。升至正、从四品，封赠一次。升至正、从三品，封赠一次。升至正、从二品，封赠一次。升至正、从一品，封赠一次。凡封赠流官父祖曾任三品以上者，许请谥。如立朝有大节，功勋在王室者，许加功臣之号。

《元史 · 志三十四 · 选举四 · 考课》

【简注】①上柱国：官名。战国楚国始设，凡立下覆军斩将之功的功臣，官封上柱国，地位极为尊宠。北魏时设置“柱国大将军”，北周又增置“上柱国大将军”，唐宋之际以上柱国为武官勋爵中的最高级，柱国次之。历代沿用，清代废止。　②国夫人：古时命妇的一种封号。《通典 · 职官十六》中载：“大唐外命妇之制，诸王母、妻及妃，文武官一品及国公母、妻，为国夫人。”即平常所说“一品夫人”。　③郡公：爵位名。晋代始置，也称开国郡公。历代沿袭。明代后废止。　④上护军：秦汉时临时设置护军都尉或中尉，以调节各将领间的关系。唐中叶后，在神策军设护军中尉及中护军，为禁军统帅，由宦官充任。唐以后历朝置上护军及护军，为仅有名号而无职事的勋官，清代废止。　⑤郡伯：爵名，金代始置。元代沿用。明清之际时称知府为郡伯，官阶一般为正四品。　⑥再醮：婚礼时父母给子女酌酒的仪式称为“醮”。因此称男子再娶或女子再嫁为“再醮”。

【译文】（元英宗）至治三年，尚书省大臣上奏说道：“封赠的制度，本来是激励后来的官员而制定的，却因为请求封赠的人众多，以致中途废止。”皇帝下诏重新设定办法，议论、拟定并且执行，不要出现冗滥的情况。

礼部重新议定分等：

正、从一品官员封赠三代，爵为国公，勋为正一品上柱国、从一品的柱国，母亲、妻子都封赠为国夫人。正、从二品封赠二代，爵为郡公，勋为正二品上护军，从二品的从护军，母、妻都封赠为郡夫人。正、从三品封赠二代，爵为郡侯，勋为正三品上轻车都尉，从三品的轻车都尉。正、从四品封赠父母，爵为郡伯，勋正为四品上骑都尉，从四品的骑都尉，母、妻都封赠为郡君。正五品封赠父母，爵为县子，勋为骁骑尉，母、妻都封赠为县君。从五品封赠父母，爵为县男，勋为飞骑尉，母、妻都封赠为县君。正、从六品封赠父母，父亲止用为散官职事，母亲、妻子都封赠为宜人。

正、从一品官至五品官由国家宣授封赠，六品至七品官只予敕牒。如果应封赠三代的，曾祖父母一道，祖父母一道、父母一道，健在者各自的名号依次下降。被封赠的官员，一品至五品都给予散官勋爵，六品、七品止用于散官职事，副职官员的封赠号从正职官员。封赠曾祖的品阶则低于封赠祖父一等，祖父低于父一等，父亲、母亲、妻子与丈夫、儿子相同。父母为官的不封赠，已经致仕的并且不再担任官职的封赠，虽然为官却弃职就封的听凭自己的意愿。父母应该得到封赠，却让给曾祖父母、祖父母的，听凭父母的意愿。诸子应封赠父母，嫡母健在，生母不得封赠，嫡母亡故生母可以得到封赠。如果自己的生母没有得到封赠，不得先封其妻。各类官员曾经有罪责，不许申请封赠，封赠之后，一旦犯罪，则追夺已得封赠……妇女因其子得到封赠，可是丈夫、儿子都有官职的，依从高品封赠。封赠曾高祖母、祖母、母亲，健在的给予封号并且加“太”字，如果已经亡殁或者曾祖、祖父、父亲健在，不加“太”字。在职官员居丧守制时，应封赠其曾祖父母、祖父母的听凭其申请。其中应受封赠的人，居曾祖父母、祖父母、父母、公婆、丈夫丧的，要到朝廷服阙申请。应封赠的人，如果有出使远方因维护国家利益而去世、如果有临死之时上陈对国家有利的奏章，验证事实后再特别议定封赠。

父母曾任三品以上的官职，亡殁后，生前有功勋劳绩，被皇帝所认可的，子孙虽然没有出仕的，（请求封赠）要具实迹赴所在的官衙，由其保荐具结后申请，查验事迹是否可以封赠后，再比量其官职拟定封赠。没有后代的，允许相关司衙保荐具结申请。曾祖父母、祖父母、父母曾经犯十恶、奸、盗、除名等罪的，以及按体例妻子不是以礼迎娶的正室，或者以简单仪式再娶女妓、婢、妾等，不许申请……

正、从七品官至正、从六品官，只封赠一次。升至正、从五品官，封赠一次。升至正、从四品官封赠一次。升至正、从三品官封赠一次。升至正、从二品官封赠一次。升至正从一品官封赠一次。凡是封赠的流官父祖曾任三品以上官职的，允许向国家请给父祖请求谥号。如果在朝中有大节，功勋在王室的，允许加功臣的名号。

元英宗至治三年诏

至治三年诏：“封赠之典，本以激劝忠孝，今后散官、职事、勋爵依例加授，外任官员并许在任申请，其余合行事理，仰各依旧制。”

《元史 · 志三十四 · 选举四 · 考课》

【译文】（元英宗）至治三年，皇帝下诏：“封赠这种典仪，本来以此激励官员忠孝国家之举，今后散官、职事、勋爵要依国家的法例加授，外任的官员允许在任申请封赠，其他的应该执行的事理，要依照旧制执行。”

诸贫寒老病之士本学养赡

诸贫寒老病之士，必为众所尊敬者，保申本路体覆无异，下本学养赡，仍移廉访司察之；但有冒滥，从提调官改正。

《元史 · 志五十一 · 刑法二 · 学规》

【译文】诸贫寒老年疾病的士子，必然是为士人所尊奉的人，由学官保荐申送至学校所在的路，考查无误的，本路下令由学校对其进行赡养，其具体监察仍由廉访司负责，如果出现冒滥领取的现象，由提调官负责督促改正。

七、丧葬孝思

《元典章》二则

元成宗大德八年钦奉诏书“三年之制”

大德八年□月钦奉诏书内应节该，三年之丧古今通制，今后除应当怯薛人员征戍军官外，其余官吏父母丧亡丁忧终制，方许叙仕，夺情起复不在此例。

元 · 《元典章 · 典章十一 · 吏部卷之五 · 丁忧》

【译文】（元成宗）大德八年□月钦奉皇帝陛下诏书中的内容节略为：三年之丧这一制度为古今的通制，今后除当值的官廷卫士、对外征伐的军官之外，其余的官吏家中父母丧亡的要丁忧守制之后，才可以入吏部叙职出仕，夺情起复的官员不在这一条令之中。

元武宗至大四年三月钦奉官吏丁忧诏一款

至大四年三月十八日钦奉诏书内一款，官吏丁忧已尝，着合后并许终制以厚风俗。朝廷夺情起复、蒙古、色目、管军官员和拘此例。

元 · 《元典章 · 典章十一 · 吏部卷之五 · 丁忧》

【译文】（元武宗）至大四年三月十八日钦奉皇帝陛下诏书内条款一项：官吏丁忧这一制度国家已经执行，着以后合并允许官员守丧终制以敦厚天下风俗。朝廷因国事需要夺情起复的官员，以及蒙古人、色目人、军事主管也在这一条例的要求之中。

《元史》七则

元成宗大德六年正月乙卯军官守制诏

（元成宗大德六年正月乙卯）诏：“军官除边远出征，其余遇祖父母、父母丧，依民官例立限奔赴。”

《元史 · 本纪二十 · 成宗三》

【译文】（元成宗大德六年正月乙卯这一天，）皇帝下诏："除了远征在外和戍守边境的军事官员，其他的官员遇到祖父母、父母丧殁，都要依照主持民政的官员的丁忧条例马上呈报丁忧，限时回家奔丧、服丧。"

元世祖至元八年中书省准"在任因病求医并告假侍亲者"

（元世祖）至元八年，省准："在任因病求医并告假侍亲者，拟自离职住俸日为始，限一十二月后听仕。其之任官果因病患事故，不能赴任，自受除日为始，限一十二月后听仕。"

部拟："凡外任官日久不行赴任，除行程并装束假限外，违者计日断罪。"

《元史 · 志三十三 · 选举三》

【译文】（元世祖）至元八年，中书省准："在任的官员因为患病而求医告假的、为了侍养父母而告假的人，拟以在离职之时至回朝日为始终，限期十二个月回朝待选。其中告假的官员如果因病患、事故等原因，不能赴任的，以呈报之日为始，限十二个月后回朝待选。"

礼部拟定："凡是外任官员日久不能赴任的，扣除行程之中的日期和假日的限定外，违反的人按时间的长短去判断其罪责。

元世祖至元二十七年"祖父母、父母丧亡并迁葬者"制

（元世祖至元）二十七年，议："祖父母、父母丧亡并迁葬者，许给假限，其限内俸钞，拟合支给，违例不到，停俸定罪。"

《元史 · 志三十三 · 选举三》

【译文】（元世祖至元）二十七年，会议后上呈皇帝："祖父母、父母丧亡并且需要迁葬回籍的官员，可以给他们丧服假期，丧服之内的官俸、官钞，拟请给予支付，如果丧服期满却违例不回任所的，再给予停俸的处罚，并依据其情况定拟其罪责。"

元成宗大德元年"云南官员遇祖父母父母丧葬解任奔赴"者

（元成宗）大德元年，议："云南官员，如遇祖父母、父母丧葬，其家在中原者，并听解任奔赴。"

《元史 · 志三十三 · 选举三》

【译文】（元成宗）大德元年，会议后上呈皇帝："云南一带的官员，如果遇到祖父母、父母丧葬的情况，如果其家在中原的，可以听任他解职回乡奔丧。"

元文宗天历二年"官吏丁忧"诏

（元文宗）天历二年诏，官吏丁忧，各依本俗，蒙古、色目仿效汉人者不用，蒙古、色目人愿丁父母忧者听。

《元史 · 志三十三 · 选举三》

【译文】（元文宗）天历二年，皇帝下诏，官吏丁忧，各族要依照各族原本的丧葬习俗，蒙古人、色目人不必仿效汉人习俗，蒙古人、色目人自愿为其父母丁忧守制的听其自便。

元武宗至大三年"铨选官员，父母衰老气力单寒者"诏

（元武宗）至大三年，诏："铨选官员，父母衰老气力单寒者，得就近迁除，尤为便益。果有亲年七十以上，别无以次侍丁，合从元籍官司保勘明白，斟酌定夺。"

《元史 · 志三十三 · 选举三》

【译文】（元武宗）至大三年，皇帝下诏说："考选登录的官员，父母如果年老力衰、气色单薄的，可以就近将其迁至其父母所在地，以便奉养老人。如果有祖父母、父母年七十以上且身边没有其他子女奉养的，要着令原籍的官员将其情况勘察明白并作保，上奏朝廷后酌情定夺。"

元丧制：五服

五服：

斩衰：（三年）子为父，妇为夫之父之类。

齐衰：（三年，杖期，期，五月，三月）子为母，妇为夫之母之类。

大功：（九月，长殇九月，中殇七月）为同堂兄弟，为姑姊妹适人者之类。

小功：（五月，殇）为伯叔祖父母，为再从兄弟之类。

缌麻：（三月，殇）为族兄弟，为族曾祖父母之类。

《元史 · 志五十 · 刑法一 · 职制上 · 名例》

【译文】五服：

斩衰：（服丧期为三年）儿子为父亲，媳妇为丈夫的父亲服丧之类。

齐衰：（服丧期为三年，杖期中的“期”字，指五个月、三个月）儿子为母亲，媳妇为丈夫之母亲服丧之类。

大功：（服丧期为九个月，长殇期是九个月，中殇期七个月）为堂兄弟，为已嫁人的姑姊妹服丧这一类。

小功：（服丧期五个月，殇）为伯叔祖父母，为再从兄弟服丧这一类。

缌麻：（服丧期三个月，殇）为同族兄弟，为同族曾祖父母服丧这一类。

《钦定续通典》一则

元仁宗延祐元年七月“父母之丧”制

元仁宗延祐元年七月，江南道监察御史王奉训呈：“近年以来江南风俗日薄，父母之丧小敛未毕茹荤饮酒略无顾忌，至于送殡管弦歌舞导引循柩焚葬之际，张筵排宴不醉不已，泣血未乾享乐如此，昊天之报其安在哉？兴言及此诚可哀悯！宜下有司严加禁治。”

（帝）从之。

清·《钦定续通典·卷八十四·礼·凶·丧不宴客》

【译文】元仁宗延祐七月，江南道监察御史王奉训呈文：“这段时间以来，江南地区风俗日益恶薄，父母丧亡之后的小敛没有结束，子女就食用荤腥、饮酒作乐，没有什么顾忌，以至于送葬殡敛的时候鼓吹弦歌、舞蹈作乐，焚葬的时候铺张地大摆酒宴，不醉不休，父母去世不久、子女泣血悲痛未止就如此享乐，昊天之报的心性又在什么地方？这种事情是十分让人哀悯的，宜令相关司衙对这种事严加整饬。”

（皇帝）听从了这一建议。

第十二卷 明（上）

一、孝亲敬老诏令

《明会典》一则

旌表孝子顺孙诏

凡孝子顺孙、义夫节妇、忠臣烈女，志行卓异可励民风者，所在有司举申监察御史，按察司覆实，移文所司以凭奏闻旌表。

明 · 《明会典 · 卷一百六十五 · 都察院二 · 宪纲》

【译文】凡是孝敬父母、敬奉长辈的孝子顺孙，具有忠诚信义品行的人，贞洁的妇女，其志行卓异可以激励民风的，他们所在地的相关司衙都要将其举荐给监察御史，由按察司覆实后，移文所在司衙，以此为凭据上奏请求旌表。

《礼部志稿》三则

明宣宗宣德元年上谕

宣德元年礼部尚书胡濙列赵岩、权谨孝行，节妇王氏、吉氏等，奏乞旌表。

上谕之曰："孝者人道当然，贤智之人不待劝勉，中人以下须激励乃能为善，旌表之意盖如此。若权谨则朕所知质实人也宜旌之。使人见而思奋，其于治道岂不有益？"

明 · 俞汝辑《礼部志稿 · 卷三 · 圣训》

【译文】宣德元年礼部尚书胡濙向朝廷列举赵岩、权谨所具备的孝行，以及王氏、吉氏贞洁的品行，上奏皇帝请求国家给予旌表。

皇帝谕示说："孝这一品行，是为人处世所应当遵从的行为准则，贤良智慧的人不用劝导勉励就会遵行，一般的百姓须要激励他们养成这一品行，才能让他们遵从这一善行，旌表的含义就在这里。对行孝的人国家要认真地权衡他们的事迹，朕只要知道他们的实在事迹也就会旌表他们。这样做是为了让百姓见到他们的事迹之后能知道如何去做，这对于治理天下，使天下大治，岂不是更加有益处吗？”

明世宗嘉靖三年冠带孝子、优免节妇诏

（嘉靖）三年诏：孝子顺孙、义夫节妇已旌表年及六十者，孝子冠带荣身，节妇照八十以上例给。

明 · 俞汝辑《礼部志稿 · 卷二十四 · 旌表》

【译文】（明世宗嘉靖）三年皇帝下诏：孝敬父母、敬奉尊长的孝子顺孙，具有忠诚信义品性的人，贞洁的妇女，已被旌表且年纪在六十岁以上的，孝子由国家赐予冠带以荣显其身，贞洁的妇女年纪在八十以上的按照国家的惯例给予优免。

明神宗万历元年上两宫诏

（万历元年上两宫徽号诏）：“……孝顺节义乃风化所关，近来有司官皆视为末务。往往有穷乡僻邑终身湮没无闻者，而富势有力之家小有一行即为之文饰张大其事，或其子孙贵显自为陈乞，甚有奸伪生徒、积年猾棍装捏行实希图规避者，皆略不体勘辄与具奏使虚伪者反见表异，而独行者壅于上闻，殊非朝廷彰善阐幽之意。今后各地方有孝子顺孙、义夫节妇查系贫难孤苦之人，有司官亟与核实奏闻旌表，不许诡窃虚滥致乱名实，亦不许子孙居官自行陈乞。其已经旌表，年及六十者孝子给与冠带荣身……”

明 · 俞汝辑《礼部志稿 · 卷九十九 · 诏条备考》

【译文】（万历元年上两宫徽号诏）：“……孝悌、忠顺、节操、信义这样的品性，关系到天下的风俗、教化的养成，近来相关司衙对此事不重视，使得具有这种品性的人，往往在穷乡僻邑之中终身被湮没，其人其事却无法闻达于天下，而富有且有势力的人家，却因为小小的行径即为之大加宣扬、大张其事，或者为其子孙能显贵于世间，于是自己向朝廷陈请以乞请旌表，甚至有些奸滑伪劣的生员、积年油滑的人捏造故事希图规避，而相关司衙却不去体察、核实，使虚伪的人或事见诸于朝廷的表章之上，这使得那些确有这种品行的人，因为言路的壅堵而不能上闻于朝廷，这种情况实在不是朝廷褒扬善行以达于细微之处的意愿呀！今后各地如有孝敬父母敬奉长辈的孝子顺孙、具有忠诚信义品德的人、贞洁的妇女经查确系贫困孤苦之人的，相关司衙要核实上奏于朝廷，请国家对其进行旌表，不许使用诡谋窃计虚报滥举，要报实实在在的事迹，亦不许子孙为官自己陈情乞请旌表。已经旌表的，孝子年满六十的，国家将赐予其冠带荣宠其身……”

《皇明太学志》三则

明孝宗弘治元年三月十日谕国子监师生敕

（弘治元年三月初十日）朕方躬迪彝教，为天下先。尔师生尚懋乃斆[①]学，惟忠孝节义是训、是守，以广业弘化、囿四方民物归于太和[②]，庶几复唐虞三代之盛。钦哉故谕。

明 · 郭鎜　王材编撰《皇明太学志 · 卷三 · 谟训上》

【简注】①斆：教导、效法。②太和：一般指天地冲和之气，这里指天下太平。

【译文】（明孝宗弘治元年三月初十日，皇帝对国子监下敕文说：）朕刚刚承接大统，开始抚育万民，所行之事当为天下先。你们国子监师生要努力、勤奋地治学、修养，以期教育出国家的贤才。唯有让生员们修养忠、孝、节、义的品性（才能通达），要用这样的道德礼法去教训生员守持住气节，以广大、弘扬良好的风俗，让天下四方的百姓、事物都能归于和谐、太平，以期恢复上古三代时期唐尧、虞舜那样的盛世。这正是朕所希望的事情，因此下谕旨给你们，（望你们切实遵行）。

明世宗嘉靖元年谕国子监敕

（明世宗嘉靖元年）太学乃育才之地，教化之本源也，五伦之道具在六经，非籍讲明，曷以措诸实用哉！斯世斯民蒙至治之泽，难矣！

明 · 郭鎜　王材编撰《皇明太学志 · 卷三 · 谟训上》

【译文】（明世宗嘉靖元年，皇帝对国子监下敕文说：）太学是国家培养英才的地方，是国家教化的本源所在，君臣、父子、兄弟、夫妇、朋友这五种人伦关系，以及忠、孝、悌、忍、善这样的关系准则，在六经当中都能体现，如果不讲明这些关系、伦常，何以用于实际当中呀！世间的百姓如果不能明白这些道理，想要蒙受治世的恩泽，是很困难的事情啊！

明世宗嘉靖十二年三月十六日谕国子监敕

（明世宗嘉靖十二年三月十六日）夫学校之设，以明人伦也。五伦之道根于性命之自然，而推及其用，则化成天下，恒必繇之。六经垂宪，炳如日星，所以发挥斯道者甚备……

明 · 郭鎜　王材编撰《皇明太学志 · 卷三 · 谟训上》

【译文】（明世宗嘉靖十二年三月十六日，皇帝对国子监下敕文说：）国家设立学校的目的，是为了让世人能通晓人伦道德。忠、孝、悌、忍、善是维系五伦关系的准则，这自然是植根于人们性命之中的，如果将这些德行推广到天下，那么天下将会出现太平之象，国家也将会长久地稳定。六经典籍是垂宪万世的，六经中的理论犹如天上的日月星辰一样，因此要想发挥、修养人伦之道，必定要依据这些典籍……

《图书编》一则

明太祖“太祖高皇帝圣训”

太祖高皇帝圣训：

孝顺父母，尊敬长上，和睦乡里，教训子孙，各安生理，毋作非为。

依朱子增损《蓝田吕氏乡约》四条：

德业相劝，过失相规，礼俗相交，患难相恤。

明 · 章潢《图书编 · 卷十四 · 三经五常总叙》

【译文】太祖高皇帝圣训：

孝敬、顺从自己的父母；尊奉、敬重长辈；和美、亲睦乡里；教化、训导子孙；每一个人都各自安心地生活、生产；不要做违反律令制度的事情。

依朱子的理念增加或损益《蓝田吕氏乡约》四条：

百姓们要以德行、学业为基准相互劝导，如果出现过失要相互指正规劝，礼法、风俗要相互补益，出现患难时要相互帮助。

《明史》六则

明惠帝建文元年春二月诏

（明惠帝）建文元年春正月癸酉，受朝，不举乐。庚辰，大祀天地于南郊……二月，追尊皇考曰孝康皇帝[①]，庙号兴宗，妣常氏曰孝康皇后。尊母妃吕氏曰皇太后，册妃马氏为皇后……诏告天下，举遗贤。赐民高年米肉絮帛，鳏寡孤独废疾者官为牧养。重农桑，兴学校，考察官吏，振罹灾贫民，旌节孝，瘗[②]暴骨，蠲荒田租。

《明史 · 本纪第四 · 惠帝》

【简注】①孝康皇帝：即明洪武帝朱元璋的太子朱标，明建文帝登基后追尊。　②瘗：此处意为埋葬。

【译文】（明惠帝）建文元年春正月癸酉这一天，应天举行大朝会，朝堂中不奏乐。庚辰这一天，皇帝用盛大的礼仪去南郊祭祀天地……二月追尊其父故太子朱标为“孝康皇帝”，庙号为“兴宗”，太子妃常氏为“孝康皇后”。尊母妃吕氏为皇太后，册妃马氏为皇后……诏告天下，下令各地举荐隐遗于山泽野外的贤才。赐给年纪大的百姓米、肉、絮、帛，鳏夫、寡妇、孤独废疾之人由国家优恤、收养。以兴农桑为国家的根本，兴办学校推行教化，考察官吏、赈济灾民，旌表贞洁孝义之人，埋葬暴露的骨骸，百姓开荒蠲免田租。

明宪宗成化十六年重申存恤孤老令

（明宪宗成化十六年）秋八月辛酉，申存恤孤老之令。

《明史 · 本纪第十四 · 宪宗二》

【译文】（明宪宗成化十六年）秋八月辛酉这一天，皇帝下诏旨，重申国家优恤孤苦之人、老年人的法令。

明太祖洪武元年上尊祖先谥号文

（明太祖）洪武元年追尊四庙谥号，册宝皆用玉。册简长尺二寸，广一寸二分，厚五分……德祖册文曰：“孝玄孙嗣皇帝臣某，再拜稽首上言：臣闻尊敬先世，人之至情。祖父有天下，传之子孙，子孙有天下，追尊祖父，此古今通义也。臣遇天下兵起，躬披四胄，调度师旅，戡定四方，以安人民，土地日广，皆承祖宗之庇。臣庶推臣为皇帝，而先世考妣未有称号。谨上皇高祖考府君尊号曰玄皇帝，庙号德祖……”其宝文曰“德祖玄皇帝之宝”。玄皇后、懿祖以下，帝后册宝并同。

《明史 · 志第二十七 · 礼五 · 吉礼五 · 加上谥号》

【译文】（明太祖）洪武元年皇帝追尊四代先祖的庙号谥号，所上的册宝都用玉制，册简长一尺二寸，宽一寸二分，厚五分……尊德祖的册文说：“孝玄孙嗣皇帝臣某，再拜稽首说：臣听说尊敬先世的功德、恩义，是人世间的至情。祖父具有天下，传给子子孙孙，子孙拥有天下，则追尊祖、父，这是古往今来的通义。臣遭遇天下大乱兵锋四起的时代，于是身披甲胄，指挥军队，勘定四方战事，以使百姓能平安生活，以至于国家的疆域日益宽广，这些都是秉承着祖宗的庇佑。天下的臣民推举臣为皇帝，可是先世的祖父、祖母却没有称号，于是恭谨地尊上皇高祖考府君的尊号为玄皇帝，庙号德祖……”其玺宝中的文字是“德祖玄皇帝之宝”。玄皇后、懿祖以下，帝后的册宝与其尊号并同。

吴王朱元璋敕中书省制

甲辰[①]三月敕中书省[②]曰：“……郡县官年五十以上者，虽练达政事，而精力既衰，宜令有司选民间俊秀年二十五以上、资性明敏、有学识才干者辟赴中书，与年老者参用之。十年以后，老者休致，而少者已熟于事。如此则人才不乏，而官使得人。其下有司，宣布此意。”

《明史 · 志第四十三 · 选举三》

【简注】①甲辰：此年为元惠宗至正二十四年，即1364年，距朱元璋开国尚有四年的时间，这一年朱元璋进占应天。　②中书省：此时的中书省为朱元璋尚未称帝时的执政机构，不是能统辖全国的机构，只能负责朱元璋当时所占区域的政事。

【译文】（元惠宗至正二十四年）甲辰三月（吴王朱元璋）下敕旨给中书省：“……郡县之中年纪在五十岁以上的人，这些人虽然精能练达于政事，但是精力已经不足，可以让相关司衙在民间俊才秀士之中选取年二十五岁以上，资质聪明敏达、有学识、有才干的人举荐至中书省，和年老的官员混合使用。如此十年之后，年纪老的官员致仕，年少的人也锻炼成才且精熟于政事。这样人才才不会出现匮乏，官员才会任用得人。这一旨令下达于各相关司衙，各相关司衙要宣布这一敕旨。”

养老尊贤恤贫广仁令

凡祥瑞，辨其名物，无请封禅以荡上心。以学校之政育士类，以贡举之法罗贤才，以乡饮酒礼教齿让，以养老尊高年，以制度定等威，以恤贫广仁政，以旌表示劝励，以建言会议悉利病，以禁自宫遏奸民。

《明史 · 志第四十八 · 职官一》

【译文】凡是祥瑞，都要辨别清楚是属于何种物品，同时各级官员不要随意奏请封禅以动荡帝心。要用办学校这种政策和方式去教化士民百姓，用科贡、举荐这些方法在天下网罗人才、贤士，用行乡饮酒礼这一方法教天下之人明白尊老奉贤、礼让谦和，以养老的方法去尊奉年高德劭的人，用制度来确定国家的威仪、等级，用优恤贫苦这一方式广施仁政，以旌表孝贤、忠信、贞洁等，去劝励天下人，以兴谏言、会商等方法获悉天下的利病，以禁自僦官刑，来阻遏奸民成为宫室近臣。

明太祖洪武二十二年授宫官敕

（明洪武）二十二年授宫官敕：服劳多者，或五载六载，得归父母，听婚嫁。年高者许归，愿留者听。现授职者，家给与禄。

《明史 · 志第五十 · 职官三》

【译文】（明洪武）二十二年皇帝给宫中的内官、宫女下敕旨：在宫中操劳辛苦且功绩多的内官、宫女，执役或五年、或六年，就可以回到父母的身边，听凭其婚嫁。年纪老的允许其还家，愿留在宫中的听凭意愿。现在已经被授以内官官职的，其禄米要发放到其家中。

《明通鉴》二则

明宪宗成化二年闰三月制策

（明成化二年闰三月）制策有曰：“朕夙衣拳拳，欲正大纲，举万目，使人伦明于上，风俗厚于下。”

清 · 夏燮《明通鉴 · 卷三十一》

【译文】（明成化二年闰三月）皇帝在制策中曾经说：“朕日日夜夜地辛劳，心怀拳拳之心，想着去端正国家的朝纲，于是规定各种科目，使天下百姓能够彰明人伦于上，端正风俗、敦厚关系于下。”

明宪宗成化十六年八月辛酉存恤孤老令

（明宪宗成化十六年八月）辛酉，申存恤孤老之令。时户部言：“大兴宛平，岁廪孤老七千四百九十余人，凡赡粮二万六千九百余石。近有司疏于稽察，董其事者日肆侵牟，无告之民不濡实惠。宜敕府尹月再巡视，俾惠泽下流，毋负朝廷恫□之意。”

上俞其请，且敕谕“于下有司殚心存恤，所以巡按御史，廉其怠者，请逮治之。”

清 · 夏燮《明通鉴 · 卷三十四》

【译文】（明宪宗成化十六年八月）辛酉这一天，皇帝下旨重申国家优恤孤老的法令。当时户部的人上疏说：“大兴、宛平，每年发给七千四百九十名孤老之人米粮，赡养所费的米粮有二万六千九百余石。可是近来相关司衙疏于核查，使得监督其事的官吏日渐侵夺，百姓们告状无门无法得到实惠。应该敕令府尹每月都要巡视两次，使百姓们体会到国家的恩泽，不要辜负朝廷关怀百姓疾苦的美意。”

皇帝同意了这一奏请，并且敕谕天下：“天下的相关司衙都要尽心抚恤孤老的百姓，所在地区的巡按御史，要查访怠懈于此事的官吏，奏请将这些官吏逮捕治罪。”

《康熙安乡县志》一则

明太祖洪武三十一年御制木铎训词

孝顺父母，尊敬长上，和睦乡邻，教训子孙，各安生理，毋作非为。

清 · 王基巩[①] 《康熙安乡县志 · 卷十一 · 艺文志 · 木铎训词》[②]

【简注】①王基巩：生卒年不详，约生活于清康熙年间，康熙二十二年前后曾仕为安乡知县。按《四库》载：辽东人，例监生，康熙二十八年曾任广东开平知县。 ②此训词据县志载是明洪武三十一年御制训词。

【译文】孝敬、顺从自己的父母；尊奉、敬重长辈；和美、亲睦乡里；教化、训导子孙；每一个人都各自安心地生活、生产；不要做违反律令制度的事情。

二、高年尊享

《明会典》四则

明太祖洪武十九年高年赐爵令

（洪武）十九年令：

所在有司审耆民年八十、九十邻里称善者，备其年甲行实具状奏闻。贫无产业者八十以上每人月给米五斗、肉五斤、酒三斗；九十以上岁加给帛一匹、絮五斤。其有田产仅足自赡者，所给酒肉絮帛亦如之。其应天、凤阳二府富民年八十以上赐爵里士，九十以上赐爵社士①，皆与县官平礼。

明·《明会典·卷七十九·礼部三十八·养老》

【简注】①“里士”“社士”：是民爵的两种爵称。

【译文】（明太祖）洪武十九年令：

相关司衙要在所辖范围内察寻老年的百姓时，年纪在八十、九十岁以上的，且被邻里称为良善的，里甲要填写此人的真实情况奏闻朝廷。贫穷没有财产且年纪在八十岁以上的，每人每月赐给米五斗、肉五斤、酒三斗；九十岁以上的每年加赐帛一匹、絮五斤。其中如果有田产的人，每年的收获仅够自给的，所赐予的酒、肉、帛和以上所述的一样。其中应天、凤阳二府富裕的百姓，年龄在八十岁以上的赐予“里士”的爵位，九十岁以上的赐予“社士”的爵位，这些人都享有和县令一样的礼仪。

明成祖永乐十九年高年赐绢、酒、肉诏

永乐十九年诏：民年八十以上有司给绢二匹、布二匹、酒一斗、肉十斤，时加存恤。

明·《明会典·卷七十九·礼部三十八·养老》

【译文】（明成祖）永乐十九年，皇帝下诏：百姓年纪八十岁以上的，相关司衙每年要给予其绢二匹、布二匹、酒一斗、肉十斤，时常要对他们进行慰问。

明成祖永乐二十二年七十以上及残疾一丁侍养诏

（永乐）二十二年令：民年七十以上及笃废残疾者许一丁侍养，不能自存者有司赈给。八十以上者仍给绢二匹、绵二斤、酒一斗，时加存问。

明 ·《明会典 · 卷七十九 · 礼部三十八 · 养老》

【译文】（明成祖永乐）二十二年，皇帝下诏令说：百姓之中年七十岁以上的老人和身患疾病的人、残疾人，允许其家中留下丁壮一人去侍养他们，生活不能自给的人，相关司衙要对他们进行赈恤。八十岁以上的老年人，每年仍由国家赐予其绢二匹、绵二斤、酒一斗，相关司衙要时常对他们进行慰问。

明英宗天顺八年七十以上及残疾一丁侍养诏

天顺八年诏：凡民年七十以上免一丁差役，有司岁给酒十瓶、肉十斤；八十以上者加绵二斤、布二匹；九十以上者给冠带，每岁宴待一次；百岁以上者给板木。

明 ·《明会典 · 卷七十九 · 礼部三十八 · 养老》

【译文】（明景泰帝）天顺八年皇帝下诏说：凡百姓年纪在七十岁以上的，可以优免家中丁壮一人的差役税赋，相关司衙每年要给酒十瓶、肉十斤以示尊养；八十岁以上的老人每年加绵二斤、布二匹；九十岁以上的老人，国家将赐予其冠带以示尊崇，每年当地官衙要宴请他们一次；百岁以上的老人国家将赐予其笏板和木杖。

《翰林记》二则

明太祖洪武二十六年浦江郑氏养亲子孙擢拔事

洪武二十六年八月，上闻浦江郑氏累世同居，家苑惟笃伦理，里人王氏效之，思选用之，以风励天下。乃征二家子弟年三十以上者诣阙，既至令自推举，乃以郑济为左春坊左庶子，王懃为右春坊右庶子。

明 · 黄佐《翰林记 · 卷三 · 荐举》

【译文】洪武二十六年八月，皇帝听说浦江郑氏累世同居，家规、家苑严正，伦理纲常分明，乡里的王氏效仿其家，皇帝思虑着选用其家族中的子弟，以此激励天下风俗。于是征用二家子弟年纪在三十岁以上的去京城朝觐，到达后令其（家族）自行推荐，于是任命郑济为左春坊左庶子，王懃为右春坊右庶子。

明仁宗洪熙元年徐州民权谨养亲擢拔事

徐州民权谨，十岁丧父，哀毁几绝。洪武中以荐知乐安县，进光禄寺署丞，迎母就养。母疾吁天，求以身代，母年九十卒，负土成坟，庐墓三年，哭泣不辍，事闻召拜文华殿大学士。洪熙元年三月也，谨固辞不称，朝廷不允，欲以风励天下之为人子者，寻改通政司右参议致仕，仍旌其门曰“孝行”。

明 · 黄佐《翰林记 · 卷三 · 荐举》

【译文】徐州百姓权谨，十岁丧父，哀痛几近丧绝。洪武中期被举荐为知乐安县，进光禄寺署丞，权谨迎其母于衙中奉养。母亲生病权谨祈天赐福，请求以己身相代，母亲年九十去世，（权谨）亲自负土成坟，庐墓三年，哭泣不止，皇帝听说此事召拜其为文华殿大学士。洪熙元年三月，权谨多次请求致仕，朝廷不允，打算以其人其事激励天下为人子女者，不久改任其为通政司右参政致仕，仍然旌表其门为“孝行”。

《礼部志稿》八则

明太祖洪武二十年闰六月“尚齿孝敬”谕

洪武二十年闰六月上谓礼部尚书李原吉曰：“尚齿所以教敬，事长所以教顺，虞夏商周之世，莫不以齿为尚，而养老之礼未尝废，是以人兴于孝悌，风俗淳厚，治道隆平。曩者朕诏天下行养老之政：凡耆民年八十以上，乡党称善、贫无产业者，月给米三斗、肉五斤。九十以上岁加帛一匹、绵一斤。若有田产能自赡者，止给酒肉、絮帛。其应天、凤阳二府富民九十以上赐爵社士，八十以上赐爵里士，咸许冠带复其家。尚虑有司奉行不至，尔礼部以朕命谕之。”

明 · 俞汝辑《礼部志稿 · 卷一 · 圣训》

【译文】洪武二十年闰六月皇帝对礼部尚书李原吉说：“敬奉老年人是为了让天下都知道敬让，事奉长辈是为了让天下人都知道恭顺，虞、夏、商、周之时，无不以敬奉老年人为风尚，养老的礼节从来没有废坠，当时的人们都以具有孝悌的品行为荣，于是国家的风俗敦厚，天下出现大治的局面。以往朕曾经诏令天下，在天下推行养老的政令：凡是年老的百姓八十以上的，在乡村里社之中被人称善的、贫穷没有产业的，每月给米五斗、肉十斤；九十岁以上的，每年加赐帛一匹、绵一斤。如果有产业而且能自给的，不再供给酒肉、絮帛。其中应天、凤阳二府富裕的百姓年纪九十岁以上的，赐予其‘社士’的爵位，八十以上的赐予其‘里士’的爵位，都允许他们佩戴冠带，以表示国家对他们的敬奉。可是这一政令朕却忧虑相关司衙不认真地执行，你们礼部要对天下申明朕的诏令，并谕示严格执行。”

明永乐十九年“年八十赐酒肉”诏

永乐十九年诏：民年八十以上有司给与绢二匹、布二匹、酒一斗、肉十斤，时加存恤。

明 · 俞汝辑《礼部志稿 · 卷二十四 · 养老》

【译文】永乐十九年，皇帝下诏：百姓年纪在八十岁以上的，相关司衙每年要给予绢二匹、布二匹、酒一斗、肉十斤，要时常对他们加以慰问。

明永乐二十二年“高年一丁侍养”令

二十二年令：民年七十以上及笃废残疾者，许一丁侍养；不能自存者有司赈；八十以上者仍给绢二匹、绵二斤、酒一斗。时加存问。

明 · 俞汝辑《礼部志稿 · 卷二十四 · 养老》

【译文】永乐二十二年皇帝下令：百姓年七十以上的老人和疾病残废的人，允许家中留丁壮一人去侍养他们；不能自给的人相关司衙要对他们给予赈济；年纪在八十岁以上的老人，国家仍然每年给予绢二匹、绵二斤、酒一斗。相关司衙要时常对他们加以慰问。

国初养老令

国初养老令：贫者给米肉，富者赐爵，惟及于编民。

明 · 俞汝辑《礼部志稿 · 卷二十四 · 养老》

【译文】（明）国初国家养老的训令：贫穷的老人要给予米肉，富贵的赐给他们爵称，这种做法只针对在国家簿籍的编民。

明英宗天顺间养老令

天顺以后始令：致仕官七十以上者皆得给酒肉、布帛或进阶，其大臣八十、九十者特赐存问，盖古者尊高年养国老之贵意。

明 · 俞汝辑《礼部志稿 · 卷二十四 · 养老》

【译文】（明英宗）天顺年间以后始令：致仕的官员七十岁以上的都赐给他们米肉、布帛或者进官阶，其中大臣年纪八十岁、九十岁的国家要特遣官员去慰问他们，这是遵行古时尊奉高年、奉养国老的意旨而下的敕旨。

明英宗天顺二年养老诏

天顺二年诏：军民有年八十以上者不分男妇，有司给绢一匹、绵一斤、米一石、肉十斤；年九十以上者倍之；男子百岁加与冠带荣身。

明 · 俞汝辑《礼部志稿 · 卷二十四 · 养老》

【译文】（明英宗）天顺二年，皇帝下诏：军民之中年八十岁以上的老人不分男女，相关司衙每年都要给酒十瓶、绢一匹、绵一斤、米一石、肉十斤；年纪在九十岁以上的老人加倍给予；男子在百岁以上，的国家将赐予冠带荣宠其身。

明英宗天顺二年四品致仕给米养老诏

诏：四品以上官年七十以礼致仕不能自存者，有司岁给米五石。

明 · 俞汝辑《礼部志稿 · 卷二十四 · 养老》

【译文】（明英宗）天顺二年，皇帝下诏：四品以上的官员年七十以上，按规定致仕却贫不能自给的，相关司衙每年给米五石。

明英宗天顺八年“高年赐酒肉冠带”诏

（明英宗天顺）八年诏：凡民年七十以上者免一丁差役，有司每岁给酒十瓶、肉十斤；八十以上者加与绵二斤、布二匹；九十以上者给与冠带，每岁设宴待一次；百岁以上给与棺具。

明 · 俞汝辑《礼部志稿 · 卷二十四 · 养老》

【译文】（明英宗）天顺八年，皇帝下诏：凡百姓年纪七十岁以上的，免除家中丁壮一人的差役，相关司衙每年给酒十瓶、肉十斤，八十岁以上的加赐绵二斤、布二匹；九十岁以上的赐予其冠带荣宠其身，每年由相关司衙设宴宴请一次；百岁以上的老人国家赐予其棺椁等物。

《钦定续文献通考》一则

明惠帝建文元年养老诏

惠帝建文元年诏："军民男妇，有八十、九十者赐米一石、肉十斤、酒三斤；九十者加赐帛一匹、绵一斤。"

清《钦定续文献通考 · 卷四十九 · 学校考》

【译文】明惠帝建文元年，皇帝下诏："军、民、男、妇，有年满八十岁、九十岁的老人，国家将赐米一石、肉十斤、酒三斤，以示尊养；九十岁以上的老人要加赐帛一匹、绵一斤，以示尊老。

《明通鉴》二则

明太祖洪武十九年甲辰"存问高年贫民"诏

（明洪武十九年六月）甲辰，诏："有司存问高年贫民，年八十以上，月给米五斗、酒三斗、五肉斤；九十以上，岁加帛一匹、絮一斤。有田产者罢给米。应天凤阳富民，年八十以上，赐爵社士，九十以上乡士。天下富民，八十以上富民，九十以上社民，皆与县官均礼，复其家……"

清 · 夏燮《明通鉴 · 卷第九》

【译文】（明太祖洪武十九年六月）甲辰这一天，皇帝下诏说："相关司衙的官吏要去慰问年老而贫苦的百姓，年纪在八十岁以上的老人，要每月发给他们五斗米、三斗酒、五斤肉；九十岁以上的老人在此基础上，每年增加帛一匹、絮一斤。有田产的人家则不发给米。应天府、凤阳府的富裕百姓，凡是八十岁以上的老人，赐予社士的爵位；九十岁以上的老人，赐予乡士的爵位。天下富裕的百姓，年满八十以上的老人，赐予里士的爵位，九十以上的老人，赐予社士的爵位。这些人在礼制上同县令享受同等的待遇，同时要免去他们的赋税和劳役……"

明成祖永乐七年二月乙亥"高年赐酒肉帛"诏

（明永乐七年）二月乙亥，遣使于巡幸所经郡县存问高年，八十以上赐酒肉，九十加帛。

清 · 夏燮《明通鉴 · 卷第九》

【译文】（明永乐七年）二月乙亥这一天，皇帝派使者到他所巡幸和所经过的府县去慰问府县之中的老年人。八十岁以上的老人赐给他们酒肉，九十岁以上的老人加赐帛。

三、孝贤、科举

《明会典》二则

国初设孝弟力田等科

国初选用人才不拘一途，设贤良方正、聪明正直、孝弟力田、通经孝廉[①]等科，或从耆民及税户人材与科贡之士兼收并用，随才授任多出亲擢，其后始定铨选[②]之法。

明 · 《明会典 · 卷二 · 官制二 · 吏部一 · 诸司职掌》

【简注】 ①贤良方正、聪明正直、孝弟力田、通经孝廉：都是明洪武六年至十六年荐举士子的科目。 ②铨选：是封建制下的一种选官制度。唐代五品以上官员由皇帝任命，六品以下官员除员外郎、御史以及供奉官外，文官由吏部，武官由兵部，按规定审查合格后授官，称之为铨选。唐之后凡经科举考试、捐纳或官员起复等情况，均须赴吏部听候铨选。

【译文】国家创始之初选用人才不拘一格、不止一途。于是在人才的选拔上，设立了贤良方正科、聪明正直科、孝悌力田科、通经孝廉科等科目，这些科目中所选取的人才是从平常百姓和应税民户之中选取出来的，这些人才和科举中选拔出来的士子兼收并用，根据其才能授以职位，入选之人多由皇帝亲自选拔，此后国家才确定了铨选这一制度。

明洪武二年诏天下府、州、县立学校学规

学规（洪武二年诏天下府、州、县立学校）：

……

生员之家父母贤智者少，愚痴者多。其父母贤智者子自外入必有家教之方，子当受而无违斯孝行矣，何愁不贤者哉！其父母愚痴者作为多非，子既读书得圣贤知觉，虽不精通实愚痴父母之幸，独生是子，若父母欲行非为，子自外入或就内知，则当再三恳告……使不陷父母于危亡，斯孝行矣！

明 · 《明会典 · 卷七十六 · 礼部三十五 · 府州县儒学》

【译文】学规（洪武二年诏告天下府、州、县立学校）：

……

学校生员家中父母贤德、智慧的占少数，而愚顽、痴玩的占多数。家中父母贤德、智慧的生员，他们由外至内所展现的风格，受家中潜移默化的影响，其人必定能体现出良好的家教，所行之事也不会违背孝行的规范，这样的人何愁不会成为国家的贤才！家中父母愚顽、痴玩的生员其日常行为则多会遭到非议。孩子既然已经读书，就会懂得圣贤所推崇的事，虽然说尚且谈不上精通，但却是愚顿、痴玩父母所值得庆幸的，得到了这个孩子，如果打算做不合礼法的事，孩子就会用学自圣贤的道理去感悟是非，于是就可以再三地劝谏父母……使父母不至于陷于危亡之中，这也是孝行的一种形式呀！

《礼部志稿》三则

明洪武十八年上谕礼部

洪武十八年诏举孝廉之士。上谕礼部臣曰："朕向者令有司举聪明正直之士，至者多非其人，甚失孤所望。朕闻古者选用孝廉，孝者"忠厚恺悌"，廉者"洁己清修"，如此则能爱人守法，可以从政矣！其令：州县凡民有孝廉之行，著闻乡里者，正官与耆民以礼遣送京师，非其人勿滥。"

明 · 俞汝辑《礼部志稿 · 卷一 · 圣训》

【译文】洪武十八年皇帝诏令各地举荐具有孝廉品性的士子。皇帝谕示礼部的朝臣说："朕以往曾诏令相关司衙举荐聪明正直的士子，可举荐上来的人多不符合要求，这让朕十分失望。朕听说古时候选用孝廉时，孝的要求是'性格忠厚、能孝敬父母、友悌兄弟'，廉的要求是'能洁身自爱，品性清明，有好的修养'，这样的人才能亲爱百姓且奉公守法，才可从事政事呀！令州、县官员：凡是百姓具有孝廉品行且闻名于乡里的，州、县的守令和士绅都要以礼将他们遣送至京城，不具有这种品德的人不要滥举。"

明宣宗宣德七年四月谕礼部胡濙科举选士

（宣德七年四月）顾谓礼部尚书胡濙等曰："考官取士但据文章，不悖经意即可充选，然应举之人皆凭学校、有司保送，其人果孝弟忠信而又通今博古，科目取之足为世用，若德行不修而徒有文辞亦终无益。考官须是学问老成、心术正大之士，不然亦能颠倒是非，卿等宜申明朕意，亦使知慎。”

明 · 俞汝辑《礼部志稿 · 卷三》

【译文】（明宣宗宣德七年四月）皇帝对礼部尚书胡濙等说：“考官取士只是根据文章来评判，文章不悖逆经义的即可以选取，可是应举科试之人都是凭借学校、相关司衙保荐礼送的，其人果然是具有孝、悌、忠、信品行且又通今博古的，科试选取则足以为当世所用，如果德行不修却徒有文采，这样的人对国家是无益的。考官要选取学问老成、心术端正的官员担任，不然就会出现是非颠倒的情况，你们一定要向各级官员申明朕的旨意，一定要让他们谨慎地对待这件事情。”

明太祖洪武间“举保之令”

国初有举保之令：凡举保孝廉人才、秀才及山林隐逸，礼部即行所属委自正官。选求民间，果系名实相副，素无过犯之人，有司起送到部，咨发吏部听用，其后皆属吏部掌行。而礼部所掌，惟岁贡国初额不一，正统间始定，至今遵行，其额外增贡者，或以疏通、或以恩诏、不著令兹并列焉。

明 · 俞汝辑《礼部志稿 · 卷二十三 · 仪制司职掌》

【译文】国初有举荐保举的法令：凡是保荐孝廉人才、秀才以及山林隐逸，礼部即刻行文所属的司衙委派他们官职。选求自民间，如果确系名与实相副，平常又没有什么过错，相关司衙送他们到礼部，咨文至吏部听候任用，其后的程序由吏部掌行。而礼部所掌行的程序，只是岁贡，岁贡由国初至今名额不一，正统年间才开始的定例，至今遵行，其中额外增加的增贡，或者是由于疏通关系得到的，或者是因为恩诏而增加的，这些均不在条令之中，不与之并列。

《明史》五则

明太洪武十三年二月壬戌孝弟力田诏

（明太祖洪武十三年）二月壬戌朔，诏举聪明正直、孝弟力田、贤良方正、文学术数之士。

《明史 · 本纪第二 · 太祖二》

【译文】（明太祖洪武十三年）二月壬戌初一这一天，皇帝下诏让天下举荐：聪明且品行正直的人，具有孝悌力田品行的人，精通文学、术数的人才，为国家所用。

明洪武六年罢科举察举贤才事

是年（即明洪武六年），遂罢科举，别令有司察举贤才，以德行为本，而文艺次之。其目：曰聪明正直，曰贤良方正，曰孝弟力田，曰儒士，曰孝廉，曰秀才，曰人才，曰耆民。皆礼送京师，不次擢用。而各省贡生亦由太学以进。于是罢科举者十年，至十七年始复行科举，而荐举之法并行不废。

《明史 · 志第四十三 · 选举三》

【译文】这一年（明洪武六年）皇帝下旨罢除科举，另外下令让相关司察在全国各地举荐贤才，要求所察举的贤才要以德行为根本，文艺其次。所察举的科目为：聪明正直科、贤良方正科、孝悌力田科；所举士人为儒士、孝廉、秀才、人才、耆民。这些人才各地都要将他们礼送至京城，国家将根据其才德依照不同次第擢用他们。各省的贡生都要进太学，官员也可从太学生中选取、录用。于是罢科举选士的制度十年，至洪武十七年才重新恢复科举，可是荐举这一取士的制度与科举并行，并没有废止。

明制：廷试居父母丧不许入试

廷试①，以三月朔。乡试②，直隶于京府，各省于布政司。会试③，于礼部。主考，乡、会试俱二人。同考④，乡试四人、会试八人……其学校训导专教生徒，及罢闲官吏，娼优之家，与居父母丧者，俱不许入试。

《明史 · 志第四十五 · 选举一》

【简注】①廷试：我国封建王朝科举考试中的一种，是由皇帝亲自策问，在殿廷上举行的考试。这一制度始于唐代武则天时期，金、元、明、清四代科举考试沿用这种方法。 ②乡试：明清两代在各省的省城和京城举行的科举考试。惯例为每三年举行一次，分正科和恩科两种，逢子午卯酉年为正科，皇家有喜庆之事加试之科称之为恩科。正副考官由皇帝钦命，凡秀才身份的府、州、县学生员、监生、贡生均可参加。考试一般八月举行，因此也称为“秋试”。 ③会试：我国科举考试制度中的一种，为金、元、明、清科举考试的名目之一。应考者是各省的举人以及国子监监生，录取者称为“贡士”，第一名称之为“会元”。 ④同考：即指考官。是明清乡试、会试时协同主考、总裁阅卷的官员。因阅卷时分房阅卷，因此又称之房官。

【译文】廷试，以国家开科那一年的三月初一日为考试日。乡试，京师直隶地区由京兆府管理，各省由布政司管理。会试，是在礼部参加的科举考试。主考，乡试、会试都是两个人。同考，乡试四人、会试八人……其考生由学校所训导专教的生徒参试，至于罢免闲置的官吏、娼优之家的人、居父母丧的士子都不许参加考试。

明国子监司业国学诸生训导政令

（国子监）祭酒、司业掌国学诸生训导之政令。凡举人[①]、贡生[②]、官生[③]、恩生[④]、功生[⑤]、例生[⑥]、土官[⑦]、外国生、功勋臣及勋戚大臣子弟之入监者，奉监规而训课之，造以明体达用之学。以孝弟、礼义、忠信、廉耻为之本，以六经、诸史为之业，务各期以敦伦善行，敬业乐群……

《明史 · 志第四十九 · 职官二》

【简注】①举人：被举荐之人，唐宋时，应科目经有同贡举的人，称为举人。明清时乡试中试的人称为举人，中举又称“发解”，雅称为“孝廉”。 ②贡生：明清两朝秀才（又称生员）成绩优异者，可入京师的国子监读书，称为贡生。清代贡生，别称“明经”。 ③④官生、恩生：明代品级官员的子弟有官生和恩生之别，依例恩荫入监者谓之官生；出自特恩者，不限官品，称之为恩生。 ⑤功生：因功恩荫的生员称为功生。 ⑥例生：特许由捐纳取得府、州、县学的生员资格，此种生员称为例生。 ⑦土官：即土司。元、明、清三朝于西北、西南地区设置的由少数民族首领充任并世袭的官职。按等级分为宣慰使、宣抚使、安抚使等武职和土知府、土知州、土知县等文职。

【译文】（国子监）祭酒、司业执掌国学诸生的训导和国子监之中的政令。凡是举人、贡生、官生、恩生、功生、例生、土官、外国生、功勋臣和勋戚大臣子弟入国子监读书的，都要监督他们的行为，规范并训导他们、教育他们，以使他们明白事理，修习通达且实用的学问。在教育上要以孝悌、礼义、忠信、廉耻这些道德品质为教育的根本，以六经、诸史作为学习的范本，一定要使他们有敦厚的品行，明白世间的伦理道德，具有善良的品行，能够具有敬业的精神，乐于和人相处……

明太祖行养老政赐高年爵事

初，太祖设养济院收无告者，月给粮。设漏泽园葬贫民。天下府州县立义冢。又行养老之政，民年八十以上赐爵。

《明史 · 志第五十三 · 食货一》

【译文】国初，太祖皇帝设立“养济院”以收养那些无家可归、不能自给的人，每月都给他们粮米，让他们能生活下去。设“漏泽院”去安葬那些无家可归的平民。让天下各府、州、县设立义冢。又推行养老之政，百姓年纪在八十岁以上的都赐以爵位。

《万历保定府志》一则

明穆宗隆庆五年督学察院敕谕

敕谕：敦尚孝弟忠信之行，礼义廉耻之节，修己治人之方，义利公私辨是已大哉！

明 · 冯惟敏①

《万历保定府志·卷十七·学政志·隆庆五年督学察院申饬学政事》

【简注】①冯惟敏：生于1511年，约卒于1580年。字汝行，号海浮，又号石门，明代临朐人，散曲、戏曲作家，与其兄冯惟健、冯惟重及弟冯惟讷同时以诗名享誉齐鲁，时称“临朐四冯”。明世宗嘉靖十六年中举，屡举进士不第，曾仕为涞水知县、镇江府学教授、保定通判。曾主纂《临朐县志》《保定府志》，有诗文集《冯海浮集》《石门集》，散曲集《海浮山堂词稿》四卷，及杂剧《不伏老》《僧尼共犯》等传世。

【译文】皇帝敕谕说：诸生在修习期间，要敦尚孝悌忠信这样的品行，要具备礼义廉耻这样的志节，要修养、修正自己德行，为以后从政惠民积累良方，要明白义利、公私之辨，能做到这些就可以称得上学有所成了！

《明通鉴》二则

明太祖洪武五年夏四月辛丑察举贤才令

（明洪武五年夏四月辛丑）命有司察举贤才：

……是时定制，专用辟荐，其目曰聪明正直，曰贤良方正，曰孝弟为田，又有儒士、孝廉、秀才、人才、耆民等目，皆征召至京，不次擢用。而各省贡士、贡生，亦皆由太学以进，于是罢科目者凡十年。

清 · 夏燮《明通鉴 · 卷第五》

【译文】（明洪武五年夏四月辛丑这一天，）皇帝命相关司衙察举贤才：

……这时又制定了制度，专门用来征辟察举贤才，其中的名目有聪明正直，有贤良方正，有孝悌力田，还有儒士、孝廉、秀才、人才、耆民等各种名称，这些人全都征召到京城之中，以备国家擢升任用。而各个行省的贡士、贡生，也都需由太学举荐才能入仕。从这时起，废弃了科举考试达十年。

明太祖洪武十九年秋七月诏举明经，年七十以上礼送至京

（明洪武十九年）秋七月癸未，诏举明经行修、练达时务之士，年七十以上者，郡县礼送至京师。

清 · 夏燮《明通鉴 · 卷第九》

【译文】（明洪武十九年）秋七月癸未这一天，皇帝下诏令：各地举荐的品行端正、精通时务的士子，对其中年纪在七十岁以上的，郡县的官员要将他们礼送入京。

《浙江通志》一则

《明会典》罢科举用辟荐事

《明会典》：洪武六年诏罢科举，专用辟荐。其目有经明行修、有怀才抱德、有贤良方正、有人才、有孝廉，乡举于朝，而各省贡士皆卒业太学以次除用。

十三年又诏：举聪明正直、孝弟力田、文学术数之士。

清《浙江通志 · 郑一百三十 · 选举八 · 明》

【译文】《明会典》载：洪武六年皇帝下诏罢除科举，专用举荐、征辟这

样的方法选用士子为官，其科目为经明行修、怀才抱德、贤良方正、人才、孝廉，要求各地以乡为单位向朝廷举荐，而各省的贡生都必须于太学卒业方可依次擢用。

洪武十三年皇帝又下诏：让各地举荐聪明正直、孝悌力田、文学术数之士，入朝听用。

《钦定续文献通考》二则

明太祖洪武六年二月举孝廉及孝悌力田之士诏

明太祖洪武六年二月诏举孝廉及孝弟力田之士。时肃宁刘敏“举孝廉”累官至刑部侍郎，连山麦至德“举孝弟力田”至工部尚书，涞水李德成举洪武十九年“孝廉”至陕西布政使，东阳李希明举二十九年“孝廉”至江西参政权刑部尚书。其外又有以孝行旌擢者：洪武中浦江郑淔擢左参议，江宁周琬擢兵科给事中，华亭沈德四擢太常赞礼郎；又李德擢应天府尹，李好诚、聂士举擢参政；(明) 成祖时金吾右卫总旗张法保、掖县张信、武宁张仲贤并尚宝丞；仁宗时徐州权谨拜文华殿大学士；世宗时道州杨成章授国子学录。

清 · 《钦定续文献通考 · 卷三十八 · 选举考 · 孝廉》

【译文】明太祖洪武六年二月皇帝下诏：让各地举荐孝廉及孝敬父母、友悌兄弟、努力耕田的人入朝听用。当时肃宁的刘敏因“举孝廉”科累官升至刑部侍郎，连山的麦至德“举孝弟力田”科仕至工部尚书，涞水的李德成举洪武十九年的“孝廉”科仕至陕西布政使，东阳的李希明洪武二十九年举“孝廉”科仕至江西参政权、刑部尚书。其外又有因为孝行旌擢的：洪武中期浦江的郑淔擢升为左参议，江宁的周琬擢升为兵科给事中，华亭的沈德四次擢升为太常赞礼郎；又李德擢升应天府尹，李好诚、聂士举擢升为参政；（明）成祖时金吾右卫的总旗张法保、掖县的张信、武宁的张仲贤并升为尚宝丞；明仁宗（洪熙帝）时徐州权谨拜文华殿大学士；明世宗（嘉靖帝）时道州杨成章被授为国子学录。

明愍帝崇祯九年诏举孝廉

愍帝崇祯九年诏举孝廉：“吏部言孝廉之举祖宗朝皆偶一行之未有定制，

今宜通行，直省加意物色，果有孝廉怀才抱德经明行修之士，由司道以达巡按覆核疏闻，验试录用。”

臣等谨按：明太祖诏举“孝弟力田”之士，又令府、州、县正官以礼遣孝廉士至京师，往往待以不次，其后遇国家覃恩海内辄以诏书从事。有司以孝行上礼部，请旌者岁不下十数人，《实录》所载莫可殚述。

清 ·《钦定续文献通考 · 卷三十八 · 选举考 · 孝廉》

【译文】（明）愍帝崇祯九年，皇帝下诏让天下举荐孝廉：“吏部官员曾对朕说，举荐孝廉这一方法是前代帝王偶尔实行的方法，一直没有定制，现在可通行于天下，各省要加意物色这种人才，如果真的是胸怀德才、明晓经典、修养高深的孝廉之士，则由各司道呈巡抚，复核后上奏朝廷，由国家验试后录用。”

臣等谨按：明太祖曾下诏举荐“孝悌力田”这样的士子，又令府、州、县的正堂按礼法出资遣送他们去京师，国家往往对这些人不停地擢拔，之后国家每遇到重大的恩泽时都下诏书行荐举一事。相关司衙将所采访的孝行事迹上呈至礼部，每年请奏旌表的人不下十数人，《实录》所载的更是不可胜数。

《钦定国子监志》一则

明太祖洪武十五年礼部国子监《学规》

（洪武）十五年命礼部颁《学规》于国子监云：

一生员在学读书务期明体适用以须仕进，各宜遵承师训循规蹈矩，凡出入、起居、升堂、会馔毋得有犯《学规》，违者惩治……

《学规》云：

一学校之所礼仪为先，各堂生员每日诵受书史，并在师前立听解讲，有疑而问者跪听，毋得傲慢不恭有乖礼法。

一在学生员当以孝弟忠信、礼义廉耻为先，隆师亲友养成忠厚之心为他日之用。敢有毁辱师长生事告讦者，即系干犯名义、有伤风化，犯此者杖一百，发云南地面充军。

清 · 梁国治等奉敕修纂《钦定国子监志 · 卷三十六 · 生徒二》

【译文】（洪武）十五年皇帝命礼部颁布国子监的《学规》说：

一是生员在学读书的时候，要切实地明白体悟各种礼法、律令，以便在国家需要的时候进入仕途，士子们都要遵从老师的训导，行止要循规蹈矩，凡是出入、起居、升堂、会馔都不得触犯《学规》，违反的要受到惩治。

……

《学规》说：

一是学校之中要以礼仪为先，各位生员每天都要诵读书、读史，并要在老师的前面站立着听老师讲解，如果有疑问的要跪下听老师讲授，不得态度傲慢、行止不恭、有违礼法。

一是在学的生员其品性要以孝悌忠信、礼义廉耻为先，尊重老师、亲近友朋，要培养忠厚的心性，为他日被国家任用作准备。如果有敢辱没、诋毁师长或造谣生事的，即以干犯名义、有伤风化的罪名处罚他，犯此事的要杖一百，发配云南地面充军。

《云程林氏家乘》一则

敕直隶提督学校监察御史林瑭

朕惟自古帝王治天下者率以兴学育材为首务，而学校之兴废、人材之兴衰、治道之隆替系焉，盖已然明验也。今特命尔往南畿提督各儒学并巡视直隶各府州县，尔其钦哉！夫总理一方之学政，是即一方之表率也，然率人以正必先正己。尔其务端规范、严条约、公劝惩，俾为师、为弟子者一崇正学……宜申明条示于后，其慎行之毋忽，故谕：

学者读书贵乎知而能行，先将圣贤经书熟读、背诵、牢记不忘却，从师友讲解明白，俾将圣贤言语体而行之。敦孝、弟、忠、信、礼、义、廉、耻之行，不许徒务口耳之学，来朝廷庶得真才任用。

《云程林氏家乘 · 卷二 · 敕书 · 敕直隶提督学校监察御史林瑭》

【译文】朕认为自古帝王治理天下，都是以兴办学校、培育人才作为治国的首务，而学校的兴废、人才的兴衰，是关系到国家治理之道的，这已经是经过事实检验的事情。现在（朕）特命林瑭去南畿提督南方的儒学，并且巡视南直隶各府、县的学校，诸臣工一定要认真对待呀！对于总理一方的学校官员来说，其行为是一方的表率，既然是一方表率，就要首先端正自己再去端正他人。你一定要在提督、巡视的过程中端正规范、严明条约、公正地劝导惩戒，以为人师长的、为人弟子的人的表率，以端正儒学……因此申明条文于后，你们一定要谨慎地对待，不得怠忽。故此谕示：

学者读书，贵在明白事物的道理然后施行，要先将圣贤的经书熟读、背诵、牢记不要忘却，向师友求证、讲解以求明白其中的含义，再将圣贤的言语运用到实际当中。要敦厚孝、悌、忠、信、礼、义、廉、耻这些德行，不许只是将圣人的经书流于口耳之中，成为空谈却不施行，以便入朝为官以后凭真才实学得到选拔、任用。

四、法令条文

《明会典》二十七则

明制：授职到任须知

授职到任须知：

……

设耆宿以其年高有德、谙知土俗、习闻典故。凡民之疾苦事之易难皆可访问。但中间多有年纪虽高德行实缺、买求耆宿名色、交结官府，或蔽自己差徭，或说他人方便蠹政害民。故到任之初必先知其贤否明注姓名，则善者知所劝、恶者知所戒，自不敢作前弊矣！

孝子顺孙、义夫节妇，境内若干各开如前官，未明到任之后须当日访以开之。移风易俗在于激劝善良，所属境内或有孝子顺孙、义夫节妇、孝行可称、节操显著已行旌表者，必须报知数目，其有未经旌表者，必须亲自体访的实，申请旌表以盛风俗。

……

民有常产则有常心，士、农、工、商各居一业则自不为非。或有游手好闲、不务生理及行邪术左道以惑人视听，扶銮祷圣、烧香结会、夜聚晓散，并不孝、不弟、好饮赌博，不遵先贤之教者，须采访姓名注于簿籍以示惩戒，其人畏惧更改则止，若仍前不悛则治之以法，毋得纵令吏典人等指此为名，遍行取勘以致扰民。

明 ·《明会典 · 卷十 · 吏部九 · 诸司职掌》

【译文】授职到任须知：

……

臣子们在授职到任后要恭敬地尊奉当地的耆宿，耆宿指的是那些在当地有名望、有学问的老年人，以及年纪大且有德望、熟知当地风俗地貌，知晓当地的典故、民风的人。凡是百姓的疾苦之事，不管是难解决的事还是容易解决的事，都要访察清楚。辖境之内多有年龄大且德行十分缺乏的人，他们有的为结交官府，通私下交通买卖，只为寻求耆宿这一名位，有的逃避自己的差税徭役，有的只是为了自己的方便就蠹政害民。因此各级官员到任之初要先去察访，一定要知道辖境之内这些人的贤德与否，并注明其姓名，这样才能更好地用善政去劝化百姓，使行恶之人有所警戒，那些行恶之人才不敢为恶！

对孝敬父母、尊奉长辈的孝子顺孙，具有忠信品行的人，贞洁的妇女，各级官员对辖境的这类人的优恤要同前任官一样，如果不明其事的，到任之后要察访明白继续施行。官员在职时移风易俗在于激励和劝化百姓们良善的品性，辖境内如果有孝敬父母、尊奉长辈的孝子顺孙，具有忠信品行的人，贞洁的妇女，其孝行、义行可被称颂的，节行、操行十分显著的，如果已经被旌表，必须上报其数目，没有被旌表的，必须亲自访察、落实，向朝廷奏请旌表，以激励风俗。

……

百姓有自己的产业就会有安心生活的心思，士、农、工、商各自在其行业之中安心生活，自然不会出现纠纷。而有的人游手好闲、不务正业、不理生计，行用邪术、旁门左道去惑人视听，他们或扶銮祷圣，或烧香结会，夜晚聚集，清晨散去，他们这些人不孝、不悌、好饮酒、好赌博，不遵从先贤的教诲，各级官员可采访他们的姓名并注于书簿之中，对他们示以惩戒，让他们产生畏惧直至改正，如果依然怙恶不悛，则要将他们绳之以法，同时不得放纵使令、吏目、典员等人借此名义去勘核查询以至于扰民。

明律：十恶

十恶：

……

四曰恶逆：谓殴及谋杀祖父母、父母，夫之祖父母、父母，杀伯叔父母、姑、兄、姊、外祖父母及夫者。

……

七曰不孝：谓告言咒骂祖父母、父母，夫之祖父母、父母；及祖父母、父母在别籍异财，若奉养有缺，居父母丧身自嫁娶，若作乐释服从吉，或祖父母、父母丧匿不举哀，诈称祖父母、父母死。

八曰不睦：谓谋杀及缌麻以上亲，殴告夫及大功以上尊长、小功尊属……

明 · 《明会典 · 卷一百二十七 · 刑部二 · 丧服》

【译文】十恶：

……

第四是恶逆：指殴打谋杀祖父母、父母，丈夫的祖父母、父母，杀伯叔父母、姑、兄、姊、外祖父母以及丈夫的罪行。

……

第七是不孝：指状告、咒骂、谋杀祖父母、父母、丈夫的祖父母、父母；以及祖父母、父母健在子女却另开户籍、分析财产，奉养他们有缺；在父母丧期之内自行婚嫁迎娶，只图作乐去除丧服更换吉服；或者祖父母、父母丧亡却隐匿不举哀，诈称祖父母、父母死的罪行。

第八是不睦：指谋杀及缌麻以上关系以上的亲戚，殴打丈夫及大功以上的尊长、小功尊属的罪行……

明律：匿父母夫丧

匿父母夫丧：

凡闻父母及夫之丧匿不举哀者，杖六十、徒一年；若丧制未终释服从吉、忘哀作乐及参领筵宴者，杖八十；若闻期亲尊长丧匿不举哀者，亦杖八十，若丧制未终释服从吉者，杖六十；若官吏父母死应丁忧，诈称祖父母、伯、叔、姑、兄、姊之丧不丁忧者，杖一百罢职役不叙；无丧诈称有丧或旧丧诈称新丧者，罪同，有规避者从重论；若丧制未终冒哀从仕者杖八十，其当该官司知而听行各与同罪，不知者不坐；其仕宦远方丁忧者，以闻丧月日为始，夺情起复者不拘此律。

明 · 《明会典 · 卷一百二十九 · 刑部四 · 仪制 · 明律》

【译文】隐匿父母丧：

凡是听说父母以及丈夫丧亡却隐匿不举哀的，要处以杖六十、徒一年的刑罚；如果丧制没有结束而去除丧服更换吉服、忘却哀伤只图作乐，以及在这一期间参加、陈设宴席的，要处以杖八十的刑罚；如果听到期亲尊长丧亡却隐匿不举哀的，也处以杖八十的刑罚，如果丧期没有结束去除丧服更换吉服的，处以杖六十的刑罚；如果官吏的父母丧亡，官吏应该丁忧，却诈称祖父母、伯、叔、姑、兄、姊丧亡而不丁忧的，处以杖一百的刑罚，罢去官职不再叙用；没有丧事却诈称有丧事或者有旧丧诈称有新丧，这两种情况的罪责相同，有规避的从重论处；如果丧服没有结束却冒哀出仕的，要处以杖八十的刑罚，其应管上司知道他的这一行径却听任其出仕与其罪责相同，不知道的不连坐；其任职出仕在远方的丁忧官员，以听闻丧亡的那一月、那一日起开始守制，夺情起复的不在此律。

明律：弃亲之任

弃亲之任：

凡祖父母、父母年八十以上，及笃疾别无以次侍丁而弃亲之任，及妄称祖父母、父母老疾求归入侍者，并杖八十；若祖父母、父母及夫犯死罪被囚禁，而筵宴作乐者罪亦如之。

明 · 《明会典 · 卷一百二十九 · 刑部四 · 仪制 · 明律》

【译文】弃亲出仕任职：

凡是祖父母、父母年纪在八十岁以上，以及在家中身患笃疾，家中没有其他的侍丁奉养而子孙弃亲出仕任职的，以及妄称祖父母、父母年老、疾病请求归乡侍养的，要一并处以杖八十的刑罚；如果祖父母、父母以及丈夫犯死罪被囚禁，子孙、妻妾在家中筵饮作乐的，对其罪行及处罚也是这样。

明律：丧葬

丧葬：

凡有丧之家必须依礼安葬，若惑于风水及托故停柩在家经年暴露不葬者，杖八十；其从尊长遗言将尸烧化及弃置水中者，杖一百，卑幼并减二等；若亡殁远方，子孙不能归葬而烧化者，听从其便；其居丧之家修斋设醮，若男女混杂饮酒食肉者，家长杖八十，僧道同罪还俗。

明 · 《明会典 · 卷一百二十九 · 刑部四 · 仪制 · 明律》

【译文】丧葬：

凡是有丧的人家必须依礼法去安葬，如果因惑于风水之类的说法，以及借故停灵在家，经年将棂柩暴露不进行丧葬的，要处以杖八十的刑罚；其听从尊长的遗言将尸体火化，以及弃置于水中的，要处以杖一百的刑罚，卑幼者并减二等处罚；如果父祖亡殁于远方，子孙不能将其归葬而火化的，则听凭其便；其居丧守制的人家修斋设醮举行法会、道场，如果男女混杂在一起饮酒食肉的，身为家长的处以杖八十的刑罚，做法会、道场的僧道同罪并令其还俗。

明律：乡饮酒礼

乡饮酒礼：

凡乡党序齿及乡饮酒礼已有定式，违者笞五十。

明 · 《明会典 · 卷一百二十九 · 刑部四 · 仪制 · 明律》

【译文】乡饮酒礼

乡党序齿以及行乡饮酒礼的礼仪，国家已经有定制，违反礼制的要处以鞭笞五十的刑罚。

明律：谋杀祖父母、父母者斩

谋杀祖父母、父母：

凡谋杀祖父母、父母及期亲尊长外祖父母、夫、夫之祖父母、父母已行者皆斩，已杀者皆凌迟处死；谋杀缌麻以上尊长已行者杖一百、流二千里，已伤者绞，已杀者皆斩……

明 · 《明会典 · 卷一百二十九 · 刑部四 · 人命 · 明律》

【译文】谋杀祖父母、父母：

凡是谋杀祖父母、父母以及期亲尊长外祖父母、丈夫、丈夫的祖父母、父母，已经行动的都处以斩刑，已经杀死的都凌迟处死；谋杀缌麻以上的尊长，已有行动的要处以杖一百、流放二千里的刑罚，已经杀伤的处以绞刑，已经杀死的都处以斩刑……

明律：谋杀故夫父母者罪

谋杀故夫父母：

凡妻、妾谋杀故夫之祖父母、父母者，并与谋杀舅姑罪同……

明 · 《明会典 · 卷一百二十九 · 刑部四 · 人命 · 明律》

【译文】谋杀已亡故丈夫的父母：

凡是妻、妾谋杀已亡故的丈夫的祖父母、父母的，同谋杀公、婆的罪行相同……

明律：僧道拜父母

僧道拜父母：

凡僧尼道士女冠并令拜父母、祭祀祖先，丧服等第皆与常人同，违者杖一百还俗。若僧道衣服止许用绸绢布匹，不得用纻丝绫罗，违者笞五十还俗，衣服入官，其袈裟、道服不在禁限。

明 ·《明会典 · 卷一百二十九 · 刑部四 · 仪制》

【译文】僧道拜父母令：

凡是僧人、尼姑、道士、道姑都要拜自己的父母，祭祀自己的祖先，父母去世时他们的丧服和平常人家一样，如有违反，则处以杖一百的刑罚，并令其还俗。僧、道的服饰允许使用绸、绢、布匹制作，但不得使用纻丝绫罗制作服装，违反者将处以鞭笞五十的刑罚，其违制的服装没入官府，其中袈裟、道服不在这一规制之内。

明律：殴大功以下尊长者论罪

殴大功以下尊长：

凡卑幼殴本宗及外姻缌麻兄姊杖一百，小功杖六十徒一年，大功杖七十徒一年半，尊属又各加一等，折伤以上各递加；凡斗伤一等笃疾者绞，死者斩……

明 ·《明会典 · 卷一百三十一 · 刑部六 · 斗殴 · 明律》

【译文】殴打大功以下的尊长：

凡是卑幼殴打本宗族及外姻亲的缌麻兄、姊处以杖一百的刑罚，殴打小功处以杖六十、徒一年的刑罚，大功处以杖七十、徒一年半的刑罚，这几种情况的尊属各加罪责一等，伤折损伤据实际情况递加；凡是斗伤使其得一等笃疾的处以绞刑，死亡的处以斩刑……

明律：殴期亲尊长者罪

殴期亲尊长：

凡弟、妹殴兄、姊者杖九十徒二年，半伤者杖一百徒三年，折伤者杖一百流三千里，刃伤及折肢体、瞎其一目者绞，死者皆斩；若侄殴伯叔父母、姑及外孙殴外祖父母各加一等，其过失杀伤者各减本杀伤罪二等，故杀者皆凌迟处死……

明 ·《明会典 · 卷一百三十一 · 刑部六 · 斗殴 · 明律》

【译文】殴打期亲尊长：

凡是弟、妹殴打兄、姊的处以杖九十、徒二年的刑罚，半伤的处以杖一百、徒三年的处罚，折伤的处以杖一百、流放三千里的刑罚，刃伤以及损折肢体、瞎其一目的则要处以绞刑，死亡的都要处以斩刑；如果侄子殴打伯叔父母、姑以及外孙殴打外祖父母其罪责要各加一等，其中过失杀伤的减故意杀伤的罪责二等，故意杀伤的都要凌迟处死……

明律：殴祖父母父母者罪

殴祖父母父母：

凡子孙殴祖父母、父母及妻妾殴夫之祖父母、父母者皆斩，杀者皆凌迟处死，过失杀者杖一百流三千里，伤者杖一百徒三年……其子孙殴骂祖父母、父母及妻妾殴骂夫之祖父母、父母而殴杀之，若违犯教令而依法决罚；邂逅致死及过失杀者各勿论。

明·《明会典·卷一百三十一·刑部六·斗殴·明律》

【译文】殴打祖父母、父母：

凡是子孙殴打祖父母、父母以及妻妾殴打丈夫的祖父母、父母的都要处以斩刑，杀死的都要凌迟处死，过失杀害的要处以杖一百、流放三千里的处罚，过失伤损者处以杖一百、徒三年的刑罚……其子孙殴打、侮骂祖父母、父母以及妻妾殴打侮骂丈夫的祖父母、父母而被殴杀的，如果违反教令则依法决定处罚；邂逅致死以及过失杀死的都不论罪。

明律：妻妾殴故夫父母者罪

妻妾殴故夫父母：

凡妻妾夫亡改嫁殴故夫之祖父母、父母者并与殴舅姑罪同……

明·《明会典·卷一百三十一·刑部六·斗殴·明律》

【译文】妻妾殴打已亡故丈夫的父母：

凡是妻妾丈夫丧亡，妻妾改嫁后殴打已亡故丈夫的祖父母、父母的，其罪行与殴打公、婆的罪行相同……

明律：父祖被殴还击者之罪

父祖被殴：

凡祖父母、父母为人所殴，子孙即时救护而还殴非折伤勿论，至折伤以上减，凡斗殴至死者依常律；若祖父母、父母为人所杀而子孙擅杀行凶人者杖六十，其即时杀死者勿论。

明 · 《明会典 · 卷一百三十一 · 刑部六 · 斗殴 · 明律》

【译文】父亲、祖父被殴打：

凡是祖父母、父母被人所殴打，子孙即时救护时还手，殴打时没有折伤打祖父母、父母的人，不论罪，斗伤其人的减轻刑罚；凡是在这种情况下斗殴致死的依常律刑罚；如果祖父母、父母为人所杀，子孙因而擅杀杀人者，则处以杖六十的刑罚，当时杀死的不论罪。

明律：骂尊长者罪

骂尊长：

凡骂缌麻兄、姊笞五十，小功杖六十，大功杖七十，尊属各加一等；若骂兄、姊者杖一百，伯叔父母、姑、外祖父母各加一等。

明 · 《明会典 · 卷一百三十一 · 刑部六 · 骂言 · 明律》

【译文】骂尊长：

凡是骂缌麻兄、姊的处以鞭笞五十的刑罚，小功关系的处以杖六十的刑罚，大功关系的处以杖七十的刑罚，骂尊属关系的刑罚加一等；如果骂兄、姊的处以杖一百的刑罚，骂伯叔父母、姑、外祖父母的其刑罚各加一等。

明律：骂祖父母者罪

骂祖父母、父母：

凡骂祖父母、父母及妻妾骂夫之祖父母、父母者并绞。

明 · 《明会典 · 卷一百三十一 · 刑部六 · 骂言 · 明律》

【译文】骂祖父母、父母：

凡是骂祖父母、父母以及妻妾骂丈夫的祖父母、父母的，这样的人要处以绞刑。

明律：妻妾骂夫期并尊长者罪

妻妾骂夫期并尊长：

凡妻妾骂夫之期亲以下缌麻以上尊长与夫骂罪同……

明 · 《明会典 · 卷一百三十一 · 刑部六 · 骂言 · 明律》

【译文】妻妾骂丈夫的期亲以及其他尊长：

凡是妻妾骂丈夫的期亲以下缌麻以上的尊长，其罪责与丈夫骂尊长的罪责相同……

明律：妻妾骂故夫父母者罪

妻妾骂故夫父母：

凡妻妾夫亡改嫁，骂故夫之祖父母、父母者，并与骂舅姑罪同……

明·《明会典·卷一百三十一·刑部六·骂言·明律》

【译文】妻妾骂已亡故丈夫的父母：

凡是妻妾在丈夫亡故后改嫁，侮骂已亡故的丈夫的祖父母、父母的，其罪责与侮骂公、婆的罪责相同……

明律：干名犯义者罪

干名犯义：

凡子孙告祖父母、父母，妻妾告夫及夫之祖父母、父母者杖一百、徒三年，但诬告者绞；若告期亲尊长外祖父母虽得实杖一百，大功杖九十、小功杖八十、缌麻杖七十；其被告期亲大功尊长及外祖父母，若妻之父母并同自首免罪，小功缌麻尊长得减本罪三等，若诬告者各加所诬罪三等；其告谋反、大逆、谋叛、窝藏奸细及嫡母、继母、慈母、所生母杀其父，若所养父母杀其所生父母，及被期亲以下尊长侵夺财产，或殴伤其身应自理诉者并听告；不在于干名犯义之限，若告卑幼得实，期亲大功及女婿亦同自首免罪，小功缌麻亦得减本罪三等……

明·《明会典·卷一百三十一·刑部六·诉讼·明律》

【译文】干犯名义：

凡是子孙状告祖父母、父母，妻妾状告丈夫以及丈夫的祖父母、父母的，都要处以杖一百、徒三年的刑罚，如有诬告的处以绞刑；如果告期亲尊长外祖父母，即使是事实也要处以杖一百的刑罚，大功尊长要处以杖九十的刑罚，小功尊属要处以杖八十的刑罚，缌麻尊属要处以杖七十的刑罚；被告的期亲、大功尊长以及外祖父母，如果妻的父母同样自首则一并同样免除被告的罪责，小功、缌麻尊长减原本罪责的三等，如果是诬告各加诬告罪责三等；若是告谋反、大逆、谋叛、窝藏奸细这样的罪责，以及嫡母、继母、慈母、所生母杀其父，若是养父母杀其生父母，以及被期亲以下尊长侵夺财产，或者殴伤其身应自理诉讼的听凭其状告；不在犯名义的限制之内，如果卑幼所告的事情属实，期亲大功以及女婿也同时自首免于罪责，小功缌麻也减免罪责的三等处罚……

明律：子孙违犯教令者罪

子孙违犯教令：

凡子孙违犯祖父母、父母教令及奉养有缺者杖一百。

明 · 《明会典 · 卷一百三十一 · 刑部六 · 诉讼 · 明律》

【译文】子孙违反教令：

凡是子孙违反祖父母、父母教令以及奉养有缺的，要处以杖一百的刑罚。

明律：老及笃废残疾之人公事许令同居亲属通知所告者罪

凡年老及笃废残疾之人，除告谋反叛逆及子孙不孝听自赴官陈告外，其余公事许令同居亲属通知所告事理的实之人代告，诬告者罪坐代告之人。

明 · 《明会典 · 卷一百三十二 · 刑部七 · 明令》

【译文】凡是老年人以及身具笃疾的人，除了告发谋反、叛逆以及子孙不孝的凭自行去官府处陈告以外，其他的公事允许同居的亲属代表当事人将事实情况代为陈告，诬告的其罪责代为陈告的人要连坐。

明律：父母囚禁嫁娶者罪

父母囚禁嫁娶：

凡祖父母、父母犯死罪被囚禁而子孙嫁娶者杖八十，为妾者减二等；其奉祖父母、父母命而嫁女、娶妻者不坐，亦不得筵宴。

明 · 《明会典 · 卷一百四十一 · 刑部十六 · 婚姻 · 明律》

【译文】父母囚禁嫁娶：

凡是祖父母、父母犯死罪被囚禁，而子孙婚嫁迎娶的，要处以杖八十的刑罚，娶妾的减二等处罚；其奉祖父母、父母之命而嫁女、娶妻的不连坐，但不得排摆筵席。

明律：凌迟处死之犯长上项

凌迟处死：

……谋杀祖父母、父母，及期亲尊长外祖父母、夫、夫之祖父母、父母已杀者……妻妾谋杀故夫祖父母、父母已杀者……弟、妹故杀兄、姊，若侄故杀伯叔父母、姑，及外孙故杀外祖父母者……雇工人故杀家长，及家长之期亲，若外祖父母者。

明 ·《明会典 · 卷一百四十四 · 刑部十九 · 囚人罪名二》

【译文】凌迟处死：

……谋杀祖父母、父母，以及期亲尊长外祖父母、丈夫、丈夫的祖父母、父母，且已经杀死的……妻妾（已改嫁）谋杀已故丈夫的祖父母、父母且已经杀死的……弟、妹故意杀害兄、姊，若侄子故意杀害伯叔父母、姑，以及外孙故意杀害外祖父母的……雇人故意杀害家长，以及家长的期亲亲属，若故意杀害外祖父母的，要处以凌迟之刑。

明律：斩罪之犯长上项

斩罪：

……谋杀缌麻以上尊长已杀者；谋杀祖父母、父母及期亲尊长外祖父母、夫之祖父母、父母已行者……子孙同妻妾谋杀故夫之祖父母、父母已行者……弟、妹殴兄、姊若侄殴伯叔父母、姑，及外孙殴外祖父母死者；子孙殴祖父母、父母，及妻妾殴夫之祖父母、父母者；妻妾殴夫之期亲以下尊长死者与夫殴同；妻妾殴故夫之祖父母、父母者……

明 ·《明会典 · 卷一百四十四 · 刑部十九 · 囚人罪名二》

【译文】斩罪：

……谋杀缌麻以上尊长且已经杀死的；谋杀祖父母、父母以及期亲尊长外祖父母、父母，丈夫的祖父母、父母，已经有行动的……子孙同妻妾谋杀已亡故的丈夫的祖父母、父母，已有所行动的……弟、妹殴打兄、姊等或侄子殴打伯叔父母、姑以及外孙殴打祖父母、父母死亡的；子孙殴打祖父母、父母，以及妻妾殴打丈夫的祖父母、父母的；妻妾殴打丈夫的期亲以下尊长致死的与丈夫殴打致死的罪责相同；妻妾（已改嫁）殴打已亡故丈夫的祖父母、父母的……

明律：绞罪之犯长上项

绞罪：

……谋杀缌麻以上尊长已伤者……妻妾殴夫至笃疾者；卑幼殴本宗小功、

大功兄、姊、尊属笃疾者；弟、妹殴兄、姊若侄殴伯叔父母、姑，外孙殴外祖父母，刃伤及折肢瞎一目者；骂祖父母、父母及妻妾骂夫之祖父母、父母者；妻妾骂故夫之祖父母、父母者；子孙告祖父母、父母，妻妾告夫之祖父母、父母诬者……毁弃缌麻以上尊长死尸者；子孙毁弃祖父母、父母及奴婢雇工人弃毁家长死尸者……殴妻之父母死者；卑幼殴本宗缌麻及外姻缌麻小功、大功兄、姊、尊属死者；妻妾殴夫之缌麻尊长至死者；殴继父至死者……殴缌麻、小功、大功亲，雇工人至死及故杀者……卑幼殴本宗缌麻及外姻缌麻、小功、大功兄、姊、尊属至笃疾者……（此为明弘治十年定）

明 · 《明会典 · 卷一百四十四 · 刑部十九 · 囚人罪名二》

【译文】绞罪：

……谋杀缌麻以上尊长且已伤的……妻妾殴打丈夫，以至使其身患笃疾的；卑幼殴打本宗的小功、大功兄姊、尊属，以致使其身患笃疾的；弟、妹殴打兄、姊等或侄子殴打伯叔父母、姑，外孙殴打外祖父母，刃伤以及折断肢体、击瞎一目的；骂祖父母、父母以及妻妾骂丈夫的祖父母、父母的；妻妾（已改嫁）骂已亡故的丈夫的祖父母、父母的；子孙告祖父母、父母，妻妾告丈夫的祖父母、父母，是为诬告的……毁弃缌麻以上尊长尸体的，子孙毁弃祖父母、父母尸体以及令奴婢雇人弃毁家长尸体的……殴打妻子的父母致死的；卑幼殴打本宗缌麻以及外姻缌麻小功、大功兄、姊、尊属死亡的；妻妾殴打丈夫的缌麻尊长致死的；殴打继父致死的……殴打缌麻、小功、大功亲属，雇人将其杀死以及故意杀死的……卑幼殴打本宗缌麻以及外姻缌麻、小功、大功兄、姊、尊属使他们身具笃疾的……要处以绞刑。

明太祖洪武十六年“监生入监三年归省丧葬”令

洪武十六年令：

监生入监三年有父母者，照地远近定限归省，其欲搬取家小及成婚者亦如之，俱不许过限。父母丧照例丁忧，如同告伯叔兄长丧而无子者，亦许立限奔丧。

明 · 《明会典 · 卷一百七十三 · 国子监 · 给假事例》

【译文】洪武十六年诏令：

监生入学三年之后，家中父母如果健在的，按照回家路途的远近来确定归省探亲的时间，其中如果有打算将家中老幼迁移到就学地点的，或者说回家成婚的也这样办理，但都不得超过规定的时限。父母去世要遵循丧葬的礼法照例丁忧，如果被告之伯父、叔父、兄长丧亡，且其家中无人守丧的，也可以立即加限返乡奔丧。

明太祖洪武十八年“监生父母老无次丁允回籍侍养”令

十八年令：

监生有父母年老无次丁者许回原籍侍养，其妻故子幼者许送还乡，给与脚力立限回监。

明 ·《明会典 · 卷一百七十三 · 国子监 · 给假事例》

【译文】洪武十八年诏令：

监生家中有的父母年纪老迈，没有其他的兄弟姐妹侍养的，允许其回原籍侍养父母，如果其妻子去世且孩子年纪幼小，则给路费回家处理好家中事务按时限回监就学。

《礼部志稿》十一则

明太祖洪武二十一年榜示天下

本乡本里有孝子顺孙、义夫节妇及但有一善可称者，里老人等以其所善实迹一闻朝廷，一申有司转闻于朝。若里老人等已奏，有司不奏者罪及有司，此等善恶每遇监察御史及按察司分巡到来，里老人等亦要报知以凭，核实入奏。

明 · 俞汝辑《礼部志稿 · 卷二十四 · 旌表》

【译文】（洪武）二十一年皇帝榜示天下：

本乡之中如果有孝敬父母、敬奉长辈的孝子顺孙，具有忠诚信义品行的人、贞洁的妇女和有一善可称的人，乡中德高望重的老人等，都要将他的善行和事迹奏闻于朝廷，由相关司衙申核后转奏朝廷。如果里长、乡中有德望的老人等人已经上奏，相关司衙不奏报于朝廷的，将罪及相关司衙，各地方的善行、恶行，监察御史和按察司只要巡视到此地，里长、乡中有德望的老人等都要如实呈报，并出示凭证，经核实后上奏于朝廷。

明太祖洪武二十六年礼部令旌表制

（洪武）二十六年定：礼部据各处申来孝子顺孙、义夫节妇理当旌表之人，直隶府州咨都察院差委监察御史核实，各布政司所属从按察司核实，著落府州县同里甲、亲邻保勘相同，然后明白奏闻，即行移本处旌表门闾以励风俗。

明 · 俞汝辑《礼部志稿 · 卷二十四 · 旌表》

【译文】洪武二十六年皇帝定出：礼部要根据天下各处申报来的孝子顺孙、义夫节妇等理当旌表的人，让各直隶州、府去咨询，都察院并委派监察御史去核实，各布政司所属的相关司衙，要跟从按察司核实，着落于府、州、县会同里甲、亲邻察勘、保举相同的，然后明白上奏朝廷，朝廷将即刻将其旌表旨意转至府、州、县处去旌表他们，以光大他们的门楣，以激励风俗的改进。

明太祖洪武二十七年“禁愚孝”诏

二十七年诏：申明孝道，凡割股或至伤生、卧冰或至冻死，自古不称为孝，若为旌表恐其仿效，通行禁约不许旌表。

明 · 俞汝辑《礼部志稿 · 卷二十四 · 旌表》

【译文】洪武二十七年皇帝下诏：天下各地向百姓申明何谓孝道，凡是由割股孝亲以至伤残生命、卧冰求鱼以至冻死的，这样的行为从古至今都不是孝敬之道，如果旌表这种行为则怕百姓效仿，因此通令天下禁绝这种行为，且不许旌表。

明太祖洪武二十七年“军民衙门举荐旌表孝义”事

（洪武二十七年）奏准天下军民衙门，将已经旌表军民、孝子、节妇于所在旌善亭附内，写行孝守节缘繇，其未经旌表果系义夫节妇、孝子顺孙卓异者，不拘军民人等一体保勘申报。

明 · 俞汝辑《礼部志稿 · 卷二十四 · 旌表》

【译文】（洪武二十七年）皇帝又奏准天下的军、民衙门，将已经旌表的军、民、孝子、节妇的姓名在旌善亭内刻录，并写下他们行孝、守节的事迹、缘由，其他未经旌表，确为义夫、节妇、孝子顺孙且行为卓异的，不管是军还是民，都要勘察、保举、申报朝廷。

明英宗天顺元年旌表孝友诏

天顺元年诏：民间同居共爨五世以上，乡党称其孝友者，有司取勘以闻，即为旌表。

明 · 俞汝辑《礼部志稿 · 卷二十四 · 旌表》

【译文】（明英宗）天顺元年，皇帝诏令：百姓之中如果有祖孙同居五代以上的，被乡村里社之中称为孝悌友爱的人家，相关司衙勘察、核实之后上奏于朝廷，国家将对其进行旌表。

明初旌表孝行制

国初，凡有孝行节义为乡里所推重者，据各地方申报，风宪官[1]覆实奏闻，即与旌表。其后止许布衣编民、委巷妇女得以名闻，其有官职及科目出身者俱不与焉。

明 · 俞汝辑《礼部志稿 · 卷二十四 · 旌表》

【简注】①风宪官：即指隋唐之后监察执行法纪的官员。明清两代一般指御史类官员。《明史 · 刑法志一》载："初诏内外风宪官，以讲读律令一条，考校有司。"《六部成语 · 吏部》对风宪官的解注为："风闻奏事执掌法度之官，即御史也。"

【译文】国初，凡是有孝行、有节操、有义行为乡里所推重的人，据各地方的申报，风宪官覆实后奏闻即行给予旌表。其后的旌表只许在布衣百姓、编民、街巷妇女中选取，听闻、查核此事之后的才可上报奏闻，其中有官职的及有科举出身的人都不在此列。

明武宗正德十三年有司奏孝义，不许官员例外陈情事

（正德）十三年令：军民有孝子顺孙、义夫节妇事行卓异者，有司具实奏闻，不许将文武官、进士、举人、生员、吏典、命妇人等例外陈情。

明 · 俞汝辑《礼部志稿 · 卷二十四 · 旌表》

【译文】（明武宗正德）十三年皇帝下令：军民之中如果有孝敬父母、敬奉长辈的孝子顺孙，具有忠诚信义品性的人，贞洁的妇女，其事迹卓异的，相关司衙要具实奏闻，不许将文武官员、进士、举人、生员、吏典、命妇等人在法例之外陈情奏闻。

明世宗嘉靖二年准奏"举贤荐能、孝贤风化乡里"事

嘉靖二年奏准：今后天下文武衙门，凡文职除进士、举人，系贡、举贤能，已经竖坊表宅，及妇人已受诰敕封为命妇者，仍照前例不准旌表外。其余生员吏典一应人等有孝子顺孙、义夫节妇、志行卓异，足以激励风化、表正乡

闾者，官司仍具实迹以闻，一体旌表。

明 · 俞汝辑《礼部志稿 · 卷二十四 · 旌表》

【译文】嘉靖二年朝臣上奏皇帝，皇帝准其奏请：今后天下的文武衙门，凡是文职官员，除了进士、举人，已经贡举、被举荐贤能之人，已经竖立牌坊、旌表门楣的，或妇女已受诰封成为朝廷命妇的，仍然依照以往的成例不再进行旌表之外，其余的生员、吏员、典目等人的家中如果有孝敬父母、敬奉长辈的孝子顺孙，有具有忠诚品性的人，有贞洁的妇女，其志气节操卓异于常人，其行为举止可以激励风俗，宣扬教化，行为可以表率乡村里社的，各级相关司衙要将他们的事迹呈报上来，国家将一起对他们加以旌表。

明世宗嘉靖十年题准“旌表孝义”事

嘉靖十年题准：孝子顺孙、义夫节妇，有司勘实具奏者免其核勘，径行风宪官核实，若系风宪官已核实具奏者，径候季冬类奏旌表。

明 · 俞汝辑《礼部志稿 · 卷二十四 · 赐绢帛米肉》

【译文】嘉靖十年皇帝题准：孝敬父母敬奉长辈的孝子顺孙、具有忠诚信义的人、贞洁的妇女，相关司衙要据实勘察核实后上奏的，不用再去核定勘察，这些上奏由御史台的官员去核实，如果经御史台的官员核实确定的，等每年的十二月份将此类情况一同上奏，由国家对他们进行旌表。

境内有忤逆、不孝、不敬六亲重判事

境内人民倘有忤逆、不孝、不敬六亲者，有奸盗诈伪不畏公法者……轻则笞决杖断不得号为良民，重则徒、流、绞、斩不得生还乡里。

明 · 俞汝辑《礼部志稿 · 卷三十 · 祭厉》

【译文】境内百姓如果有忤逆、不孝、不敬六亲的人，如果有奸盗诈伪不畏惧国家法令的人……轻则处以鞭笞、刑杖的刑罚，这样的人不得号为良民，重则罚以徒、流、绞、斩的刑罚，不得生还故里。

明太祖洪武“定旌表孝行例”

定旌表孝行例：

洪武二十七年，青州府日照县民江伯儿以母病割胁肉食之不愈，乃祷于岱岳祠，誓云：“母病愈，则杀子以祀神。”既而母病愈，竟杀其三岁子以祭。

有司以闻，上怒曰："父子天伦至重礼，父为长子三年服，今百姓无知贼杀其子，绝灭伦理，宜亟捕治之，勿使伤坏风化。"遂逮伯儿，杖一百谪戍海南。因命礼部定议《旌表孝行事例》行于天下。

礼部议曰："人子之事其亲，居则致其敬，养则致其乐，有疾则托之良医投之以善药。至于呼天告神斯又恳切之至，此为人子所当然也。卧冰、割股前古无闻，虽出后世亦是间见，至若割肝残害尤甚。且如父母止有一子，割肝刲股或至丧生，卧冰或至冻死，使父母无依宗祀永绝，反为不孝之大者。原其所自皆愚昧之徒，务为诡异以惊世骇俗，希求旌表以规避徭役。割股不已至于割肝，割肝不已至于杀子，违道伤生莫此为甚！自今人子遇父母有疾医治弗愈，无所控诉不得已而割股卧冰亦听其所为，但不在旌表之例。"

诏从之。

明 · 俞汝辑《礼部志稿 · 卷六十五 · 旌表备考》

【译文】定旌表的孝行的体例：

洪武二十七年，青州府日照县民江伯儿因为母亲重病割胁肉和药给母亲治病，但他的母亲吃下去没有治愈，于是江伯儿祷于岱岳祠，立誓说："母亲如果能治愈疾病，将会杀自己的儿子祭祀神灵。"不久江母的病痊愈，江伯儿竟然杀死了三岁的儿子祭祀神灵。相关司衙将这件事奏闻于朝廷，皇帝听后大怒说："父子之情是天地所定的伦常，有至重的礼法在内，长子去世父亲要为长子服心丧三年，现在百姓无知残杀自己的儿子，是绝灭伦理的事情，宜立即逮捕治罪，不要使其伤坏风俗、败坏教化。"于是逮捕江伯儿，杖一百远流海南。因此皇帝命礼部定议了《旌表孝行事例》颁行于天下。

礼部议奏说："人子事奉自己的亲人，在日常生活中要敬奉他们，日常侍养当中要让他们快乐，有疾病则寻托良医给他们开、服良药。至于呼天告神则更是一种恳切到极至的表现，这是人子所应该做的事情。卧冰、割股尽孝这类行止，上古时期没有听闻过这种行为，虽然后世有这种行为也是间或出现，至于说割肝尽孝残害身体更为严重。而且父母如果止有一子，割肝、割股则子女有可能丧生，卧冰求鱼则有可能冻死，使父母没有宗祀，以至香火永绝，这种行为反而是不孝之中至为大的一种情况。这些行径的起源来自那些愚昧之徒，他们的所谓的尽孝，是说行为一定要诡异才能惊世骇俗，并且以此希望求得旌表以规避国家的徭役。于是割股这种行为如果达不到效果，则以至于割肝，割肝不行杀子，以至违反天道杀伤生灵，没有比这种情况更为严重的！自今以后，为人子女如果遇到父母患疾病且医治不愈的，无所控诉心中的悲情不得已割股、卧冰听凭其所为，但这些行径不在国家旌表的体例当中。”

皇帝下诏接受了这一奏议。

《明史》七则

明太祖洪武十八年“中外官员父母歿任所给舟车归丧”令

（明洪武十八年三月）诏：中外官父母歿任所者，有司给舟车归其丧，著为令。

《明史 · 本纪第三 · 太祖三》

【译文】（明洪武十八年三月）皇帝下诏：朝廷内外官员的父母在自己的任所之内去世的，相关司衙要派给舟车，送其回家守制，以后要以此为令。

明太祖洪武十九年“官军亡子女幼父母给全俸”令

（明洪武十九年）冬十月命：官军已亡子女幼或父母老者皆给全俸，著为令。

《明史 · 本纪第三 · 太祖三》

【译文】（明洪武十九年）冬十月皇帝命：官军已亡而子女尚且年幼，或者家中父母年纪老迈的，国家将给全俸以奉养他们，以后要以此为令。

明职官：稽勋职掌

稽勋掌勋级、名籍、丧养之事，以赞尚书。凡文勋十，自五品以下，历再考，乃授勋。凡百官迁、除、降、调皆开写年甲、乡贯、出身。每岁十二月贴黄，春秋清黄，皆赴内府，有故，揭而去之。凡父母年七十，无兄弟，得归养。凡三年丧，解职守制，纠摘其夺丧、匿丧、短丧者。

《明史 · 志第四十八 · 职官一》

【译文】稽勋职掌官员的勋级、名籍、丧葬、终养之类的事情，并且襄赞尚书（礼部）的工作。文职官员勋级为十级，自五品以下经历再考，才能授勋。凡是百官的升迁、除名、降职、调任都要开具科甲的时间、出生的籍贯、出身。每年十二月贴典，春秋清黄，都要赴内府（呈报），有故，则揭黄去掉。凡是官员父母年七十，家中没有其他兄弟，要归乡侍养父母。凡是三年丧，要解职归家守制，纠察、去除官员夺情守制、隐匿丧事、缩短丧期的情况都属稽勋职掌。

明职官：布政使职掌

布政使掌一省之政，朝廷有德泽、禁令，承流宣播，以下于有司……三年，率其府州县正官，朝觐京师，以听察典。十年，会户版以登民数、田数……民鳏寡孤独者养之，孝弟贞烈者表扬之，水旱疾疫灾祲，则请于上蠲振之。

《明史 · 志第五十 · 职官三》

【译文】布政使执掌一省政令，朝廷所发布的惠民政策、禁令，由其负责颁布、传播，并管理下级的相关司衙……每三年率所辖府、州、县的正印官员，去京城朝觐，以听国家对官员的考核。每十年，知会所辖地方登录户籍以清点百姓数目、土地数量……百姓中有鳏夫、寡妇、孤独贫弱的养济他们，有孝敬父母的人、友悌兄弟的人、品性贞烈的人要表彰宣扬他们，辖地有水、旱、疾、疫等灾情，则要奏请朝廷请求蠲免赋役赈济他们。

明职官：知县职掌

知县掌一县之政……凡养老、祀神、贡士、读法、表善良、恤穷乏、稽保甲、严缉捕、听狱讼，皆躬亲厥职而勤慎焉……

《明史 · 志第五十 · 职官三》

【译文】知县执掌一县之令……凡是奉养老人、祭祀神灵、科贡士子、宣读律法、表彰良善、优恤穷乏百姓、组织乡村保甲、严缉搜捕盗贼、审理刑事民事案件，都要事必躬亲，认真勤勉、谨慎地办理……

明刑法：服制婚姻

族亲有犯，视服等差定刑之轻重。其因礼以起义者，养母、继母、慈母皆服三年，殴杀之，与殴杀嫡母同罪。兄弟妻皆服小功，互为容隐者，罪得递减。舅姑之服皆斩衰三年，殴杀骂詈之者，与夫殴杀骂詈之律同。姨之子、舅之子、姑之子皆缌麻，是曰表兄弟，不得相为婚姻。

《明史 · 志第六十九 · 刑法一》

【译文】族亲如果有犯罪的行为，则要视族亲中的其他人与罪犯亲服关系的远近以定所受刑罚的轻重。其中因为礼法的关系而存在恩义的，如养母、继母、慈母都要服三年，殴打杀害他们的，与殴打杀害嫡母的罪责相同。兄弟之妻都是小功关系，互为容隐的，其罪行依次递减。公婆的丧服者是斩衰三年，殴打侮骂的与丈夫殴打侮骂父母的罪责相同、刑罚相同。姨的子女、舅的子女、姑的子女，是互为表兄弟姊妹的，这一种关系的人是不可以相互婚嫁的。

明刑法：高年减罪

凡年七十以上十五以下及废疾犯流以下，收赎；八十以上十岁以下及笃疾、盗及伤人者，亦收赎。凡犯罪时未老疾，事发时老疾者，依老疾论；犯罪时幼小，事发时长大者，依幼小论，并得收赎。

《明史 · 志第六十九 · 刑法一》

【译文】凡是年纪在七十岁以上十五岁以下以及残废的、身患疾病的人，这样的人犯罪听任其用财物赎罪，八十岁以上、十岁以下以及身具笃疾的，这样的人盗窃以及杀伤人的，也可以用财物赎罪。凡是犯罪时没有年老、没有患病，事发时已经年纪老迈、身患疾病的，刑罚他们要依照对待老疾的情况论处；犯罪时幼小，事发的时候已经成人，要依照幼小犯罪时所应受的刑罚处罚，并且可以以财物赎罪。

《明通鉴》一则

明武宗正德十六年“亲丧不得夺情”诏

（明正德十六年[①]秋七月）癸丑，诏：“自今亲丧不得夺情。著为令。”

清 · 夏燮《明通鉴 · 卷四十九》

【简注】①正德十六年即公元1521年，是年三月正德帝崩，嘉靖即位，第二年改元嘉靖，此诏是由嘉靖帝所颁。

【译文】（明正德十六年秋七月）癸丑这一天，嘉靖皇帝下诏书说：“从现在开始，国家各级官员祖父母、父母丧殁后不得夺情，都要服丧。以后要以此为令。”

《钦定续文献通考》三则

明礼部掌职

明礼部掌天下礼仪、祭祀、宴飨、贡举之政令……

仪制分掌诸礼……以学校之政育士类，以贡举之法罗贤才，以乡饮酒礼教齿让，以养老尊高年，以制度定等威，以恤贫广仁政，以旌表示劝励……

清 · 《钦定续文献通考 · 卷五十三 · 职官考 · 礼部》

【译文】明代的礼部执掌天下的礼仪、祭祀、宴飨、贡举之类的政令……

仪制分掌各种礼制……办学校以培育士子选拔人才，以贡举的方法搜罗各种贤才，以行乡饮酒礼的方法教化百姓，让他们明晓尊老敬让的礼法，以养老礼尊奉年纪大的老人，定立制度以确立国家的威仪，用赈恤贫穷的方法广施仁政，以旌表这一方法劝化、鼓励百姓……

明宣宗宣德四年二月严“不孝律”

（宣德）四年二月严不孝律，谕三法司：“凡犯不孝及烝父妾、收兄弟之妻为妻，一切败伦伤化者，在外有司毋擅断决，悉送京师如律鞫治，若武官及其子弟有犯此者不许复职、承袭，永为定制。”

清 · 《钦定续文献通考 · 卷一百三十六 · 刑考 · 刑制》

【译文】（明宣宗宣德）四年二月皇帝严申有关不孝的律令，谕旨三法司说：“凡是犯有不孝敬父母、奸淫父亲妾室、收取兄弟的妻子为妻的行为，及一切有伤风化、败坏彝伦罪行的人，各地的相关司衙不要擅自处理，要将他们悉数送往京师按律定罪，如果武职官员和其子弟有犯这种罪行的，则不许恢复职务、不许世袭，从此之后永为定制。”

明代宗景泰元年复“义子女不孝旧例”

景帝景泰元年二月复义子女等不孝旧例：

刑部郎中王概言：“《旧例》：告义子、义女、义妇、义孙、妾子、前妻前夫之子不孝者，必审其四邻。恐冤抑也。其义子女又必验其年岁，如过房在十五岁前曾受鞠养则坐以不孝，不然但以雇工人殴骂家长律坐之。奉诏革例，此不宜去。”

从之。

清 · 《钦定续文献通考 · 卷一百三十六 · 刑考 · 刑制》

【译文】景帝（即明代宗）景泰元年二月律法上恢复对义子、义女不孝刑罚条例：

刑部郎中王概说："《旧例》上记：状告义子、义女、义妇、义孙、妾子、前妻前夫之子不孝的人，必须向四邻询问明白，这是怕冤屈了这些人。其义子、义女等人又必须验明其年纪大小。如果是过继给其当子女时在十五岁前，曾被义父母养育的却不孝敬义父母的，坐以不孝的刑罚，如果不是则以雇工殴骂家长律令刑罚。奉诏旨革除不当的律例，此条不宜革去。"

（皇帝）听从了这一奏议。

《钦定续通典》一则

明仁宗洪熙元年"擅用宫刑。自宫者以不孝论"

（洪熙元年）文武诸司亦毋得暴酷用鞭背等刑，及擅用宫刑绝人嗣，续有自宫者以不孝论。

清 · 《钦定续通典 · 卷一百十八 · 刑 · 宽恕》

【译文】（明仁宗洪熙元年）朝廷文武各衙门都不得用鞭背等暴虐的酷刑刑罚他人，不得擅用宫刑灭绝他人后嗣，之后再有自宫的以不孝论处。

《隆庆新修靖江县志》一则

明太祖学校设"明伦堂"谕

孝顺父母，尊敬长上，和睦邻里，教训子孙，各安生理，毋作非为，且使乡之耆老旦夕行诵于一乡，祈家谕而户晓。乃又设为学校，立师儒、丰廪饩，群聚俊秀，涵育熏陶，起舞而作兴之，岂藉此为点缀太平之虚文耶？欲淳厚以成俗也。

明 · 王叔杲[①] 等修《隆庆新修靖江县志 · 卷五 · 职制四 · 学校》

【简注】①王叔杲：生于1517年，卒于1600年。字阳德，又字旸谷，明中期永嘉场二都英桥里人。明世宗嘉靖四十一年登进士第，始为靖江县知县，仕至湖广按察使司副使，整饬苏、松、常、镇兵备。有《三吴水利考》《玉介园存稿》传世。

【译文】孝顺父母，尊敬长上，和睦邻里，教训子孙，让人们各自安心生活，不要胡作非为，这些要求，要让乡里德高望重的老人朝夕在乡民之中诵颂，以达到各家各户都知晓的目的。国家设立学校，延聘老师、儒生以教学，给予生员丰厚的待遇，使得学校之中群贤毕至，这是为了涵养教育国家的人才、熏陶世人，让人们能遵循国家的礼法教化，这岂是点缀太平的虚文呢？这是为了世风淳朴、敦厚风俗才这样去做的。

第十二卷　明（下）

一、税役优恤

《明会典》二则

大明令

凡孝子顺孙、义夫节妇、志行卓异者，有司正官举名，监察御史、按察司体核转达上司旌表门闾。

明 · 《明会典 · 卷七十八 · 礼部三十七 · 乡饮酒礼》

【译文】大明令：

凡是孝敬父母敬奉长辈的孝子顺孙、具有忠诚信义品行的人、贞洁的妇女，具有才气志节、行为卓异的人，相关司衙的正职官员要将他们的姓名举荐上来，监察御史、按察司体察核实后转达于上级司衙，并由国家对其进行旌表，以光大他们的门楣。

明太祖洪武元年民七十许一丁侍养令

明洪武元年令：

民年七十以上者，许一丁侍养免其杂泛差役。

明 · 《明会典 · 卷七十九 · 礼部三十八 · 养老》

【译文】洪武元年令：

百姓年七十以上的，允许其家中的丁壮一人侍奉，同时免除这一丁壮的差役和杂税。

《明史》二则

明洪武十三年四月“从征老卒许以子代，有司遣还”令

（明洪武十三年四月）罢御史台。命从征士卒老疾者许以子代，老而无子及寡妇，有司资遣还。

《明史 · 本纪第二 · 太祖二》

【译文】（明洪武十三年四月皇帝下令：）罢除御史台这一机构。下令从征的士卒中年老的、身患疾病的，可由儿子代替服役，年纪老迈且没有子女或家中有寡居的亲人，相关司衙要给其路费遣返回家。

户三等减老年税役令

凡户三等：曰民，曰军，曰匠。民有儒，有医，有阴阳。军有校尉，有力士，弓、铺兵。匠有厨役、裁缝、马、船之类。濒海有盐灶，寺有僧，观有道士……里设老人，选年高为众所服者，导民善，平乡里争讼……凡逃户，明初督令还本籍复业，赐复一年。老弱不能归及不愿归者，令在所著籍，授田输赋……凡附籍者，正统时，老疾致仕、事故官家属，离本籍千里者许收附，不及千里者发还。

《明史 · 志第五十三 · 食货一》

【译文】国家将民户分为三等：分别是民户、军户、匠户。民户中有儒，有医，有阴阳之分。军户中有校尉，有力士，有弓、铺兵之分。匠户中有厨役、裁缝、马、船之类。临海的地方有盐户、灶户，寺院之中有僧人，道观之中有道士……村里设“老人”这一职位，“老人”要选年高德重为众人所钦服的，并且善于劝导百姓、平息乡里争讼的人担任……凡是逃户，明初曾督令其回到故乡恢复旧业，并赐免赋役一年。年老的、体弱不能返乡的以及不愿意回故乡的令其在所在地入籍，授给他们农田让他们为国家输出赋税……凡是附籍的人，正统时，年老的、疾病的、致仕的，因事故去的官员家属，离开本来的籍贯地千里以上的许收附于当地，不及千里的要发还故乡。

二、致仕　敬养　封赠

《明会典》二则

一至七品官封赠

凡文官一品至七品止封散官职事，其合封三代、二代并父母及妻者，照依子孙见授职事照例封赠。

……

一品赠三代，二品、三品赠二代，四品至七品赠一代，各照见授职事，依例封赠。

正一品至从七品曾祖父、祖父、父各照见授职事封品、封赠；正从一品曾祖母、祖母、母、妻各封赠一品夫人；正从二品祖母、母、妻各封赠夫人；正从三品祖母、母、妻各封赠淑人；正从四品母、妻各封赠恭人；正从五品母、妻各封赠宜人；正从六品母、妻各封赠安人；正从七品母妻各封赠孺人。

明 · 《明会典 · 卷八 · 官制六 · 吏部七 · 诸司职掌》

【译文】凡文职官员的品秩一品至七品的，对其父母的封赠止封于散官职事，封赠的上三代、二代及父母、妻的，要依照其子孙现在所担任的官职予以相应的封赠。

……

一品官员可封赠三代，二品、三品官员可封赠二代，四至七品官员可封赠一代，各根据其所担任的官职，依惯例给予封赠。

对正一品至从七品官员的曾祖父、祖父、父的封赠可以参考其所任官阶职事给予封品、封赠；正从一品官员的曾祖母、祖母、母、妻可封赠为一品夫人；正从二品官员的祖母、母、妻可封赠为夫人；正从三品官员的祖母、母、妻可封赠为淑人；正从四品官员的母、妻可封赠为恭人；正从五品官员的母、妻可封赠为宜人；正从六品官员的母、妻可封赠为安人；正从七品官员的母、妻可封赠为孺人。

官员父母年七十许移亲京禄侍养

凡官员父母年七十之上许令移亲就禄侍养。如果父母老疾，去官路远，户内别无以次人丁者，方许亲身赴京面奏揭籍定夺。及吏弁人等父母年老别无人丁者，务要经由本部移文，体勘是实明白奏准方令离役，俱候终满复部听用。

明 · 《明会典 · 卷十三 · 吏部十二 · 诸司职掌》

【译文】凡是朝廷官员的父母，年纪在七十岁以上的，允许其将父母移至任所，以儿子的俸禄去侍养他们。如果父母因为年老疾病缠身，而儿子的任所路途遥远，本户之内又没有其他的人去侍养的，允许为人子者亲自赴京城面奏朝廷，向朝廷申明情况和籍贯由朝廷定夺。涉及到吏、弁等人父母年纪已老而家中无人侍奉的情况，一定要经本衙属移文部堂，部堂体察、核实确为事实的，奏准方可令其离开役所。以上这些情况丧服结束之后回部听用。

《礼部志稿》三则

明宪宗成化二十三年五品以上及高年进散官一阶诏

成化二十三年诏：在京文职以礼致仕五品以上年及七十者进散官一阶，其中廉贫不能自存众所共知者，有司仍每岁给与食米四石，不许徇情滥给。

明 · 俞汝辑《礼部志稿 · 卷二十四 · 养老》

【译文】（明宪宗）成化二十三年皇帝下诏：在京的文职致仕官员五品以上，且年纪已达七十岁以上的赐晋散官一阶，其中因廉洁而贫穷不能自给的，且众所周知的，相关司衙每年给其米四石，不许徇情胡乱发放。

明孝宗弘治十八年高年官员存问诏

弘治十八年诏：文职官员五品以上以礼致仕在家者，各进阶一级；其二品以上大臣年及八十者，有司备采币、羊酒；年九十以上者具奏，遣使存问。

明 · 俞汝辑《礼部志稿 · 卷二十四 · 养老》

【译文】（明孝宗）弘治十八年皇帝下诏说：文职官员五品以上按规定致仕在家的，都赐晋官阶一级；二品以上的大臣年纪在八十以上的，相关司衙要备好采币、羊酒对他们加以慰问；年九十以上的要将他们的姓名等具实上奏，朝廷将派遣使者对他们加以慰问。

明世宗嘉靖元年礼敬养赡高年官员诏

嘉靖元年诏："文职致仕一品未受恩典者，有司月给食米二石，岁拨人夫二名应用；二品以上年及八十者备采币、羊酒问劳；九十以上者具实奏来，遣使存问；五品以上以礼致仕年七十以上者进散官一阶，其中廉贫不能自存众所共知，岁给米四石以资养赡。"

又诏："内外大小文武官员人等死于忠谏，老亲寡妻无人侍养者，有司量加忧恤。

明 · 俞汝辑《礼部志稿 · 卷二十四 · 养老》

【译文】(明世宗) 嘉靖元年皇帝下诏说："文职致仕的官员，一品未受国家恩典的，相关司衙每月给米二石，每年由国家拨夫佣二名侍奉起居；二品以上年纪已经八十岁的，相关司衙要准备好采币、羊酒去慰劳；九十岁以上的，相关司衙要具实上奏，国家将派使者对其进行慰问；五品以上按国家礼制致仕的官员，年纪已经七十以上赐晋散官官阶一阶，其中清廉贫困不能自给且人所共知的，国家每年给米四石，对其进行养赡。"

又下诏说："朝廷内外的大小文武官员，如果死于忠谏，家中有老人、寡妻无人去侍养的，相关司衙要酌情对他们加以优恤。"

《明太祖文集》一则

明太祖致仕官诰敕文

朕观古今贤能者，遇君有迟速，名彰有先后，奈何时运之不齐，壮衰之相临。何谓壮志贞而名未出，君将知而暮年垂，虽有贤能为斯，所艰尔某（久历诸司、久司某事）每稽无疵，特命中书下吏部召见转官。而乃苍颜皓首，纵有自强之志，终是年高，故加升品以养老于家。今授尔为某官致仕尔往，钦哉!

明 · 姚士观　沈铁《明太祖文集 · 卷二 · 诏 · 致仕官诰敕文》

【译文】朕观览古往今来的贤能之人，得到君主的任用有的慢一些，有的快一些，名声的彰显也有先有后，奈何许多臣子天不假年、时运不济，壮志未伸，壮年已逝，衰老来临。这就是所谓的有壮志忠贞却名声未出，君主将要任用时却年岁已老，虽然自身贤德且有能力，所经历的职务（久历诸司、久司某事）没有什么瑕疵，但年岁已经大了，因此（朕）特命中书省下文吏部召见将要致仕的官员。这些苍颜皓首的官员，纵使有自强之志，终是年岁已高，因此对这些致仕官员加升品级，养老于家中。如今特加授品级于某官，使其致仕，钦此！

《明史》二则

明太祖洪武十七年秋七月"百官迎养父母，给舟车"诏

（明洪武十七年，秋七月）癸丑诏：百官迎养父母者，官给舟车。

《明史 · 本纪第三 · 太祖三》

【译文】（明洪武十七年，秋七月）癸丑这一天，皇帝下诏：文武百官迎养自己的父母至任所奉养的，官府要派给舟车。

明职官：封赠

凡封赠之次，七品至六品一次，五品一次，三品、二品、一品各一次。三母不并封，两封从优品。父职高于子，则进一级，父应停给，及子为人后者，皆得移封。嫡在不封生母，生母未封不先封其妻。

《明史 · 志第四十八 · 职官一》

【译文】凡是对官员的封赠次数，七品至六品封赠一次，五品封赠一次，三品、二品、一品各封赠一次。曾祖母、祖母、母不一起封赠，两次封赠品阶从优品。父亲的职位高于儿子的，则进官阶一阶，父亲不再封赠，如果儿子过继给他人，其封赠相应转给过继的父、祖。嫡母健在不封赠生母，生母未封赠不先封赠妻子。

《明通鉴》二则

明太祖洪武十三年二月戊辰"文武年六十听致仕"诏

（明洪武十三年二月）戊辰，诏："文武官年六十以上者听致仕，给以诰书。"

清 · 夏燮《明通鉴 · 卷第五》

【译文】（明洪武十三年二月）戊辰这一天，皇帝下诏说："文武官员年纪到六十岁

的，听凭他们致仕辞官，国家将赐予他们诰命文书以恩养他们。”

明洪武十七年七月癸丑诏

（明洪武十七年七月）癸丑，诏：“百官迎养父母者，官给舟车。”

清 · 夏燮《明通鉴 · 卷第八》

【译文】（明洪武十七年七月）癸丑这一天，皇帝下诏说：“文武官员迎养自己的父母，国家将派车船供其使用。”

三、丧葬孝思

《明会典》二则

大明令：服制

国初颁降大明令：凡丧服等差多因前代之旧，后更定服制著为《孝慈录》，复列于《大明律》，今具载于后。

大明令

斩衰三年（斩衰者用至粗麻布不缝下边谓之斩衰）：

子为父；嫡孙为祖，后者为祖（为曾高后者亦同）；女在室为父（已许嫁同）；女嫁反在父室为父（谓完全父丧期年内被出者）；父为嫡子；妻为夫；妾为主；为夫之父；为人后者为所后父（过房与人做孩儿的为后父）。

齐衰三年（齐衰者亦用稍粗麻布缝下边谓之齐衰）：

子为母（父在同）；女在室为母（已许嫁同）；为祖后者，祖卒为祖母（为曾高后者亦同）；母为长子；女嫁反在室为母（谓母丧期年内被出者）；妇为夫之母（继母与母同，慈母与母同）；继母为长子；妾为主之长子；为人后者为所后母（过房与人做儿的为后母）。

齐衰杖期：

父卒母嫁及出妻之子为母（报服亦同）；为祖后者，祖在为祖母（为曾高后者亦同）；父卒嫡继慈养母归宗为之服……夫为妻。

齐衰期年：

为祖父母（父所生庶母亦同）；为伯叔父母；为兄弟；为众子；为兄弟之子（女在室者）……女为祖父母（出嫁同）……庶子为其母（谓嫡母在室）……

齐衰五月：

为曾祖父母；女为曾祖父母（出嫁同）。

齐衰三月：

为高祖父母；女为高祖父母（出嫁同）；为继父不同居（谓先曾同居今不同居）。

大功九月（大功者以粗熟布，长殇九月，中殇七月）

……女適人者为伯叔父母（报服亦同）……为夫之祖父母；为夫之伯叔父母……为人后者其妻为本生舅姑……为子之长殇、中殇（男女同）；为叔父之长殇、中殇……

小功五月(小功者以稍粗熟布)：

为伯叔祖父母……为同堂伯叔父母……为从祖姑姊妹之在室者（报服亦同）；为从祖祖姑在室者（报服亦同）……为外祖父母……为母之兄弟姊妹（报服亦同）……为人后者为其姑、姊妹適人者（报服亦同）……为夫之姑、姊妹在室者（適人同，报服亦同之）；为庶母慈已者……为夫之叔父之长殇。

缌麻三月（缌麻者以稍细熟布）

……为族曾祖父母……为从母兄弟姊妹……为族曾祖姑在室者（报服亦同）；为族姑在室者（报服同）；为族祖姑在室者（报服亦同）；为从祖姑姊妹適人者、女適人者（报服亦同）；为同堂伯叔父母（报服同）；为从祖祖姑適人者……为庶母（父之妾有子者）；为乳母；为妻之父母（报服亦同）；为夫之曾祖父母，为夫之从祖祖父母……为夫之外祖父母……为从祖叔父之长殇；为从祖兄弟之长殇……为舅姨之长殇……为夫之叔父之长殇、下殇。

明 ·《明会典 · 卷八十九 · 礼部四十八 · 丧服》

【译文】国初国家颁下大明令：凡丧服的等差多因循前代的旧制，之后更定服制起名为《孝慈录》，附列于《大明律》之中，现在具体记载于后。

大明令：

斩衰三年（斩衰之人用粗麻布制衣，不缝衣下边，被称为斩衰）：

儿子为父亲；嫡孙为祖父、为人后代的为其祖（为曾高后的也是这样）；女子未出嫁为父亲（已经许嫁但未出嫁的相同）；女子出嫁回家在父亲家中（指父亲丧亡后一年内被休的）；父亲的嫡子；妻子为丈夫；妾为主人；为丈夫的父亲；过房给他人为子的为后父（过房给他人，给他人当儿子的为后父）。

齐衰三年（齐衰之人用稍粗麻布缝下边谓之齐衰）：

儿子为母亲（父亲健在相同）；女子未出嫁为母亲（已许嫁但未出嫁的相同）；为祖后的人，祖父去世为祖母（为曾高后者也是这样）；母亲为长子；女子出嫁返回家中居住的为母亲（指母亲丧亡一年之内被休的人）；媳妇为丈夫的母亲（继母与母亲一样，慈母与母亲也一样）；继母为长子；妾为主人的长子；过房给他人的人为后母（过房给他人做儿子的为后母）。

齐衰杖期：

父亲去世母亲改嫁以及被休的妻子的儿子为母亲（报与服制相同）；为祖后的人，祖父健在为祖母（为曾高后者也是一样）；父亲去世嫡母、继母、慈母、养母回到娘家去世后的服制，如果改嫁……丈夫为妻子。

齐衰期年：

为祖父母（一父所生和子女为庶母服丧相同）；为伯叔父母；为兄弟；为众子；为兄弟的儿子（女子未出嫁的相同）……女子为祖父母（出嫁的相同）……庶子为其母（嫡母健在的）……

齐衰五月：

为曾祖父母；女子为曾祖父母（出嫁后相同）。

齐衰三月：

为高祖父母，女子为高祖父母（出嫁后相同）；为继父但不同居的（指先前曾经同居，现在不同居的）。

大功九月（大功者服丧的衣服用粗熟布，长殇九月，中殇七月）：

……女子嫁人为伯叔父母（报服相同）……为丈夫的祖父母；为丈夫的伯叔父母……过房给他人的，妻子为丈夫的生父生母……为长子长殇，其他子女中殇（男女相同）；为叔父之长殇、中殇……

小功五月(小功者服丧的衣服用稍粗熟布)：

为伯叔父母……为同一祖父的堂伯叔父母……为堂祖姑姊妹在家的人（报服相同）；为再长一辈的从祖祖姑在家的人（报服相同）……为外祖父母……为母亲的兄弟姊妹（报服相同）……过房给他人为其姑、姊妹已嫁人的（报服相同）……为丈夫的姑、姊妹在家中的（嫁人相同，报服也相同）；为养育自己的庶母……为丈夫的叔父长殇。

缌麻三月（缌麻者以稍细熟布）：

……为同族曾祖父母……为堂母的兄弟姊妹……为同族曾祖姑在家中的人（报服相同）；为同族的姑在家中的人（报服相同），为同族祖姑在家中的人（报服相同）；为堂祖姑姊妹嫁人者、女儿已嫁人者（报服相同）；为再从堂伯叔父母（报服相同）；为堂祖祖姑嫁人者……为庶母（父亲的妾且有儿子的）；为乳母；为妻子的父母（报服相同）；为丈夫的曾祖父母、为丈夫的堂祖祖父母（即堂伯祖父母、堂叔祖父母）……为丈夫的外祖父母……为堂祖叔父长殇；为从祖兄弟服长殇……为舅姨服长殇……为夫之叔父之长殇或下殇。

大明令：丧服

斩衰三年：

子为父母；庶子为所生母；子为继母；子为慈母；母卒父命他养己者；子为养母（谓自幼过房与人）；女在室为父母；女嫁反在室为父母（谓已嫁被出而归在父母家者）；嫡孙为祖父母承重及曾高祖父母承重者同（父不在故嫡孙为祖承重服，若父祖俱亡而子孙为曾高祖，后者同）；为人后者为所后父母；为人后者为所后祖父母承重；夫为人后则妻从服；妇为舅姑（即公婆）；庶子之妻为夫之所生母；妻妾为夫。

齐衰杖期：

嫡子、众子为庶母（谓父之妾）；嫡子、众子之妻为夫之庶母；为嫁母、出母（即亲生母因父卒改嫁及父在被出者）；父卒继母改嫁而已从之者；夫为妻。

齐衰不杖期：

……孙为祖父母（女虽適人不降）；为伯叔父母（即伯伯、姆姆、叔叔、婶婶）……为人后者为其父母（即本生父母）……

齐衰五月：

为曾祖父母（女虽適人不降）。

齐衰三月：

为高祖父母（女虽適人不降）；为继父先曾同居今不同者；为继父虽同居而两有大功以上亲者。

大功：

……妇人为夫之祖父母（即夫之公婆）；妇人为夫之伯叔父母（即夫之伯伯、姆姆、叔叔、婶婶）……女出嫁为本宗伯叔父母（即伯伯、姆姆、叔叔、婶婶）……

小功：

为伯叔祖父母谓祖之兄弟（即伯公、伯婆、叔公、叔婆）；为同堂伯叔父母（谓父之伯叔兄弟）……为从祖祖姑在室者（谓祖之亲姊妹即姑婆）；为从祖姑在室者（即堂姑，是父之同堂伯叔姊妹）……

缌麻：

为族曾祖父母（谓曾祖之兄弟及妻，即太伯公、伯婆、叔公、叔婆）；为族伯叔祖父母（谓祖之同堂兄弟及妻，即堂伯公、伯婆、叔公、叔婆）；为族父母

（谓父之再从兄弟同曾祖者，即族伯伯、姆姆、叔叔、婶婶）……为族曾祖姑在室者（谓曾祖之姊妹，即太姑婆）；为族祖姑在室者（谓祖之同室姊妹，即堂姑婆）；为族姑在室者（谓父之再从姊妹，即族姑）；为从祖祖姑及从祖姑及从祖姊妹之出嫁者（从祖祖姑谓祖之亲姊妹，从祖姑父之同堂姊妹，从祖姊妹已身再从姊妹）……妇人为夫之曾祖、高祖父母；为夫之从祖祖父母（即夫之祖亲兄弟，伯公伯婆叔公叔婆）；为夫之从祖父母（夫之堂伯叔）……为夫之从祖祖姑及从祖姑在室者（从祖祖姑是夫之姑婆，从祖姑是夫之堂姑）；女出嫁为本宗从祖祖父母（即伯公、伯婆、叔公、叔婆）；女出嫁为本宗从祖父母（即堂伯、堂叔）……女出嫁为本宗从祖父母（即堂伯堂叔）……女出嫁为本宗从祖祖姑及从祖姑在室者（从祖祖姑即姑婆，从祖姑即堂姑）……为人后者为本生外祖父母。

明 · 《明会典 · 卷八十九 · 礼部四十八 · 丧服》

【译文】斩衰三年：

儿子为父母；庶子为自己的生母；儿子为继母；儿子为慈母；为母亲去世父亲命其抚养自己的女子；儿子为养母（指自幼过房于他人后的母亲）；女子未嫁时为父母；女子出嫁返家为自己的父母（指已出嫁被休回家，在父母家中的人）；嫡孙为祖父母承重的以及为曾祖父母承重的人相同（父亲去世，故不为祖父母承重，如果父祖都已去世，子孙为曾祖父母承重，后面的相同）；过房为他人后代的为养父养母，过房为他人后代为承重的祖父母；丈夫过房为他人后代的妻子跟从服丧；媳妇为公婆；庶子的妻子为庶子的生母；妻妾为丈夫。

齐衰杖期：

嫡子、其他儿子为庶彝（指父亲的妾），嫡子、其他儿子的妻子为丈夫的庶母；为改嫁的母亲、为被休的母亲（即亲生母亲因为父亲去世而改嫁以及被休的）；父亲去世继母改嫁自己跟从的；丈夫为妻子。

齐衰不杖期：

……孙子为祖父母（孙女已经嫁人的不在此列）；为伯叔父母（即伯伯、伯母、叔叔、婶婶）……过房为他人后代为自己的生父生母……

齐衰五月：

曾孙为曾祖父母（曾孙女已经嫁的不在此列）。

齐衰三月：

高曾孙为高祖父母（高曾孙女已经出嫁的不在此列）；为继父先前曾同居

现在不共居的；为继父虽然同居但两者的大功以上亲情的。

大功：

……女子为丈夫的祖父母；女子为丈夫的伯叔父母（即丈夫的伯父、伯母、叔叔、婶婶）……女子出嫁为本宗的伯叔父母（即伯父、伯母、叔叔、婶婶）……

小功：

为伯叔祖父母即祖父的兄弟（即伯公、伯婆、叔公、叔婆）；为同堂伯叔父母（指父亲的堂伯叔兄弟）……为从祖祖姑在家（指祖父的亲姊妹即姑婆）；为从祖姑在家的（即堂姑，指父亲的同堂伯叔字姊妹）。

缌麻：

为同族曾祖父母（指曾祖的兄弟及妻子，即太伯公、太伯婆、太叔公、太叔婆）；为族伯叔祖父母（指祖父的同堂兄弟及妻子，即堂伯公、堂伯婆、堂叔公、堂叔婆）；为族父母（指父亲同一个曾祖的再从兄弟，即族伯伯、族姆姆、族叔叔、族婶婶）……为族曾祖姑在家的（指曾祖的姊妹，即太姑婆）；为族祖姑在家的（指祖父的同室姊妹，即堂姑婆）；为族姑在家的人（指父亲的再从姊妹，即族姑）；为从祖祖姑以及从祖姑以及从祖姊妹已经出嫁的人（从祖祖姑指祖父的亲姊妹，从祖姑父之同堂姊妹，从祖姊妹已身再从姊妹）……女子为丈夫的曾祖、高祖父母；为丈夫的从祖祖父母（即丈夫的祖亲兄弟，伯公、伯婆、叔公、叔婆）；为丈夫的从祖父母（即丈夫的堂伯叔）……为丈夫的从祖祖姑以及在家的祖姑（从祖祖姑是丈夫的姑婆，从祖姑是丈夫的堂姑）；女子出嫁后为本宗的从祖祖父母（即娘家的伯公、伯婆、叔公、叔婆）；女子出嫁后为本宗的从祖父母（即娘家的堂伯、堂叔）……女子出嫁后为本宗的从祖祖姑以及在家的从祖姑（即娘家的从祖祖姑也就是姑婆，从祖姑也就是堂姑）……过继给他人的人为生母的父母。

《名臣经济录》一则

明太祖洪武定丁忧制

（明）太祖高皇帝斟酌古礼定为时制，凡文职官吏、监生生员、知印承差人等，闻父母丧悉令丁忧守制，所以教之以孝也，而守制止于二十七月，所以示之有终也。

明·黄训《名臣经济录·卷十九·吏部·王恕·论起复夺情不可为例奏状》

【译文】（明）太祖高皇帝斟酌古时的礼法定下了当时的礼制，凡是文职官员、监生生员、知印承差等人，听闻父母丧亡事后都要丁忧守制，这是为了教化天下孝敬之风，守制的时间共为二十七个月，以表示有始有终。

《明史》一则

明太祖孝慈马皇后红仓养诸生及尊老事

孝慈皇后（洪武马后）积粮监中，置红仓二十余舍，养诸生之妻、子。历事生未娶者，赐钱婚聘……诸生在京师岁久，父母存，或父母亡而大父母、伯叔父母存，皆遣归省，人赐衣一袭，钞五锭，为道里费。

《明史 · 志第四十五 · 选举一》

【译文】明太祖孝慈马皇后将粮食积于粮监中，设置了红仓二十舍，以养诸生的妻、子。对于那些没有迎娶的人，赐给他们钱帛以使他们能够婚聘……诸生在京师中岁月长久的，家中父母健在，或者父母丧亡而祖父母、伯叔父母健在的，都遣送他们回乡省亲，每人赐给衣一袭、钞五锭作为路费。

四、养老礼、乡饮酒礼

《明会典》三则

大诰：乡饮酒礼

大诰

乡饮酒礼叙长幼、论贤良、别奸顽、异罪人，其坐席间高年有德者居于上，高年淳笃者并之，以次叙齿而列。其有曾违条犯法之人列于外坐，同类者成席，不许干于善良之席。主者若不分别，致使贵贱混淆，察知或坐中人发觉罪以违制，奸顽不由其主紊乱正席，全家移出化外。

明·《明会典·卷七十八·礼部三十七·乡饮酒礼》

【译文】（明洪武帝）大诰：

乡饮酒礼是敦叙长幼、议论贤良、辨别忠奸、区别罪人的礼法制度。在这一礼法之中，坐在席间的人中高年有德的端坐在上首，高年淳朴的人和他们并坐，他们以年纪大小叙齿排列，行乡饮酒礼时如果有违反法令律例的犯法之人，在堂外列坐，相同类型的人成为一席，不同其他未曾触犯礼法制度的人和他们混杂而坐。在行礼的过程中，如果主人不去分别贵贱，就会使贵践出现混淆，行乡酒礼的人察举出这种情况，要以违制论处，奸顽之人如果不听主人的安排而紊乱正席的，全家将被迁移到塞外之地。

明太祖洪武五年至十六年奏定“乡饮酒礼图式”

洪武初诏中书省详定乡饮酒礼条式，使民岁时燕会习礼读律。期于申明朝廷之法，敦序长幼之节。

五年奏定乡饮酒礼仪。在内应天府及直隶府、州、县每岁孟春正月、孟冬十月，有司与学官率士大夫之老者行于学校；在外行省所属府、州、县亦皆取法于京师；其民间里社以百家为一会，粮长或里长主之，百家内以年最长者为正宾，余以齿叙坐，每季行之于里中。若读律令则以刑部所编申明，戒谕书兼读之。其武职衙门在内各卫、亲军指挥使司及指挥使司，凡镇守官每月朔日亦以大都督府所编戒谕书率僚佐读之。

十六年颁行乡饮酒礼图式。

一各处府、州、县每岁正月十五日、十月初一日于儒学行乡饮酒礼，酒于官钱约量支办，务要丰俭得宜，除僎宾外众宾序齿列坐，其僚属则序爵。

前一日，执事者于儒学之讲堂依图陈设坐次，司正率执事习礼。至日黎明执事者宰牲具馔，主席及僚属司正先诣学遣人速僎宾以下。

比至执事者先报曰“宾至”，主席率僚属出迎于庠门之外以入。主居东宾居西，三让之揖而后升堂东西相向，立赞，两拜，宾坐。事又报曰“僎至”，主席又率僚属出迎，揖让升堂拜坐如前仪。僎、宾、介至既就位，执事者唱司正扬觯，执事者引司正由西阶升诣堂中北面立，执事者唱，僎、宾以下皆立唱揖，司正揖僎、宾，以下皆报揖。执事者以觯酌酒授司正，司正举酒曰：“恭惟朝廷率由旧章敦崇礼教，举行乡饮非为饮食。凡我长幼各相劝勉：为臣尽忠，为子尽孝，长幼有序，兄友弟恭，内睦宗族，外和乡里，无或废坠以忝所生。”读毕执事者唱，司正饮酒，饮毕以觯授执事，执事者唱揖，司正揖僎、宾，以下皆报揖。司正复位，僎、宾以下皆坐。唱读律令，执事者举律令案于堂之中，引礼引读律令者诣案前北向立唱，僎、客以下皆拱立行揖礼如觯仪，然后读律令，有过之人俱赴正席立听，读毕复位。执事者唱“供馔案”，执事者举馔案至宾前，次僎次介次主，三宾以下各以次举。

讫执事者唱“献宾”，主席起北面立，执事斟酒以授主，主受爵诣宾前置于席稍退，赞两拜宾答拜；讫执事者又斟酒以授主，主受爵诣僎前置于席交拜如前仪，毕主退复位。执事者唱“宾酬酒”，宾起僎从之，执事者斟酒授宾，宾受酒诣主前置于席稍退，赞两拜，宾、僎、主交拜，讫各就位坐。执事者分左右立介、三宾、众宾以下，以次斟酒于席，讫执事者唱“饮酒”，或三行或五行供汤，又唱“斟酒”，饮酒供汤三品，毕执事者唱“彻馔”，候彻馔案讫唱“□□”，僎宾以下皆行礼，僎主僚属居东，宾、介、三宾、众宾居西，赞两拜，讫唱“送宾”，以次下堂，分东西行仍三揖出庠门而退。

一里社每岁春秋社祭会饮毕行乡饮酒礼，所用酒肴于一百家内供办，毋致奢靡，百家内除乞丐外其余但系年老者虽至贫亦须上坐，少者虽至富必序齿下坐，不许搀越，违者以违制论。其有过犯之人虽年长、财富须坐于众宾席末，听读律受戒谕，供饮酒毕同退，不许在众宾上坐，如有过犯之人不行赴饮，及强坐众宾之上者即系顽民，主席及诸人首告迁徙边远住，坐其主席者及众宾推让，有犯人在上坐同罪。其各里社以百家为一会，百家之内以里长主席，其余百人选年最高有德人所推服者一人为宾，其次一人为介，其余各依年齿序坐，如有乡人为官致仕者主席请以为僎，择通文学者一人为扬觯、一人为读律、二人为赞礼。

前期一日，主诣宾门，介、宾出迎大门之外，肃主以入至中堂，主宾相揖，讫主稍前曰："某日行乡饮酒礼，吾子年高德劭，敢请为宾。"曰："某固陋恐辱命敢辞。"主曰："询诸众莫若吾子贤，敢固请请。"宾曰："夫子申命之某不敢辞。"主再拜宾答拜。介亦如之，但改"请吾子"为"介"。执事者设宾席于堂中稍西南向，设主席于堂东南西向，宾六十以上者席于堂中上两序东西相向，如宾多年幼者席于堂下阼阶之南北面西上。

是日清晨宾及众宾皆至门外，主出迎西向揖，宾东向答揖，主先入门而右宾入门而左，至阶主揖宾、宾揖主，主先升自东阶、宾升自西阶，至中堂主西向、立宾东向立。赞礼唱"拜"与二主宾皆两拜，主肃宾各就位，赞礼唱"扬觯者举"，觯酌酒诣中堂北向立，赞礼唱"在坐皆起"，宾主以下皆起拱立，扬觯者乃扬觯，而扬言曰同前言。毕唱"揖"，扬觯者揖，主宾以下皆揖，扬觯遂饮酒，讫复揖，主宾以下皆揖，以爵授执事者复位，宾主以下皆坐。赞礼唱读律，执事者设案于堂中，次引读律者诣案前，赞礼唱"在坐者皆起"，揖唱读律者，揖宾主，以下皆立，遂展律于案详缓读之，讫复以申明戒谕读之，毕赞礼唱"揖"，读律者揖宾主以下皆揖读律者，复位。赞礼唱"众皆坐"，宾主以下皆坐，执事者供馔案行酒，赞礼唱"饮酒"，众宾皆饮，或五行或七行礼同前。食毕彻案，赞礼唱"礼毕"，主先行而西向立，赞礼引宾以下东向立，赞"拜"，兴，拜兴主宾皆两拜，主送宾于门外，东西相揖乃退。

明日宾、介、僎、众宾诣主家拜谢乡饮之赐，主出门外拜，谓："辱屈昨日之来。"

一乡饮之设所以尊高年、尚有德、兴礼让，敢有喧哗失礼者，许扬觯者以礼责之，其或因而致争竞者，主席者会众罪之。

明 ·《明会典 · 卷七十八 · 礼部三十七 · 乡饮酒礼》

【译文】明太祖洪武初皇帝下诏给中书省，令其详细议定乡饮酒礼的礼仪规程、条例，以便让百姓每年按时令集会学习礼仪，诵读律令。这是朝廷为了在百姓之中申明国家的法令制度、敦睦长幼之间的礼仪而下的诏令。

洪武五年中书省上奏皇帝议定了乡饮酒的礼仪。在内应天府和直隶府、州、县每年孟春正月、孟冬十月这两个时间，相关司衙和学官，率士大夫之中的老年人，在学校之中行乡饮酒礼；在内应天府、直隶府、州、县以外的行省所属的府、州、县都要依照京师的方法行乡饮酒礼；在民间村社之间每百家组成一会，由村社之中的粮长或里长主持，百家之内以最年长的人为正宾，其他的按年纪的大小叙齿而坐，每季都要在村社之中行乡饮酒礼。如果行礼之时诵读国家的律令则以刑部所编的法令为准申明，国家所颁布的戒谕书也要同时兼读。武职各衙门以及各卫、亲军指挥使司及指挥使，凡是镇守官员，每月的初一都要以大都督府所编的戒谕书为诵读内容，由其率僚佐诵读。

洪武十六年颁行乡饮酒图式：

各处府、州、县每年的正月十五日、十月初一日都要在儒学学堂之中行乡饮酒礼，礼仪之中的酒肴由官府酌情支办，酒肴一定要丰富并且节约，要符合时宜，除僎宾以外，其他的宾都要按年纪大小叙齿而坐，其属僚则按其爵位、官阶的高低排序而坐。

行乡饮酒礼的前一天，执事的人在儒学讲堂，依照图式在行礼仪的场所内进行陈设，布好座次。司正率执事行乡饮酒礼的时候到学堂。第二天黎明时执事将行礼所用的牺牲及礼器、食品准备好，主席和僚属、司正等人先到学堂派遣人手请僎宾及僎宾以下的人。

等众宾到达时，执事人员先报“宾至”，主席率僚属在学堂的庠门外迎接众宾进入。主席在东面站立，宾在西面站立，三次让揖之后，主席和宾进入厅堂东西相向而立，执事宣赞，主、宾两拜后，宾坐于席。执事又报“僎至”，主席再率属僚出迎，出迎时的揖让、升堂和“宾”的礼仪一样。僎、宾、介到后行礼人员就要就位，执事人员宣唱、司正扬觯，执事人员引导司正由西面的台阶登上厅堂居中面北站立，执事人员宣唱，僎宾以下都宣唱“揖拜”，司正面向僎、宾揖拜，僎、宾以下都报揖。执事人员用觯盛满酒交予司正，司正举起酒说：“恭敬地敬奉朝廷令旨，国家依照以往的典章制度制定规章以敦崇礼乐教化，今天举行乡饮酒礼并非为了饮食吃喝。凡是我国中百姓不管是年长的、幼小的都要相互激励：为臣的要极尽自己的忠诚之心，为子的要极尽自己的孝敬之心，待人处世长幼要有次序，家庭、家族间要有兄友弟恭的景象，对内要和睦于宗族，对外要和顺于乡里，不要行违法、违礼的事情，以无愧于此生。”宣读完毕后，执事宣唱，司正饮酒，饮毕将觯交予执事，执事之人宣唱揖拜，司正揖拜僎、宾，僎、宾以下都报揖。司正复位，僎、宾以下都坐下。执事人员唱读律令，执事将律令放置于厅堂之中，引礼人员引领引读律令的人员来到案棟之前面向北站立宣唱，僎、宾以下者起立拱手，其礼和觯仪一样，然后读律令，有过错、触犯过律法的人都要走到读律令的执事人员正前站立听读，宣读完毕后，这些人回到自已的座位。执事人员宣唱“供馔案”，执事人员将馔案放置在宾的前面，之后在僎前面放置席面，再于介前面放置席面，之后是主席，三宾以下依次放置。馔案陈设完毕后，执事者宣唱“献宾”，主席站起面朝北站立，执事人员将酒斟满交予主席，主席接受酒爵走到宾席敬奉于宾，在宾席前面稍稍后退，执事宣赞“两拜”，宾起身答拜；完毕后执事人员又斟满酒交给主席，主席授受酒爵后，走到僎席的前面，礼仪如前仪，完毕后主席后退回到自已的座位坐下。执事人员宣唱“宾酬酒”，宾站起来僎跟从，执事人员将酒斟满交给宾，宾接受酒爵走到主席的席面前将酒敬奉主席，然后稍稍后退，执事宣赞两拜，宾、僎、主席交相拜，完毕后各自回到自已的座位坐下。执事人员分左右站立在介、三宾、众宾的下首，依次斟酒于他们的席中，完毕后执事人员宣唱“饮酒”，或者三行或者五行往席中供汤水、食品，之后再唱“斟酒”，饮酒、供汤食品三次，完毕后执事人员宣唱“彻馔”，等撤去食物之后，执事人员宣唱“□□”，僎、宾以下都行礼，僎、主席、僚属在东边，宾、介、三宾、从宾在西边，执事宣赞两拜，完毕后执事宣唱“送宾”，主、宾按次序下堂，分东西两行而行，仍然揖拜三次出庠门而退。

乡村里社之中，每年春秋季社祭会饮完毕后行乡饮酒礼，行礼期间所用的酒肴，由本会的一百家联合供给置办，不得奢侈浪费，百家之中除乞丐之外，其余人家只要是年老的人，不管是否贫困都要坐在上首，年少者即使富裕也必须按年龄序齿依次序坐，不许掺杂越位，违反的人以违制论处。其中有过错的、曾触犯过律法的人虽然年长、富足，亦须坐于众宾席的后面，听读律令，接受戒谕，饮酒结束后再同时退出，不允许坐在众宾的席位之上。如果有过错的人、曾触犯过律法的人，不去行乡饮酒礼，或者说强行坐在众宾席之上的，就以顽民对待，主席和参预行乡饮酒礼的人可以将其出首告于官府，将其迁徙至边远蛮荒之地居住，坐在主位的主席和众宾如果相互推让，使得有过错的人、曾触犯律法的人坐在上首的，主席和众宾与犯过错及触犯刑律的人同罪。各乡村里社以百家为一会，百家之内以里长出任行乡饮酒礼的主席，其余的百家中选取年龄最长且有德行为众人所敬服的人一人作为宾，其次的一人作为介，其他的人按年龄序齿而坐，如果本乡之人有为官致仕的人，主席请他担任僎，在百家之中选取一位通晓文学的人为扬觯，一个人读律法，一个人宣赞礼仪。

在行乡饮礼的前一天，主席到宾的家中，介宾要出迎于大门之外，肃穆地请主席到中堂就坐，主、宾相互揖拜，完毕后主人稍稍上前说："某日行乡饮酒礼，您年高德劭，敢请您出任乡饮酒礼时的宾。"宾说："我德行浅陋，害怕有辱于使命，请不要让我担当。"主席说："询问众人之后，没有人比您更加贤德，敢再一次请你出任。"宾说："您的申命我不敢再推辞。"主席再次揖拜，宾回拜。请介的方法也是这样，只改"请吾子"为"介"。执事人员设宾的席位在学堂的中间稍西面向南，设主席的席位在学堂的东南面向西，宾六十以上的席位都要设置在学堂之中，分两列东西相向，如果宾众多，相比较之下，年纪小一些的人的席位放于堂下阼阶的南边，以北为上面朝西。

行乡饮酒礼的当天清晨，宾和众宾来到学堂的门外，主席出迎，面向西揖拜，宾面向东答谢揖拜，主席先从门的右边进入，宾从门的左边进入，到了阼阶前，主席揖拜宾，宾亦揖拜主席，主席从阼阶的东面台阶上台阶，宾从阼阶的西面台阶上台阶，走到中堂，主席面朝西站立，宾面朝东站立。赞礼宣唱"拜"，之后和主席、宾都礼拜两次，主席肃立，宾各自回到自己的座位，赞礼宣唱"扬觯者举"，扬觯之人用爵将酒水盛满走到中堂，面朝北站立，赞礼宣唱"在座皆起"，宾主以下都站起拱手而立，扬觯之人扬觯，扬觯之时所说的话和前面一样。完毕之后宣唱"揖"，扬觯之人揖拜，主、宾以下都揖拜，扬觯之人饮酒，完毕后再次揖拜，主席、宾以下都揖拜，扬觯之人将酒爵交给执事人员回到自己的位置，宾主以下都坐。赞礼宣唱律令，执事者设案席于厅堂之中，之后引导读律令的人走到案前，赞礼宣唱"在座者皆起"，在座者揖唱读律令的人，揖宾、主席，以下的人都起立，这之后展开律讼于厅堂的案几之上，缓缓详细地读律令，完毕后又申明国家的戒谕并且宣读，完毕后，赞礼宣唱"揖"，读律令的人揖众人，宾、主席及以下众人回揖读律令者，之后回到自己的位置。赞礼宣唱"众皆坐"，宾、主席以下都坐，执事人员指挥上酒、上食品、饮酒，赞礼宣唱"饮酒"，众宾都饮酒，或者五次或者七次，其礼仪同前，饮食完毕撤去案席，赞礼宣唱"礼毕"，主人先行面向西而立，赞礼引导众宾以下面向东站立，宣赞唱"拜"，拜后起身，主席和宾拜、兴两次，主席送宾客于大门外，东西相对拜揖后离去。

第二天，宾、介、僎、众宾到主席的家中去拜谢主席请他们参加乡饮酒礼的情谊，主席出门外拜谢，对他们说："昨日请你们参加乡饮酒仪式实在是害怕辱没你们的身份。"

乡饮酒礼的设置是为了尊崇高年，推崇道德，提倡礼让，在行礼的过程中，如果有喧哗失礼的人，允许扬觯之人以礼法责备他，如果因为其他的事出现争执的情况，主席和宾客都要对他进行谴责。

明太祖洪武二十二年再定"乡饮酒礼图式"

二十二年再定乡饮酒礼图式：

凡良民中年高有德，无公私过犯者，自为一席坐于上等；有因户役、差税、迟误及曾犯公杖、私笞且犯在官者又为一席，序坐中门之外；其曾犯奸盗诈伪、说事过钱、□灭词讼、蠹政害民、排陷官长及一应私杖徒流重罪者又为一席，序坐于东门之内。执壶供事各用本等之家子弟，务要分别三等坐次，善恶不许混淆。其所行仪注并依原颁定式，如有不遵图序坐，及有过之人不行赴饮者以违制论主。府知府、州知州、县知县如无正官以佐贰官代位于东南，大宾以致仕官为之位于东北，僎宾择乡里年高有德之人位于西北，介以次长位于西南，三宾以宾之次者为之位于宾、主、介、僎之后。司正以教职为之主扬觯以罚之，赞礼者以老成生员为之。

明·《明会典·卷七十八·礼部三十七·乡饮酒礼》

【译文】洪武二十二年皇帝再次定乡饮酒图式：

凡是良善的百姓之中，年纪大且德行高的人，没有公、私方面的过错，可以自己处于一席，并且坐在上首；如果因户役、差税迟误等方面的原因或者触犯律法被执以公杖、私笞的，且在官府之中有备案的为一席，席面在中门之外；曾经犯奸、盗、诈、伪、说事过钱、□灭词讼、蠹政害民、排陷官长等一应被处以私杖或曾受到流、徙等重罪处罚的人成一席，席面在东门之内；给这些人执壶、侍奉的人，要用这些人自己家的子弟，一定要分开这三等人的座次，善恶不许混淆在一起。行礼的仪式依照原有的已颁定的仪式进行，如果有不遵从图式而序坐的，同有过错的人同赴乡饮酒的以违制论处。府中的知府、州中的知州、县中的知县如果正职不在，可以让佐贰官在厅堂的东南方代替主持乡饮酒礼，大宾以及致仕的官员的位置在厅堂的东北方，僎、宾要择取乡里之中年纪大且有德望的人担任，位置在厅堂的西北方，介和次长的位置在西南方，三宾和宾以下的人的位置在宾、主席、介、僎的后面。行乡饮酒礼的过程中，司正要以教职为主，扬觯要为会场维持秩序，赞礼要以老成持重的生员担任。

《礼部志稿》二则

明太祖洪武十四年谓礼部“乡饮酒”谕

洪武十四年二月命礼部申明乡饮酒礼，上谓礼部臣曰：“乡饮之礼所以序尊卑、别贵贱，先王举以教民，使之隆爱敬、识廉耻、知礼让也。朕即位以来虽以举行，而乡闾里社之间恐未遍习。今时和年丰、民间无事，宜申举旧章，其府、州、县则令长官主之，乡闾、里社则贤而长者主之，年高有德者居上，高年淳厚者次之，以齿为序，其有违条犯法之人列于外，坐同类者成席，不许杂于善良之中。如此则家识廉耻，人知礼仪，而父慈子孝、兄爱弟敬、夫和妇顺之道，不待教而兴。所谓宴安而不乱，和乐而不流者也，孔子曰‘吾观于乡而知王道之易’，正谓此也。”

明 · 俞汝辑《礼部志稿 · 卷一 · 圣训》

【译文】洪武十四年二月，皇帝命礼部申明乡饮酒礼仪。皇帝对礼部的朝臣说：“乡饮酒这一礼法是为了使尊卑更有次序，区别人们品行的贵贱而设立的，先王用它来教化万民，让他们去发扬爱敬的品性，识别何为廉耻，知道礼让。朕自即位以来，各地虽然也举行乡饮酒礼，但是乡村里社之间并没有形成习俗。今年时令和顺，粮食丰收，民间无事，是申明并执行以往规章的时候了。乡饮酒这一礼仪，府、州、县的守令要亲自主持，乡村、里社则由贤德的长者主持，年纪大且有德行的人，在行礼时要居于上位，年纪大且性格淳厚的其次，以年龄为排定席次的标准，如果有违反条文、触犯律法的人参加，要将他们安排到厅堂之外，同类的人成为一席，不许他们掺杂在良善的百姓之中。如此安排才能让百姓之家知道什么是廉耻，让人们知道如何才能遵循礼仪，从而明达父慈子孝、兄爱弟敬、夫妇和顺这些道理，这样不用专意去教化，也会在国家中形成良好风俗。这就是所谓的宴席之中有安乐知礼的气氛，但过程中不会出现违礼的现象，和洽安乐就不会出现不和谐的现象，孔子曾说‘我在乡间观看乡饮酒礼，就知道王道的形成不是一件困难的事’，正是说的这种现象呀！”

明太祖洪武五年诏行乡饮酒礼

洪武五年诏天下举行“乡饮酒礼”。上以海内晏安，思化民俗，以复于古，乃诏有司举行乡饮。于是礼部奏取仪礼及唐宋之制，又采《周官》属读法之旨参定其仪：

在内应天府及直隶府、州、县，每岁孟春正月、孟冬十月，有司与学官率士大夫之老者行之于学校。在外行省所属府、州、县亦皆取法于京师。其民间里社以百家为一会，粮长或里长主之，百人内以年最长者为正宾，余以齿序坐，每季行之于里中。大率皆本于正齿位之说，而宾兴贤能春秋习射亦可通行焉。所用酒肴毋至奢靡，若读律令则以刑部所编，申明戒谕书兼读之。其武职衙门在内各卫亲军指挥使司及指挥使司，凡镇守军官每月朔日亦以大都督府所编戒谕书，率僚佐读之，如此则从皆知所儆而不犯法矣！

制曰：“可。”

明 · 俞汝辑《礼部志稿 · 卷六十五 · 举行乡饮酒》

【译文】洪武五年皇帝诏令天下举行“乡饮酒礼”。皇帝认为，天下的百姓因为国家已通过教化这样的手段，民风、民俗已趋于复古，于是诏令相关司衙（在各地）举行乡饮酒礼。于是礼部奏请参考、取法唐、宋时期有关“乡饮酒礼”的规定，又采用《周官》之中所载的读法之旨参定了“乡饮酒礼”的仪制：

在内应天府和直隶府、州、县每年孟春正月、孟冬十月这一时间，相关司衙和学官率士大夫之中的老年人，在学校之中行乡饮酒礼。在内应天府、直隶府、州、县以外的行省，及其所属的府、州、县都要依照京师的方法行乡饮酒礼。在民间村社之间每百家组成一会，由村社之中的粮长或里长主持，百家之内以最年长的人为正宾，其他的按年纪的大小叙齿而坐，每季都要在村社之中行乡饮酒礼。大体上本着正齿位这一礼制要求，而宾、兴、贤能、春秋习射也可以通行。所使用的酒肴不要浪费、奢侈，如果行礼之时诵读国家的律令，则以刑部所编的法令为标准申明，另将国家所颁布的戒谕书也当众宣读。武职各衙门在内的各卫、亲军指挥使司及指挥使，凡是镇守官员每月的初一都要以大都督府所编的戒谕书为诵读内容，率僚佐诵读。这样就可以使人们人人都知道敬让、儆戒而不至于触犯律令、法令。

皇帝下制曰：“可以照此执行。”

《明史》一则

明太祖洪武年间定乡饮酒礼

《记》曰："乡饮酒之礼废，则争斗之狱繁矣。"故《仪礼》所记，惟乡饮之礼达于庶民。自周迄明，损益代殊，而其礼不废。

洪武五年诏礼部奏定乡饮礼仪，命有司与学官率士大夫之老者，行于学校，民间里社亦行之。

（明太祖洪武）十六年诏班《乡饮酒礼图式》于天下。每岁正月十五日、十月初一日，于儒学行之。

《明史 · 志第三十二 · 礼十 · 嘉礼四 · 宾礼 · 乡饮酒礼》

【译文】《礼记》上说："乡饮酒礼这一礼仪废弃，天下争斗之事、讼狱之事就会频繁出现。"所以《礼记》上记，要让乡饮酒这一礼仪奉行并延续到庶民之中。自周代以来这一礼仪增补、损益，因时代不同有所区别，但这一礼仪却一直没有被废除。

洪武五年皇帝下诏给礼部让其定乡饮酒礼的礼仪制度，命相关司衙的官员率士大夫中的老年人，在学校中行乡饮酒礼，民间乡村、里社之中也要行这一礼仪。

（明太祖洪武）十六年皇帝下诏颁定《乡饮酒图式》并发布于天下。令每年的正月十五日、十月初一日，在儒学学堂之中行乡饮酒礼。

《明通鉴》一则

明太祖洪武五年夏四月奏定乡饮酒诏

（明洪武五年夏四月戊戌）诏礼部："奏定乡饮酒礼仪，命天下有司学官率其乡士大夫之老者行之学校，著为令。"

清 · 夏燮《明通鉴 · 卷第四》

【译文】（明洪武五年夏四月戊戌这一天）下诏给礼部说："奏闻考定乡饮酒这一礼法制度，命令天下的相关司衙的学官率领其乡里的士大夫中年高德劭的老者，在学校之中举行这一礼仪，从现在开始各地都要照此办理。"

第十三卷　清（上）

一、孝亲敬老诏令

《太祖高皇帝圣训》二则

清太祖天命十年四月庚子大宴诸贝勒谕

天命十年[①]乙丑四月庚子，上大宴诸贝勒谕之曰：

《语》云“其为人也孝弟，而好作乱者未之有也”，吾世世子孙当孝于亲、悌于长，其在礼法之地勿失孝弟恭敬之仪，至于燕闲之时长者与少者居宜蔼然相接，俾子弟得翕如和乐以共处。少敬其长以诚意将之，长爱其少亦以诚意出之，毋虚假也。昔者我国各分居其地，今满洲、蒙古、汉人共处一城如同室，然若遇卑幼过严则卑幼无暇豫时矣！物虽少亦当宴会欢聚耳。朕所训示者如此，汝等勿违朕言。

清 · 《太祖高皇帝圣训 · 卷二》

【简注】①天命十年：后金努尔哈赤年号，是年为公元1626年。

【译文】（清太祖努尔哈赤）天命十年乙丑四月庚子这一天，皇帝大宴诸贝勒并下谕旨说：

《论语》中说“其为人也孝悌，而好作乱者未之有也”，我们的子孙世世代代要孝敬自己的亲人，友悌自己的兄弟，凡是在礼法范畴之内的事情都不要失去孝、悌、恭敬的姿态，在休息的时候年长的人和年少的人相处，要蔼然相接以礼行事，使子弟们能相处和谐，能和乐地共处。年少的人要用诚心去敬奉自己的长辈，年长的人也要用诚心去爱护自己的晚辈，不要有虚情假意。以往我国的百姓分居于各地，现在满洲、蒙古、汉人同处于一城宛如一家，但是如果对卑幼过于严格，那么卑幼就不会有空闲的时间休整、调节！即使是家中物品不多，也应当按时节欢聚。朕所训示的这些事情，你们不要违背朕的要求。

清太祖天命八年二月乙丑上谕侍臣

天命八年[①]癸亥二月乙丑上谕侍臣曰：

……凡为民者能持敬谨之心罔干国典，急公奉上孝悌力田则获福，而家道昌矣!

清 · 《太祖高皇帝圣训 · 卷二》

【简注】①天命八年：即公元1624年。

【译文】（清太祖）天命八年癸亥二月乙丑这一天，皇帝谕侍臣说：……凡是百姓之中能持衡地具有恭谨之心，不去干犯国家令典，能够急于公务、敬奉上级、孝敬父母、友悌兄弟、努力耕田的，都能得到上天的福泽，只有这样他们的家业才会兴旺。

《太宗文皇帝圣训》二则

清太宗天聪九年七月壬戌谕

天聪九年[1]七月壬戌。

先帝之志能报养育之恩，既克全孝道亦可谓为国尽忠矣！如不思效忠尽孝，惟各为其家财货、牲畜，是积罔、恤人民、怠玩政事，异日蒙。

清 · 《太宗文皇帝圣训 · 卷一》

【简注】①天聪九年：后金皇太极年号，是年公元1636年。

【译文】（清太宗皇太极）天聪九年七月壬戌这一天（皇帝下谕令说）。先帝的志向是能报答父祖的养育之恩，对于人子、人臣来说能够克尽孝道就可以说是为国尽忠！（一位从政的官员）如果不去思虑如何忠诚于国家、尽心孝敬父母，只是各自考虑自家的财物、私货、牲畜，就会积蓄错误，进而不顾百姓，怠玩政事，以后就会得到惩罚。

清太宗崇德二年四月丁酉谕

崇德[1]二年丁丑四月丁酉，上御翔凤楼，集和硕[2]亲王、多罗[3]郡王、多罗贝勒、固山[4]贝子、固山额真、都察院承政及新设议政大臣，谕曰：

……圣经有曰“欲齐其家先修其身，身修家齐而后国治”[5]，尔等若谨好恶之施，审接物之道，御下以义，交友以信，如此则身修矣！孝其亲，悌其长，教训及其子孙亲戚，如此则家齐矣！身修家齐而国不治者有是理乎？尔等当存忠直之心以为国，慎毋怠忽有负朝廷……

清 · 《太宗文皇帝圣训 · 卷一》

【简注】①崇德：后金皇太极年号。是年公元1637年。 ②和硕：满族语，“一方”的意思。清代顺治时始封皇子为亲王的加和硕之号，皇女由妃嫔所生者称为“和硕公主”，亲王女称为“和硕格格”。 ③多罗：满族语中的美称，加于爵位的前面。如“多罗郡王”“多罗贝勒”；又称郡王、贝勒的女儿为“多罗格格”。 ④固山：满族语。清代八旗组织的最大编制单位，汉语译文为“旗”。《清文献通考·职官一》：“管固山者，即为固山额真。”也是满族语中的美称。加于爵号上的，如“固山贝子”；加于官名上的，如“固山章京”。又如贝子之女称“固山格格”等。 ⑤“欲齐其家先修其身，身修家齐而后国治”句：语出《礼记·大学》。

【译文】（清太宗）崇德二年丁丑四月丁酉这一天，皇帝驾御翔凤楼，召集和硕亲王、多罗郡王、多罗贝勒、固山贝子、固山额真、都察院承政和新设的议政大臣，谕示他们说：

……圣人的经典中曾说“如果要想使家业兴旺就要先修养自己的身心，自己的身心修养到位，那么家业就会兴旺，继而参预政事，就会使国家大治”，你们一定要谨慎地对待自己的好恶之事，详审待人接物的道理，御使下属要取之以义，交友要取之以信，这样你们自身的修养就会提高！孝敬自己的亲人，友悌自己的兄弟，教育训导自己的子孙亲戚，都要依此去做，这样你们的家业就会兴旺！自身修养到位、家业兴旺，国家哪里会有不出现大治的道理？你们要心存忠诚正直的心为国为民，一定要谨慎地对待政事，不得懈怠玩忽，有负于朝廷的信任……

《世祖章皇帝圣训》三则

清世祖顺治八年正月辛未上谕礼部

顺治（清世祖年号）八年辛卯正月辛未，上谕礼部曰：

朕闻君德莫先于克孝，礼制莫重乎尊亲。凡帝王缵承鸿业、深念劬劳，必上徽称以彰盛典，所以隆礼显孝也，恭惟圣母翼赞。

清·《世祖章皇帝圣训·卷一》

【译文】（清世祖）顺治八年辛卯正月辛未这一天，皇帝谕旨礼部说：

朕听说一个有德行的君子，其行为举止没有不先克尽孝行的，礼法制度上对个人的要求没有比尊奉亲长更重要的。因此凡是帝王承继大统开创鸿业，必然深念先辈的创业、兴业的辛劳，必定为先祖上尊号以彰显盛世典章，这是为了兴隆礼法、彰显孝道所必需的，朕将这一想法恭敬地奉上圣母，并得到了她的赞赏。

清世祖顺治十三年丙申正月癸未上谕内三院

顺治十三年丙申正月癸未，上谕内三院[1]曰：

自古平治天下莫大乎孝，孝为五常[2]百行之原，故曾子备述孔子之言以为《孝经》昭示后世，上自天子下逮庶人“至孝之道”罔不备焉。朕观其立言正大、意旨深远，苟非取古人言行，关于孝道者，推而广之不足以彰其义，兹欲博采群言加以论断勒成一编名曰《孝经衍义》，务俾读者观感效法，以称朕孝治天下之意。

清 · 《世祖章皇帝圣训 · 卷一》

【简注】①三院：清代官署名。后金皇太极天聪十年，设置内国史院、内秘书院、内弘文院，各设大学士一人。内国史院掌记注诏令，编辑实录、史书，撰写、拟定郊祀祝文、诰命册文等事。内秘书院掌外交文书及敕谕祭文。内弘文院掌注释历代行事善恶、进讲。合称“内三院”。康熙九年改称内阁。

②五常：即五种伦常道德，即父义、母慈、兄友、弟恭、子孝。

【译文】顺治十三年丙申正月癸未这一天，皇帝谕示内三院说：

自古要使天下太平出现大治的现象，没有比推广“孝”这一德行规范更有用处的，孝是五常、百行的根本，因此曾子将孔子所说的有关孝的言行整理成《孝经》，以昭显于后世，上自天子下逮庶民，在这部书中“至孝之道”的要求没有不完备的。朕读《孝经》后，观察其立言正大、意旨深远，（朕）并不是非要取法古人的言行，（只是）关于孝道在天下推而广之亦不足以彰显其含义，于是朕打算博采众家之长加以论断，编成一部书，名叫《孝经衍义》，务使读到此书的人，观看后能有所感悟、能够效法，以称朕以孝治理天下的意旨。

清世祖顺治十四年二月戊寅上谕礼部

顺治十四年丁酉二月戊寅，上谕礼部曰：

礼莫重于事天，孝莫大于尊亲。缵承鸿绪，恪修祀典，每岁郊祀皆奉……

清 · 《世祖章皇帝圣训 · 卷四》

【译文】顺治十四年丁酉二月戊寅这一天，皇帝谕示礼部：

世间的礼仪没有比敬奉上天更重要的，孝敬没有比尊奉自己的父母更大的。朕承继大统，克成圣绪，恪守、修习典章制度，每年都会恭敬地奉祀上天、祖先……

《兼济堂文集》一则

清世祖顺治十年七月初八科岁两考《孝经》俱命一题令

《孝经》为先师孔子手定之书，至德要道百行之首，自天子至于庶人孰不以"孝"为根本。在昔有汉之世下至虎贲犹能诵习，乃明代不以取士实为缺典。今请敕下礼部行各督学院道颁行士子肄习，凡科岁两考及乡会场俱命题一道，以见我朝敦笃实行，得为治之大原。

……

顺治十年七月初八日奉圣旨："这本重刻《孝经》禁坊刻，有裨学政并各款俱有可采，都著详议具奏。"

清 · 魏裔介《兼济堂文集 · 卷一 · 士习隳靡已久疏》

【译文】《孝经》是先师孔子亲手定制的书籍，书中所言都是至德要道，是天下百行首先要遵从的规范，自天子以至庶人，没有不以"孝"做为立身处世的根本的。昔日汉代的世祖光武帝时就连宫中守卫的虎贲之士都要求能诵习，至于明代不以此经做为取士的典籍，实在是国家典制之中的缺憾。现在请皇上敕书礼部，发文至各督学、院、道颁行，让天下士子修习，凡是科举岁时两考和乡、会考场，都要从中命题一道，以此显现我朝敦笃实行孝道之实，如此可成为天下大治的源头。

……

顺治十年七月初八日奉圣旨："国家将重刻《孝经》，禁止坊间私刻，有关学政奏议的各款都有可采用之处，均由各部会议后详奏。"

《大清会典》八则

旌表孝友谕

凡旌表孝友贞节、宗室觉罗，均由府核奏礼部，核题各给银币有差，宗室仍赐敕奖谕。

清 · 《大清会典 · 卷一 · 宗人府》

【译文】凡是被旌表孝敬父母的人、友悌兄弟的人、贞洁的妇女、有节操的人、宗室觉罗，都由当地官府核实后呈至礼部，奏请朝廷核实后题名，根据不同情况，赐给不等的银币，宗室则赐敕书褒奖。

旌表节孝之礼谕

凡旌表节孝之礼：宗室觉罗由宗人府核奏部覆题旌。宗室以孝著者……赐银币有差。

清 · 《大清会典 · 卷三十二 · 礼部 · 仪制清吏司 · 风教》

【译文】凡是旌表贞洁妇女、孝敬父母的人的礼仪，宗室觉罗由宗人府核实奏请，由礼部覆实题名旌表。宗室之中如果有以孝著称的……据不同情况赐银币不等。

国学生见国子师礼制

凡国学生见国子师之礼：初见，弟子公服[①]诣学，首领官引自东阶升堂，北面三揖侍立于左西面，受教毕三揖如初。退若燕见于私宅，入门通名，俟召师迎于阶上，弟子升阶揖，俟师入门从入，北面再拜，师西面答揖，遂趋正师坐毕，左还命坐北面揖，弟子西面师东北面坐。若旅见，弟子均西面北上茶，至起受茶揖，坐饮受教毕，辞退三揖师，咸答礼送至二门，师前行弟子从，师入三揖乃退。翰林院庶吉士[②]见大学士暨教习庶吉士亦如之。

清 · 《大清会典 · 卷三十四 · 礼部 · 仪制清吏司 · 相见礼》

【简注】①公服：是古代官吏在衙署内处理公务时所穿的一种服装，这种服装只能是官吏使用，因此也被称之为“官服”。此种服装与祭服、朝服比，形制要简约，没有烦琐的挂佩，因此又叫“从省服”。　②翰林院庶吉士：明清时翰林院的官职，其职责是为皇帝起草文书，为皇帝讲解经籍，是皇帝的近臣。一般来说，科举制下，一甲前三名和二甲中名列前茅者，及考上进士后，再经礼部试成绩优秀者，可入翰林院，成为庶吉士。

【译文】凡国子监学生对老师都要行国子师的礼节：初次相见，弟子身着公服来到国子监，首领官员引领学生从台阶的东边走上讲堂，面朝北三次揖拜后侍立于讲堂的左侧面朝西，听老师授课后，三次揖拜和来时的礼仪一样。如果在老师的家中拜会老师，进门时通报姓名，等老师召唤，老师迎于台阶之上，弟子上台阶揖拜老师，等到老师进门后跟从老师进门，面朝北再次揖拜老师，老师面朝西答揖，坐在那里听老师教诲后，辞退时三次揖拜老师，老师都要答礼送学生至二门，老师前行弟子跟从，等老师回去后三次揖拜才可以退出。翰林院庶吉士见大学士暨教习庶吉士时的礼仪也是这样。

直省学生见师长礼制

直省学校生员见师长之礼：学政莅任后讲学于明伦堂，教职引本学生员谒见，咸公服重行北面再拜，学政拱立于位。岁科试毕生员列一二等者，咸公服旨试院升堂，三揖阅卷，毕三揖退。余仪如之见本学学师与国学生见国子师同。

清 ·《大清会典 · 卷三十四 · 礼部 · 仪制清吏司 · 相见礼》

【译文】直隶各地的学校生员见师长的礼节：学政到任后在学校的明伦堂讲学，教职官员引本府、州、县的学生进明伦堂谒见，都要身着公服排成多行面朝北拜见，学政在席位上拱手还礼。岁科试考试列一、二等的生员都要身着公服在试院升堂，三次揖拜阅卷的官员，之后三次揖拜退出。其他的礼仪可见本学学师与国子监学生见国子师，其礼仪相同。

弟子见受业师礼制

凡弟子见受业师，师东向坐，弟子北面侍坐，不迎送，余如国学生见国子师之礼。

清 ·《大清会典 · 卷三十四 · 礼部 · 仪制清吏司 · 相见礼》

【译文】弟子拜见授业师，授业师面朝东坐，弟子面朝北侍坐，授业师不迎送弟子，其他礼仪和国子监学生见国子师之礼一样。

见有服尊亲父之执友礼制

凡见有服尊亲父之执友之礼：入门通名，命见升阶北面再拜，尊者西面答揖，命坐揖，视尊者坐所向旁侍坐，茶至揖。辞退三揖，尊者皆答揖，出不送。若尊来见，迎送于大门外，余如前仪。

清·《大清会典·卷三十四·礼部·仪制清吏司·相见礼》

【译文】拜见有服的尊长、亲长、父亲的执友的礼节：入门先通名，尊长同意相见则上台阶面朝北两次揖拜，长辈面朝西答礼回揖，让其坐则揖谢，看尊长坐下则在一旁侍坐，茶水至则揖谢。辞退时三次揖拜，尊长都答揖，出门不送。如果尊长来相见，迎送都要到大门之外，其他的礼仪和以前的仪礼一样。

祭双忠祠礼制

凡祭双忠祠之礼：为祠于崇文门内，岁以春秋仲月，诹吉遣官致祭……直省府州县咸立"忠义孝弟祠"，祠内设本乡忠臣、义士、孝子、悌弟各牌位，所在有司岁以春秋致祭，用帛一、羊一、豕一、爵三、尊一承祭，官行礼仪与祭省会贤良祠同。

清·《大清会典·卷四十九·礼部·祠祭清吏司·群祀三》

【译文】祭祀双忠祠的礼仪：（京城）其祠在崇文门内，每年春秋季的第二个月，取吉时派遣官员祭祀……直隶各府、州、县都要设立"忠义孝弟祠"，祠内陈设本地忠臣、义士、孝子、悌弟的牌位，祠堂所在地的相关司衙每年春秋季都要祭祀，祭祀时要用帛一匹、羊一口、猪一头、酒爵三、尊一去祭祀，官员所行的礼仪祭仪和省会贤良祠的祭祀礼仪相同。

宣讲圣谕"孝父母、尊长上令"

凡条教每月朔望巡城科道率司坊各官集众于公所，令乡约一人宣讲圣谕"孝父母、敬长上、睦乡里、教子孙、各安生理、毋作非为"。

清·《大清会典·卷八十一·都察院》

【译文】凡是教化百姓的条令每月的初一、十五巡城的科道召集司坊各官，率领他们集会于公所，令各乡的乡约宣讲圣谕之中"要孝敬父母、敬奉长上、和睦乡里、教育子孙、各自安心生活，不得胡作非为"的条文。

《圣祖仁皇帝圣训》十四则

清圣祖康熙元年八月壬寅上谕礼部

康熙元年壬寅八月庚午，上谕礼部：

朕惟君国之道必崇夫孝理，化民之务首重乎尊亲……

清 · 《圣祖仁皇帝圣训 · 卷一》

【译文】康熙元年壬寅八月庚午这一天，皇帝谕示礼部：

朕认为担任君主治理国家之道必定要崇奉孝道、遵循孝理，教化百姓首先要做的就是教化他们要尊奉自己的亲人……

清圣祖康熙四年九月己酉诏谕天下

康熙四年乙丑九月己酉，以大婚礼成。加上太皇太后、皇太后徽号，诏谕天下曰：

朕惟帝王抚有四海，必首隆孝治以端教化之源，是以子孙相承而庆流奕叶也……

清 · 《圣祖仁皇帝圣训 · 卷一》

【译文】康熙四年乙丑九月己酉这一天，因为皇帝的大婚礼礼成，皇帝加太皇太后、皇太后徽号，并且诏谕天下说：

朕认为帝王掌管四海、治理天下，必定首先要兴隆孝治，并以此作为天下教化的源头。只有这样子孙才能相承相继、枝叶繁茂……

清圣祖康熙六年十一月戊午诏谕天下

康熙六年丁未十一月戊午，诏谕天下曰：

朕惟自古帝王建极绥猷、保民图治，莫不以懋昭先德，祗尽孝忱为务……

清 · 《圣祖仁皇帝圣训 · 卷一》

【译文】康熙六年丁未十一月戊午这一天，皇帝下诏谕于天下说：

朕认为自古帝王建立功业，保有民众治理天下，没有不敬奉先祖的功德并昭示后人的，因此要极尽孝忱之心为要务……

清圣祖康熙九年闰二月庚戌上谕礼部

康熙九年庚戌闰二月庚戌，上谕礼部：

慈和皇太后诞育朕躬未遂孝养，思慕之忱每切于怀，虽已上尊谥，今应升祔太庙配享……

清 · 《圣祖仁皇帝圣训 · 卷一》

【译文】康熙九年庚戌闰二月庚戌这一天，皇帝谕示礼部：

慈和皇太后生育了朕，朕却没有孝养太后，思慕之情切切，每每萦绕于怀，虽然已经给慈和皇太后加上尊谥，（但仍觉不足以表达孝思），现在应将她的神位升祔于太庙，配享世祖章皇帝。

清圣祖康熙九年五月丙辰诏谕天下

（康熙九年）五月丙辰朔，慈和皇太后升祔太庙礼成，诏谕天下曰：

朕惟自古帝王以孝治天下，莫不显扬母德、追崇配享以为绍先启后之本。朕缵承丕绪九载于兹，恭惟我皇妣"孝康慈和庄懿恭惠崇天育圣皇后"……

清 ·《圣祖仁皇帝圣训 · 卷一》

【译文】（康熙九年）五月丙辰初一日，慈和皇太后升祔于太庙配享世祖章皇帝的礼仪成，皇帝下诏谕示天下说：

朕认为自古帝王以孝治理天下，没有不去显扬母后的德行的，追奉、配享她，是因为她承继了先辈的德行，启迪了后世子孙。朕承续圣统已经有九年，恭敬地敬奉先皇妣为"孝康慈和庄懿恭惠崇天育圣皇后"……

清圣祖康熙十五年正月乙未诏谕天下

康熙十五年丙辰正月乙未，诏谕天下曰：

朕惟帝王绥理万方首崇孝治尊亲之典，因事加隆至建立元储、懋敦国本，尤必推原懿德，同上晋徽称此历代不易之盛轨也。

清 ·《圣祖仁皇帝圣训 · 卷一》

【译文】康熙十五年丙辰正月乙未这一天，皇帝诏谕天下说：

朕认为帝王治理万邦，协和天下，首先要推崇孝治、尊亲这一治典，只有这样才能使国家隆兴。至于建元立储、懋敦国本之类的事情，尤其要推崇先辈的功德，因此对先辈晋上尊号，也就成了历代不易的盛典的规制。

清圣祖康熙九年十月癸巳上谕礼部

康熙九年庚戌十月癸巳，上谕礼部：

朕惟至治之世不以法令为亟，而以教化为先，其时人心醇良风俗朴厚，刑措不用比户可封。长治久安茂登上理，盖法令禁于一时，而教化维于可久……朕今欲法古帝王尚德缓刑化民成俗，举凡：敦孝弟以重人伦，笃宗族以昭雍睦，和乡党以息争讼，重农桑以足衣食，尚节俭以惜财用，隆学校以端士习，黜异端以崇正学，讲法律以儆愚顽，明礼让以厚风俗，务本业以定民志，训子弟以禁非为，息诬告以全良善，戒窝逃以免株连，完钱粮以省催科，联保甲以弭盗贼，解仇忿以重身命。以上诸条著通行，晓谕八旗并直隶各省府州县乡村人等，切实遵行。

清·《圣祖仁皇帝圣训·卷六》

【译文】康熙九年庚戌十月癸巳这一天，皇帝谕示礼部：

朕认为要达到天下大治之世，不应该以法令规范人们，而是要用教化先去教化世人，这样做了世间就会出现人心纯良、风俗朴厚的现象，刑法、政令不再使用，可以被旌表的人家比比皆是。要让国家长治久安，的确是需要广泛推行以上的道理，这是因为法律、政令可以禁于一时，可是教化百姓所得到的效果可以持续很久……朕现在打算效法古时候的帝王，崇尚德政、减免刑罚、推行教化、形成风俗，因此要求各地、各级官员举荐：具有敦厚的品德、孝悌的品行、注重人伦道德的人，能和睦宗族、使宗族上下出现雍睦现象的人，能和顺乡党、止息争斗和狱讼的人，重视农桑能自足衣食的人，崇尚节俭、爱惜财物的人，能兴隆学校以端正士人习性的人，能废黜异端、崇尚正学的人，能讲求律法以儆示愚顽的人，能勤务本业以确定百姓志向的人，能教训子弟禁止他们胡作非为的人，能止息诬告以保全良善百姓的人，能戒除窝逃罪犯免除株连的人，能完成钱粮交纳不用官府催科的人，能组织保甲联保消弭盗贼的人，能化解仇忿注重身家性命的人。以上这些条目要明著通行于天下，并且晓谕八旗和直隶及各省、府、州、县、乡、村的百姓，要求他们切实遵行。

清圣祖康熙三十七年十二月戊午上谕大学士

（康熙三十七年十二月）戊午，上谕大学士等曰：

兴起教化、鼓舞品行，必以孝道为先，节妇应加旌表，孝子尤宜褒扬。八旗岂无孝子？其居官殷实者行孝乃分内事耳，贫人克尽孝道诚为非易，如有身处贫寒能尽孝于父母者，察明奏闻。

清·《圣祖仁皇帝圣训·卷七》

【译文】（康熙三十七年十二月）戊午这一天，皇帝谕示大学士等：

兴办教育教化百姓、鼓励百姓们良好的品行，必须以孝道的推行为先，贞洁的妇女要加以旌表，孝敬父母的人尤其要加以褒扬。八旗子弟子之中难道没有孝子吗？居于官身的人家家境殷实，在家中行孝是分内之事，贫苦的人家克尽孝道却十分不容易，如果有身处贫寒却能克尽孝道于父母的人，相关司衙要察证清明如实奏闻（以便褒奖）。

清圣祖康熙五十二年三月壬寅上谕大学士

康熙五十二年癸巳三月壬寅，上命大学士等传谕直隶各省，庆贺万寿节。

谕众老人曰："《书》称'文王善养老'，《孟子》云'五十非帛不暖，七十非肉不饱'。"帝王之治天下发政施仁未尝不以养老尊贤为首务，近来士大夫只论居官之能否，而移风易俗之实政、入孝出弟之本心未暇讲究。朕因今日之盛典特宣此意，若孝弟之念稍轻而求移风易俗其所厚者薄，而其所薄者厚矣！尔等老人比回乡井之间，各晓谕邻里务先孝弟，倘天下皆知孝弟为重，此诚移风易俗之本，礼乐辞让之根，非浅鲜也？昨日甘霖大沛，田野沾足，朕心大悦，尔等无误农时，速回原籍。特谕。

清 · 《圣祖仁皇帝圣训 · 卷八》

【译文】康熙五十二年癸巳三月壬寅这一天，皇帝命大学士等传谕直隶、各省，让他们庆贺万寿节。

谕示众老人说："《尚书》中称文王善于敬养天下的老年人，《孟子》中说老年人五十岁之后没有帛制的衣服御寒就不会感到暖和，七十岁的时候没有肉食就感觉不到饱。"帝王治理天下、颁布政令、实施仁政，没有不以养老尊贤作为首要政务的，近来士大夫只是思量自己是否有担任官职的能力，可是移风易俗这种实实在在的政令，教化百姓让他们具有入孝出悌这种品性的却没有空暇去深究。朕正为此借举行万寿节盛典的机会，特别宣布朕尊老敬贤的意旨，如果孝悌这种念头稍轻，却要求所辖之地能移风易俗、敦厚风俗，这种可能性是很小的，反之则会有很大的几率！你们这些老年人回到乡间之中要各自晓谕自己的邻里，为人处世一定要以孝悌为先，如果天下都能以孝悌观念为重，那么就会成为移风易俗的根本，成为礼乐辞让这些规范之根，这不是非常浅显的道理吗？昨天大雨丰沛，田野之中都沾了雨露，朕十分高兴，你们不要误了农时，速速回到原籍从事生产。特谕。

清圣祖康熙五十三年七月己未与学士关葆奏对事

（康熙五十三年甲午）七月己未，上问学士关葆曰："尔曾居蒙古一年，用汉人之道可治蒙古否？"

关葆奏曰："不可。"

上曰："拂人之性使之更改，断乎不可。譬如陕西、江南百姓令其易地而居，则不但彼处田土此不能耕，此处器械彼不能用，即水土亦多不服。惟天赋忠孝之性无有异同，虽穷荒僻壤亦有至忠至孝之人，不可以地论也。"

清 · 《圣祖仁皇帝圣训 · 卷八》

【译文】（康熙五十三年甲午）七月己未这一天，皇帝问学士关葆说："你曾经在蒙古居住一年，用治理汉人区域的方法治理蒙古可以吗？"

关葆说："不可以。"

皇帝说："拂逆人的本性让他们更改心性，断然是不可以的。就如同陕西、江南的百姓让他们易地去居住，不但是所易之地的田地不能耕种，所易之地的器械不能使用。对于水土也会有许多人不服。只有天性忠孝的人对不同的地域没有什么异同，就算是穷荒僻壤也会有至忠、至孝的人，是不可以用地域来区分他们的。"

清圣祖康熙二十八年五月壬戌上谕《孝经衍义》事

康熙二十八年己巳五月壬戌，礼部右侍郎张英等以编纂《孝经衍义》告成，进呈御览。上曰：

《孝经》一书皇考世祖章皇帝以孝为万事之纲，五常百行皆本诸此，命儒臣博采群书加以论断，名曰《孝经衍义》。朕继述先志特命纂修，今书已告成，著刊刻颁发，以副皇考孝治天下至意。

清 · 《圣祖仁皇帝圣训 · 卷十一》

【译文】康熙二十八年己巳五月壬戌这一天，礼部侍郎张英等编纂的《孝经衍义》一书告成，进呈皇帝御览，皇帝说：

《孝经》一书是先皇世祖章皇帝（即顺治帝）认为孝是万事的纲常之基，五常、百行等都是以此为本，命儒臣博采群书并对经书中的文字加论断，取名为《孝经衍义》而作的书。朕继承先皇祖述先圣的志向，特命儒臣纂修，现在此书已经告成，著令刊刻颁发，不辜负先皇以孝治理天下的至德美意。

清圣祖康熙二十三年十一月己卯宣谕衍圣公孔毓圻

（康熙二十三年甲子十一月己卯）上幸诗礼堂，衍圣公孔毓圻等行礼毕，监生孔尚任进讲《大学》《孝经》首节，举人孔尚鉝进讲《易经 · 系辞》首节，讲毕上命大学士王熙宣谕衍圣公孔毓圻等曰：

至圣之道与日月并行与天地同运，万世帝王咸所师法，下逮公卿士庶罔不率由。尔等远承圣泽，世守家传，务期型仁讲义履中蹈和，存忠恕以立心，敦孝弟以修行，斯须弗去以奉先训，以称朕怀……

清 · 《圣祖仁皇帝圣训 · 卷十二》

【译文】（康熙二十三年甲子十一月己卯这一天）皇帝驾临诗礼堂（即曲阜孔庙诗礼堂），衍圣公孔毓圻等人礼拜完毕后，监生孔尚任进前讲述《大学》《孝经》首章，之后举人孔尚鉝进前讲述《易经 · 系辞》首节。讲述完毕，皇帝命大学士王熙宣谕衍圣公孔毓圻等人说：

至圣（即孔子）之道是可以和日月并行和天地同运的至德要道，可以为万世历代帝王所师法、效行，（上起帝皇，）下至公、卿、士、庶没有不执行圣人之道的。你们承继了圣人的血脉恩泽，世代相守、家传德义，一定要讲求仁义、遵循中庸谦和之道，心存忠恕之心以立德修心，敦笃孝悌之道以修养品行，一定不要拂逆、背离先圣的训诫，以称朕心怀……

清圣祖康熙三十九年六月戊午御制文训饬士子

（康熙三十九年庚辰）六月戊午，御制训饬士子文，颁发礼部，命勒石太学。其文曰：

国家建立学校原以兴行教化作育人才典至渥也，朕临御以来隆重师儒加意庠序，近复慎简学使厘剔弊端，务期风教修明贤才蔚起……特亲制训言再加警饬，尔诸生其敬斩之。从来学者先立品行，次及文学学术，事功源委有叙。尔诸生幼离庭训长列宫墙，朝夕诵读宁无讲究？必也躬修实践砥砺，廉隅敦孝顺以事亲，秉忠贞以立志，穷经考义勿杂荒诞之谈，取友亲师悉化骄盈之气，文章归于醇雅毋事浮华……

清 · 《圣祖仁皇帝圣训 · 卷十二》

【译文】（康熙三十九年庚辰）六月戊午这一天，皇帝下御制文训饬士子，行文颁发至礼部，皇帝命勒石刻于太学中。御制文说：

国家建立学校是为了推行教化、培育人才的至典，是对天下士子的优渥，朕自即位以来，尊奉师、儒，刻意加强庠序（即学校）的建设，近来学风归复慎简，学使应以厘除弊端，务使风俗敦厚为重，以使教化清明，天下贤才不断出现……因此特别亲制训言再次对天下士子加以警饬，你们这些生员都要恭敬地听从、执行。自古以来讲求学业的人，首先要树立自己的品行，其次才是文学、学术，这样做才会明白事情的原委，才会事半功倍，才会有所记叙。诸生自幼离开家庭，长期在宫墙之内学习，朝夕诵读难道就没有什么感悟？学习一定要躬求实践砥砺磨炼，要去除不好的品行，以敦笃孝敬的行为去侍奉自己的亲人，秉承着忠贞的品性去树立自己的志向，认真钻研经典、考据辞章，不要有荒诞杂乱的言语，以诚信对侍朋友，尊奉亲近自己的师长，去除骄盈之气，写字作文章要归于醇雅不要浮华……

清圣祖康熙二十六年上谕大学士

（康熙二十六年丁卯）十月辛未，上谕大学士等曰：

百行莫大于孝，近者汉军居父母之丧，亲朋聚会呼庐饮酒，毫无居丧之礼，至孝服鞍辔等□所用素白皆异常华美。丧礼当自尽其诚，服用粗恶岂宜华美？孝道如此其他又何足观……亦令查访，指名题参。

清 ·《圣祖仁皇帝圣训 · 卷二十五》

【译文】（康熙二十六年丁卯）十月辛未这一天，皇帝谕示大学士等人说：

天下百行没有比“孝”更大的事，近来（有些）汉军旗的旗人在父母丧葬之时，亲朋聚会却博彩、呼喝、饮酒，一点也没有居丧时的礼法，以至他们身上的孝服，所使用的鞍辔等物，所用的素白等物都异常华美。丧葬的礼法要求居丧之人自当尽其孝诚，服饰、器用要粗陋，岂能使用华美的物品？这些人的孝行如此，其他的行止又有什么可取、可观的……（这种现象一旦出现，）科道要按法令进行查访，指出他们的名字参劾他们。

《世宗宪皇帝上谕八旗》二则

清世宗雍正元年九月二十五日谕

（雍正元年九月二十五日）谕曰：

孝必本于诚，心如欲邀孝名即属虚伪，即为不孝……

清 ·《世宗宪皇帝上谕八旗 · 上谕旗务议覆 · 卷一》

【译文】（雍正元年九月二十五日）皇帝下谕：

孝一定要本于诚心，如果从心里只是要邀取孝的名声，就属于虚伪，就是不孝……

清世宗雍正三年上谕

……惟于父母之丧但恐无以饰观有伤颜面，人或谓之不孝，每多勉强逾分费用，此皆无知之所致耳！夫孝者在于诚心，并不在于躐等糜费，本自各有定分也……

清 ·《世宗宪皇帝上谕八旗 · 上谕旗务议覆 · 卷三》

【译文】（雍正三年皇帝谕旨）……父母丧亡，作为儿女恐怕不能装饰丧礼，没有什么让其它的人去观览的，恐怕丧礼的耗费不多会有伤于自己的颜面，别人或者会指责他们不孝，因此每每勉强装饰丧礼，过度地虚耗费用，这些都是无知所导致的现象啊！对于“孝”这一德行来说，关键在于是否有诚心对待自己的父母，并不在于丧仪之时虚耗靡费，不同的人各有不同啊……

《世宗宪皇帝上谕内阁》三则

雍正六年七月十六日上谕内阁

……所谓孝者必奉法守身诚心几谏以成亲之善而免其过，然后可称为孝子。未闻父子济恶作奸犯科俱罗重谴，情无可原忽以私意恳求，藐视国法而可谓之孝者……

清 ·《世宗宪皇帝上谕内阁 · 卷七十一》

【译文】（雍正六年七月十六日）皇帝谕旨：

……所谓的“孝”，必须具有奉公守法、守身以诚、能几谏父辈行善举，使他们免于过错，这样才能称得上是孝子。没有听说过父子相济作恶、作奸犯科都受到重谴，情无可原之处，却因为子孙私下里恳求、藐视国法而被称为孝的……

清世宗雍正六年十一月二十八日上谕

（雍正六年十一月）二十八日奉上谕：

据编纂《一统志》总裁官大学士蒋廷锡等奏称：本朝名宦人物各省志书既多缺略，即有采录又不无冒滥，必得详查确核，采其行义事迹卓然可传者，方足以励俗维风……（著令）书中各项分条目仍照例排纂，其本朝人物一项著照所请，将各省所有名宦、乡贤、孝子、节妇一应事实，即详查确核，先行汇送《一统志》馆以便增辑成书。

清 ·《世宗宪皇帝上谕内阁 · 卷七十五》

【译文】（雍正六年十一月）二十八日奉皇帝谕旨：

据编纂《一统志》总裁官大学士蒋廷锡等奏称：本朝名宦人物各省志之中多有缺略，同时所采录人或事的有些冒滥虚罔，各地必须要详查确核，要采其义行、事迹确为可立的人为之立传，这样才能激励风俗……（著令）书中各项分条目仍然按照旧例编排纂写，其本朝人物一项允其所请，将各省的名宦、乡贤、孝子、节妇等一应事实条目，即行详查确核后，先行汇集送《一统志》馆以便编辑成书。

清世宗雍正十年十二月十五日上谕

（雍正十年十二月）十五日奉上谕：

据署陕西巡抚史贻直奏称：武功县生员李倬、同州生员刘运惇，承家孝谨七传皆合族而居，恳请旌扬，以光盛典等语。

李倬、刘运惇同居七世，敦睦可风，朕亲书扁额颁赐以示嘉奖，其建坊题碑之处仍著照例行。

清 ·《世宗宪皇帝上谕内阁 · 卷一百二十六》

【译文】（雍正十年十二月）十五日奉皇帝谕旨：

据署理陕西巡抚史贻直奏称，武功县生员李倬、同州生员刘运惇，继承家族之中孝谨传世的家风已历七代，家族成员都聚族而居，恳请旌表，以光大国家盛典等言语。

李倬、刘运惇同居七世，敦睦的家风可以宣扬，朕将亲自书写匾额颁赐其家，以示嘉奖，其建坊题碑之处仍然按照旧例执行。

《畿辅通志》二则

清世宗雍正谕直省督抚

谕直省督抚：

朕惟四民以士为首，农次之，工商其下也。汉有力田“孝弟之科”而市井子孙不得仕宦，重农抑末之意庶为近古，今士子读书砥行学成用世，国家荣之以爵禄，而农民勤劳作苦手胼足胝以供租赋，养父母育妻子……其令州县有司择老农之勤劳俭朴身无过错者，岁举一人给以八品顶带荣身，以示鼓励。

雍正二年闰四月初四日。

清 · 李卫监修《畿辅通志 · 卷二 · 诏谕》

【译文】（雍正帝谕示）直隶及各省的总督、巡抚：

朕认为士、农、工、商四民之中以士为首，农次之，工商在其后。汉代有“孝悌力田”这一荐举的科目，而市井之人的子孙不得出仕为官，重农抑末的意旨是和近古相似的，现在士子们要努力读书砥砺实践，以便学成之后为国家所用，国家也不吝于爵位去任用他们，而农民勤劳耕作以供租赋，侍奉父母、养育儿女……令各州相关司衙选择勤劳俭朴的、没有触犯过律法的老农，并举荐他们，要求每年举荐一人，国家将以八品官员的顶戴赐予他们，以使他们荣宠其身，以对他们表示鼓励。

雍正二年闰四月初四日。

清世宗雍正二年遵旨议准直隶各省州县卫建“双忠祠”

雍正二年遵旨议准：顺天府直隶各省府州县卫，分别男女每处各建二祠。一为“忠义孝弟”之祠建于学宫内祠门内，立石碑一通，将前后忠义孝弟之人刊刻姓氏于上，已故者设位于祠中；一为“节孝之祠”，另笃地营建，祠门外建大坊一座，将前后节孝妇女标题姓氏于上，已故者设位于祠中。每年春秋二次致祭。

清 ·《畿辅通志 · 卷四十九 · 祠祀》

【译文】雍正二年遵皇帝旨意部议照准：顺天府、直隶各省、府、州、县、卫所，每一地要分别男女建祠堂二处。一为“忠义孝悌”祠，建于当地学宫内祠门内，并立石碑一幢，将本地历来具有忠、义、孝、悌风范、名望的人名、姓氏刻于石碑之上，已经亡故的设神位于祠堂之中；一为“节孝之祠”，另外寻找合适的地方营建，祠门外建大坊一座，将本地历代具有贞洁、孝敬品行的妇女的姓氏标题于坊上，已经亡故的设神位于祠堂中。这两个祠堂当地官员每年春秋二季都要对其进行致祭。

《皇朝太学志》二则

清世宗雍正元年谕礼部

五伦为百行之本，天地君亲师，人所并重。而天地君亲之义，又赖师教以明，自古师道无过于孔子，诚百世之至圣也……

清 · 陆宗楷《皇朝太学志 · 卷二 · 纶章一》

【译文】君臣、父子、兄弟、夫妇、朋友这五种人伦关系，是世间百行的根本；天、地、君、亲、师，是为世间所重的伦常道行。天、地、君、亲、师中所含有的道德伦常关系、意义，世间的人要想明白，全赖师长的教导，自古以来师道之重没有比孔子更伟大的，孔子实在是世间百世的至圣呀……

清圣祖御制饬士子文

……从来学者先立品行，次及文字，字术事功源委有叙。尔诸生幼闻庭训，长列宫墙，朝夕诵读，宁无讲究？必也躬修实践砥砺廉隅，敦孝顺以事亲，秉忠贞以立志，穷经考义勿杂荒诞之谈，取友亲师，化骄盈之气，文章归于醇雅，毋事浮华……

清 · 陆宗楷《皇朝太学志 · 卷七 · 纶章二》

【译文】……从来求学的人都要先树立自己的品行，之后再谈及文字方面的造诣，文字、术数、事业、功绩都是在这一根本上才能产生的。你们太学生员自幼在家中、在太学中听闻庭训，长期在宫墙之内求学，朝夕诵读圣人的文章，怎么会不讲究这些呢？做为太学生员，一定要躬行实践，一定要砥砺学识，养成廉洁的品性，一定要极尽孝敬地对待父母、事奉亲人，一定要秉承忠贞的品质树立大志，一定要穷究经义，不要去做、去说那些杂乱、荒诞的事情，要以信义对待友人，要尊敬师长，要去除骄盈之气，使自己的文章归于醇厚、儒雅，不要寻求浮华的文风……

《江南通志》三则

清圣祖康熙六十一年十一月圣谕

康熙六十一年十一月：

……皇考每遇谳决[①]必加详审，爰书累牍披阅，靡遗少有可生之路，立施法外之仁。凡我百姓各宜孝亲敬长畏罪怀刑，以副朕仰法皇考如天好生之意。

清 · 赵宏恩监修《江南通志 · 卷首三之一》

【简注】①谳决：即判断、判决。

【译文】康熙六十一年十一月：

……皇父在位的时候每遇到判决死刑的奏章都要详加审定，总是连篇累牍地披阅、查寻律令，寻找哪怕是一点的可以减刑的方法，以求法外施恩去除死刑。凡是我朝百姓都要孝敬自己的父母，敬奉自己的长辈，这样才能畏罪怀刑，才可以不辜负朕仰法先皇好生的意旨。

清世宗雍正十三年九月二十六日上谕

雍正十三年九月二十六日内阁抄出，奉上谕：

……夫教民之道必先之以养民，惟期顺天因地养欲给求，俾黎民饱食暖衣太平有象民心自顺，民生优裕民质自驯，返朴还淳之俗，可致庠序，孝弟之教可兴，礼义廉耻之行可敦也……

清 · 《江南通志 · 卷首四之一》

【译文】雍正十三年九月二十六日内阁抄出皇帝的圣旨，奉上谕：

……教化百姓的方法首先是要让各级官员知道如何恩养百姓，只有顺承上天的意旨去恩养百姓，满足他们日常的生活，百姓们才会衣食饱暖，太平盛世的景象才会出现，民心才会顺服，百姓们生活优裕了，自然会驯服于朝廷，天下才会出现敦厚质朴的风俗，将这种风俗用庠序等学校的教育去推广，那么天下孝敬父母、友悌兄弟的教化之风就可以兴隆，礼、义、廉、耻这些道德风范才可以在百姓之中推行……

清世宗雍正十三年十月初五日上谕

雍正十三年十月初五日奉上谕：

父母之恩昊天罔极，而丧礼以三年为断者，所以节仁人孝子之哀而使有所极也。三年之丧犹不能终，则百行皆无其本矣！

鲁公禽父衰绖而即戎，孔子以为有为为之也，古者诸侯之大夫、士虽有既葬而服国事之礼，然古之仕者不出其乡，殡殓皆亲窀穸，既营虽使绖而即事义尚可安也。今之仕宦近者犹数百千里，含殓不知宅兆未卜，而晏然于官所情能自已乎？往者道府以上要缺间有督抚保题在任守制，而特旨从之者，其后遂习为故，常并及州县微员其中，有平日督抚所亲信而欲留者，有竟自愿留者，有多方营求以得之者，而不得者且用为耻。

夫事亲孝故忠可移于君，使其人本仁孝而强夺其情则傀然不能终日，必至怆恍昏迷废弛公事，若以为安则忍戾贪冒之人也，国家安所用之？而所治士民亦安能服其政教乎？

自后必其地其任其事其时决不可少是人而无能相代者乃准保题，以凭核夺，余俱停止，永著为例。特谕。

清·《江南通志·卷首四之一》

【译文】雍正十三年十月初五日奉皇帝的谕旨：

父母对子女的恩情，就像上天的恩情一样没有极尽，因此父母去世后，丧礼以三年为期，这是为了让仁人孝子的哀痛之心能极至地展示出来。如果连三年的丧期都不能始终，那么天下百行就会丧失根本！

鲁公禽父服丧时穿着丧服出战，孔子认为他是有作为的君主。古时诸候间士大夫、士这些人虽然家有丧事，身着丧服依然忙于国事，可是古时候出仕的人，一般来说出仕为官是不出乡间的，他们行丧葬礼时都会亲自为父母、长辈选择墓室，即使为官也身着丧服，这样他们才会心安。现在的官员出仕近的离家几百里，远的几千里，父母去世入土时，有许多还接不到讣告，他们却晏然无事的在任为官，这如何能表达自己对父母的感情？以往道、府以上有要缺，间或有总督、巡抚保举题奏，让这些官员夺情守制，国家特旨照准，以后遂习以为常以为故例，经常有州、县之中微末的官员也杂于其中，这些人有的是总督、巡抚的亲信或平日里要保留的人，有的竟然自愿留任，有的多方营求以留任，这些人不以留职不守丧为耻。

平日事奉自己的父母长辈尽孝，才能将这种品行移到为国尽忠上来，假使此人本来具有仁孝的品行，却强迫他夺情守制，那么此人心中定然惶惶不可终日，心神不宁以致神色怆恍，神情迷废以至于废弛于公事，如果此人能安心地夺情守制，那么他一定是心术不正的贪冒之人，国家怎么会放心使用这种人？而他所治下的士民又如何能安服于他所定下的政教之令？

从现在开始，夺情守制之事必定是其地其任其事其时非此人不可，其他的人不能替代的，方可以保奏夺情，以国家的凭据核实后方可夺情，其他的都要停止，以后永为此例。特谕。

《江西通志》一则

清圣祖康熙九年上谕“论兴教化”

论兴教化（康熙九年）

上谕礼部：

朕惟至治之世不专以法令为务而以教化为先，其时人心醇良、风俗朴厚、刑措不用、比屋可封、长治久安、茂登上理。盖法令禁于一时，而教化维于可久，若徒恃法令而教化不先，是舍本而务末也……

朕今欲法古帝王尚德缓刑、化民成俗。举凡敦孝弟以重人伦，笃宗族以昭雍睦，和乡党以息争讼，重农桑以足衣食，尚节俭以惜财用，隆学校以端士习，黜异端以崇正学，讲法律以儆愚顽，明礼让以厚风俗，务本业以定民志，训子弟以禁非为，息诬告以全善良，诫窝逃以免株连，完钱粮以省催科，联保甲以弭盗贼，解仇忿以重身命等项作何训迪劝导，及作何责成内外文武该管各官督率举行，尔部详察典制定议具奏。

特谕。

清 · 《江西通志 · 卷首之二》

【译文】可参见本书第198页清 · 《圣祖仁皇帝圣训 · 卷六》。

《福建通志》四则

清圣祖康熙十八年上谕十六条

圣祖仁皇帝上谕十六条（康熙十八年）：

敦孝弟以重人伦，笃宗族以昭雍睦，和乡党以息争讼，重农桑以足衣食，尚节俭以惜财用，隆学校以端士习，黜异端以崇正学，讲法律以儆愚顽，明礼让以厚风俗，务本业以定民志，训子弟以禁非为，息诬告以全善良，诫匿逃以免株连，完钱粮以省催科，联保甲以弭盗贼，解仇忿以重身命。

清 · 郝玉麟《福建通志 · 卷首之一》

【译文】清圣祖仁皇帝（即康熙帝）上谕十六条（康熙十八年）：

（为人处世要）品行敦睦，能孝敬父母、友悌兄弟、重视人伦；要和顺于宗族，使宗族之中出现雍雍睦睦现象；要和谐于乡党、邻里，以止息纷争狱讼；要重视农桑，使家庭能丰衣足食，要兴隆学校，以端正士子风气的品行能力；要讲求律法，以儆戒愚顽的人；要明晓礼法、礼让，以敦厚风俗；要勤务本业，以安定自己的志向；要教训子弟，禁止他们去胡作非为；要平息诬告，以保全良善的人；要互为警诫，不要窝藏逃犯以免除诛连；要交纳钱粮，以省去官府催科；能创立保甲以消弥盗贼；要心胸大度，能化解仇忿，注重身家性命。

清世宗雍正元年谕旌表

谕旌表（雍正元年）：

谕礼部：致治之要首在风化，移风易俗莫先于鼓励良善，使人人知彝伦天则之为重……

朝廷每遇覃恩诏款内必有旌表，孝义贞节之务实系巨典，迩来直省大吏往往视为具文，并未广咨远访，祗将有力之家嘱托赂遗者，漫凭郡县监司之申详，即为题请建坊，而山村僻壤贫寒耕织之人，或菽水养亲天性笃孝，或柏舟矢志之死靡他乡邻嗟叹为可钦，而姓氏不传于城邑，幽光湮郁、潜德消沈者何可胜数。

尔部即行传谕督抚、学政诸臣，嗣后务令各属加意搜罗，虚公核询、确具本人，乡评实迹题奏旌奖，勿以匹夫匹妇而轻为沮抑，勿以富家巨族而滥为表扬，以副朕成俗化民实心彰善至意。

清 ·《福建通志 · 卷首之一》

【译文】谕旨旌表（雍正元年）：

谕示礼部：使国家大治的首要条件在于端正风俗、教化百姓，移风易俗，首先要培养百姓良善的品性，要使人人都知道彝伦纲常犹如天地的法则一样……

朝廷每次广施恩泽的诏旨之中，都必定有旌表这一条款，这是因为孝义、贞节这些实务是国家的重典。但历来直隶各省的督抚、各地的封疆大吏往往只是把这类诏旨视为一般性的文字，并没有广泛地去咨询访问，受那些有实力、势力的人家的嘱托、贿赂之后，便随意地由郡县的监司去申报，即为他们题请旌表建坊，可是山村僻远的地方、贫寒的耕田桑织之人，他们或者仅能用菽水去奉养双亲，但天性却笃于孝敬，或者以柏舟之志，在他乡寡居死守节操，为邻里所钦服，他们的名字姓氏不在城邑之中传播，这种品行高洁却被湮没的人，有不为人知的品德却不为人知，而使这样良好的德行消沉，这样的人实在是无可计数。

你们礼部即刻传朕的谕旨给各地的督抚、学政及其他的臣子，从此之后一定要他们着意去搜罗，虚心地查核询问，（对于所旌表之人）确系本人的实绩，其事迹为乡间所认同的，方可题名奏请旌表褒奖，不得轻视平常的百姓，不得阻遏抑制他们，也不得因为是富贵人家或巨家大族，便滥为表扬，以辜负朕形成良好风俗、教化百姓、彰显良善的实心至意。

清世宗雍正五年“御制《诗经传说丛纂》”序

（雍正五年）御制《诗经传说丛纂》序：

朕惟《诗》之为教，所以成孝敬、厚人伦、美教化、移风俗，其用远矣！自说《诗》者各以其学行，世释解纷纭而经旨渐晦。朱子起而正之，《集传》一书参考众说，探求古始，独得精意，而先王之诗教藉之以明，国家列在学宫著之功，令家有其书人人传习……

清 · 《福建通志 · 卷首之二》

【译文】（雍正五年）御制《诗经传说丛纂》序：

朕认为《诗经》的意旨是可以教化百姓的，是可以彰显孝敬、敦厚人伦、宣扬推美教化、移风易俗的，其作用可以说是十分深远！自从研究《诗经》的人各自以自己的学行进行注述《诗经》，世上各种各样的解释纷纭而起，于是对于经文的解释日渐晦涩。朱子对《诗经》的释义进行了纠正，《诗经传说丛纂》一书，参考了各家的说法，探求古时经文之中初始的意思，独得新意，进而以先王的诗教给予了证明，因此国家将此经列于学官之中以彰显其名、其功德，令有这部书的人家要让更多的人去传习此书……

清世宗雍正七年谕富户

谕富户：

……夫保家之道若奢侈靡费，固非所以善守，而悭吝刻薄亦非所以自全，《周礼》以乡三物教万民，有曰孝友、睦姻、任恤，可知公财行惠，任恤之义与孝友而并重者也……

清 · 《福建通志 · 卷首之三》

【译文】谕旨富户

……保全家业之道如果奢侈靡费，固然不是善于持家守业，而悭吝刻薄也不是自全、兴业、守家的方法，《周礼》以乡三物教化万民，上面说（保全守家）要孝敬父母友悌兄弟、和顺家族和睦姻亲、诚信待人帮助他人，由此可知使公家的财物惠于万民、诚信待人、帮助他人是和孝敬父母友悌兄弟并重的品德……

《山东通志》一则

清世宗雍正二年“圣谕文训序”

往训推广立教之思，先申孝弟之义，用是与尔兵民人等宣示之。

夫孝者天之经，地之义，民之行也。人不知孝父母独不思父母爱子之心乎？方其未离怀抱，饥不能自哺，寒不能自衣，为父母者审音声、察形色，笑则为之喜，啼则为之忧，行动则跬步不离，疾痛则寝食俱废，以养以教至于成人，复为授家室、谋生理，百计经营心力俱瘁，父母之德实同昊天罔极。人子欲报亲恩于万一自当内尽其心、外竭其力，谨身节用、以勤服劳以隆孝养。毋博奕饮酒，毋好勇斗狠，毋好货财、私妻子，纵使仪文未备而诚悫有余，推而广之如曾子所谓“居处不庄非孝”“事君不忠非孝”“莅官不敬非孝”“朋友不信非孝”“战阵无勇非孝”[①]，皆孝子分内之事也。至若父有冢，子称曰“家督”，弟有伯兄尊曰“家长”，凡日用出入事无大小众子弟皆当咨禀焉，饮食必让，语言必顺，趋必徐行，坐立必居下。凡以明弟道也，夫十年以长则兄事之，五年以长则肩随之，况同气之人乎！故不孝与不弟相因，事亲事长并重，能为孝子然后能为悌弟，能为孝子悌弟然后在田野为循良之民，在行间为忠勇之士。尔兵民亦知为子当孝为弟当悌，所患习焉不察，致自离于人伦之外，若能痛自愧悔出于心之至诚，竭其力之当尽由一念孝弟，积而至于念念皆然。勿尚虚文，勿略细行，勿沽名而市誉，勿勤始而怠终，孝弟之道庶克敦矣！

夫不孝不弟国有常刑，然显然之迹刑所能防，隐然之地法所难及，设罔知愧悔自陷匪僻，朕心深为不忍，故丁宁告诫庶尔兵民，咸体朕意感发兴起各尽子弟之职。于戏！圣人之德本于人伦，尧舜之道不外孝弟，孟子曰“人人亲其亲、长其长，而天下平尔”，兵民其毋视为具文焉。

笃宗族以昭雍睦，《书》曰“以亲九族”，九族既睦是帝尧首以睦族示教也。《礼》曰“尊祖故敬宗，敬宗故睦族”，明人道必以睦族为重也。夫家之有宗祖犹水之有分派、木之有分枝，虽远近异势疏密异形，要其本源则一。故人之待其宗族也，必如身之有四肢百体，务使血脉相通而疴痒相关。《周礼》本此意以教民，著为六行：曰“孝”、曰“友”而继曰“睦”，诚古今不易之常道也！我圣祖仁皇帝既谕尔等以敦孝弟、重人伦，即继之曰“笃”，宗族以昭雍睦，盖宗族由人伦而推，雍睦未昭即孝弟有所未尽。朕为尔兵民详训之，大抵宗族所以不笃者或富者多吝而无解推之德，或贫者多求而生物缺望之思，或以贵凌贱而势利汨其天亲，或以贱骄人而忿傲施于骨肉，或货财相竞不念袒免之情，或意见偶乖顿失宗亲之义，或偏听妻孥之浅识，或误中谗慝之虚词，因而诟谇倾排无所不至，非惟不知雍睦抑且忘为宗族矣！尔兵民得不思子姓之众皆出祖宗一人之身，奈何以一人之身分为子姓遽相视为途人而不顾哉！昔张公艺九世同居，江州陈氏七百口共食，凡属一家一姓当念乃祖乃宗，宁厚毋薄，宁亲毋疏，长幼必以序，相洽尊卑必以分相联，喜则相庆以结其绸缪，戚则相怜以通其缓急，立家庙以荐烝尝，设家塾以课子弟，置义田以赡贫乏，修族谱以联疏远。即单姓寒门或有未逮，亦各随其力所能为以自笃其亲属。诚使一姓之中秩然蔼然，父与父言慈，子与子言孝，兄与兄言友，弟与弟言恭，雍睦昭而孝弟之行愈敦，有司表为仁里，君子称为义门，天下推为望族，岂不美哉！若以小故而坠宗支，以微嫌而伤亲爱，以侮慢而违逊让之风，以偷薄而亏敦睦之谊，古道之不存即为国典所不恕。尔兵民其交相劝励共体祖宗慈爱之心，常切水木本源之念，将见亲睦之俗成于一乡一邑，雍和之气达于薄海内外，诸福咸臻太平有象，胥在是矣！可不勖欤？②

清 ·《山东通志 · 卷一之三 · 圣谕广训序》（节录）

【简注】①“居处不庄非孝”“事君不忠非孝”“官不敬非孝”“朋友不信非孝”“战阵无勇非孝”：皆出自《礼记 · 祭义》。②此文乃雍正二年雍正帝文。

【译文】以往前代帝王圣训中推广树立教化之风的思考，首先是要申明孝悌这一德行，朕向天下的兵民宣示如下：

“孝”这一德行是天之经、地之义，百姓行止的根本，一个人不孝敬自己的父母，难道不思虑父母爱子女的严正慈爱之心吗？（人刚出生时）不能离开父母的怀抱，饥饿不能自己养活自己，寒冷不能给自己加衣，作为父母听着孩子的声音，观察孩子的形貌、颜色，孩子欢喜则为之高兴，孩子啼哭则为之忧愁，孩子生病、疼痛则饮食睡眠都不会安宁，于是养育他们、教育他们直至成人，之后又为其操持着成立家室，谋划着生计、生活，千方百计地经营家业。这些使得父母心力俱瘁，父母对孩子的恩德的确是如同天一样广厚且没有穷尽。作为子女要报答父母的恩情于万一，自然应当对他们内则穷尽其心力，外则竭诚地去奉养他们，要谨慎地修养身心节用财力，以勤谨的态度去服侍他们，以兴隆孝养之道。不要赌博饮酒，不要好勇斗狠，不要贪好财物、私念妻子，纵然是奉养父母的礼仪未能完备，但对父母的诚心要有剩余，推而广之就如同曾子所说的“居处不庄非孝”“事君不忠非孝”“莅官不敬非孝”“朋友不信非孝”“战阵无勇非孝”，等等，这都是孝子分内之事。如果家中的老父尚在，子女称其父为“家督”，作为弟弟，自己的长兄尚在要尊称其为“家长”，凡是日用出入，事无大小，家中的子弟都要禀明以征求父母或兄长的意见，饮食时必定要先让父母兄长，语言必定要恭顺，行走随行必定要徐徐而行，坐立必定要居于下首。要明白悌这一德行的道理，（对待他人）如果年龄比自己长十岁则要以兄长之礼对待，长五岁则可以肩行相随，更何况是同气连枝的兄弟！因此不孝和不悌相互为因果，事奉父母敬奉长上应当并重，能成为孝子然后才能成为悌弟，能成为孝子悌弟然后才能在社会上成为遵循良善的百姓，在行止中成为国家的忠正诚良之士。你们这些军民一定要知道为人子女应当孝敬父母，为人兄长应当友悌兄弟，所忧患之处在于自己的习性往往自己觉察不到行事的不足，以致于使自己的行为往往背离于人伦之外，如果能痛下决心，自愧自悔将至诚之心发自肺腑，竭尽其力自然会尽其一念于孝悌之中，积久之后自然会对父母兄弟念念不忘。不要崇尚虚文，不要忽略细枝末节，不要沽名吊誉求取名声，不要开始时勤于侍奉却有始无终，孝悌这一道义自然深入己心而使之敦厚！

不孝、不悌国家有针对这一行为的刑法，然而凸显出来的形迹可以防范，隐晦的事情法令也难以涉及，如果不去愧悔自己的行为而陷入刑罚当中，朕心中十分不忍。因此叮咛告诫天下百姓、军民，都要体会朕的心意，兴隆奋起，各自尽到子女兄弟的职责，且勿儿戏。圣人德行的根本在于人伦之道，尧舜之道不外乎崇奉孝悌，孟子曾经说过“人人亲其亲、长其长，而天下平尔”，天下的军民不要只是将这句话当成纸面上的文字。

笃睦于宗族以求达到雍雍睦睦，《尚书》上说“以亲和九族”，帝尧首先用九族间的雍睦以达到天下的教化，并以此来阐述自己的观点。《礼记》说“尊奉自己的祖先才能敬奉自己的宗族，敬奉自己的宗族才能使宗族出现和睦的现象”，因此明白人伦之道必定以亲睦宗族为重。一家之中有宗、有祖，就犹如江河有分支、树木有分枝一样，虽然远近各异、形势异形疏密，但其中的本源出自一处。因此一个人来对于自己的宗族，就如身体上有四肢百体，一定可让血脉相通，这和病痛疴痒相关。《周礼》一书中有这层意旨，并以此教化百姓，在书中列为六行：即为“孝”“友”，继而为“睦”，这是古今不易的常道！我朝圣祖仁皇帝就曾谕示百姓敦于孝悌、重视人伦。再继之称为“笃”，宗族之间昭雍和睦，这是因为宗族之间的关系是由人伦道德而推衍的，因此宗族间的雍睦没有显现，即是孝悌之道没有穷尽。朕为百姓、军民详细地训示，大抵宗族之中不笃的人，或者是富贵者，或者是性格吝啬者，没有推恩解让的德行；或者贫穷的人所求甚多而缺乏亲和的思考；或者以高贵凌辱贫贱，以势力凌于族人之上而远离天定的亲情；或者因为贫贱故为骄矜而不忿于自己的处境，故以傲慢的姿态对待骨肉；或者因为彼此货物财产的相互竞争，出现偏袒，减免彼此之间的感情；或者意见偶而乖谬，顿失宗族亲和之义；或者偏听妻妾浅陋的见识，或者误中谗言、隐慝之中的虚妄之词，因而诟语谇言等无所不至。这些人不是不知道雍睦之义，只是忘却宗族而已！你们军民不能不思考家庭之众都是出自祖先一人之身，奈何一人之身分支为众多的子姓，于是相互视为路人而不相顾！昔日张公艺九世同居，江州陈氏一家七百余口共同居住，凡是一家一姓都应当在心中不忘自己的祖宗、宗族，宁可厚于宗族，不可薄于宗族，宁可亲近宗族，不可疏远宗族，长幼之间一定要有次序，相互交往一定要懂得尊卑，分开之后要相互联系，喜庆则相互庆贺紧密联系，亲戚要相互怜惜以互通缓急，建家庙以供奉祖先，设立家塾以督课子弟学习，设置义田以赡养贫乏之人，修撰族谱以联系疏远的宗族。即使单姓寒门或者力有未逮，也要各尽其力，以自己的能力笃睦亲属。如果一姓当中秩序井然和睦，父亲与父亲之中说如何慈爱地对待子女，子女和子女之间相互言谈说如何孝敬父母，兄长和兄长之间谈论如何友爱兄弟，弟弟和弟弟之间谈论如何恭敬地对待兄长，在这种雍雍睦睦显行之中，孝悌品行则愈发敦睦，于是相关司衙可以在乡里之间表彰其仁义，君子之间称其家为义门，天下也会将其推选为望族，这难道不是相当美好的事情吗？如果因为小的原因而坠宗族之情，以微小的嫌隙有伤亲族间亲爱之意，以侮慢的态度而违逊谦让之风，以偷薄的心态而亏耗家族中的敦睦情谊，古时传留下来的道义不存，同时也为国家的法典所不容。你们军民一定要相互劝励，共同体会祖宗对你们的慈爱之心，要经常地有木本水源的念头，这样才会见到亲睦的风俗在一乡一邑之中出现，雍和的风气遍布于海内外，各种福源都会出现，以使天下达到太平的景象，我所要说的都在这里啦！共同勉励吧！

《广东通志》二则

康熙二十七年戊辰冬十月大赦诏养老

康熙二十七年戊辰冬十月大赦诏养老："七十以上许一丁侍养，免其杂役；八十以上者给绢一匹、绵一斤、米一石、肉十斤；九十以上者倍之；百岁者给建坊银两。"

清·《广东通志·卷七》

【译文】康熙二十七年戊辰冬十月，皇帝下令大赦天下，并下养老诏："七十岁以上的老人国家许家中成丁男子一人在家中奉养老人，免除其人的杂役；八十以上的老人国家将赐给老人绢一匹、绵一斤、米一石、肉十斤，以示敬奉；九十以上的老人国家赐给老人的物品，较八十者加倍；百岁以上国家将赐予银两兴建牌坊以示崇老。"

雍正元年夏五月恩赏老人诏

雍正元年夏五月恩赏老人诏：

八十以上老人素为乡里敬重者，给与八品顶带荣身，山野小民仍照例给赏；九十以上者州县不时存问，其或孤寡及子孙贫不能赡者，督抚以至州县支帑恤养，老妇亦有给赏。

清·《广东通志·卷七》

【译文】雍正元年夏五月恩赏老人诏：

八十以上的老人且素来为乡里所敬重的，国家将赐给他八品顶戴以荣显其身，山野之间的百姓也要按照国家的体例给予赏赐；九十以上的老人，各州县要不时地去慰问，如果其人已孤、寡，或子孙因为家境贫苦不能赡养的，各地的督抚以至于州县要支国帑去恤养他们，年老的妇人也要按国家的体例给予赏赐。

《世宗宪皇帝圣训》三则

清世宗雍正元年癸卯十一月诏谕天下

（雍正元年癸卯十一月）壬寅，诏谕天下曰：

朕惟《孝经》云“孝莫大于严父，严父莫大于配天”，《礼记》云“惟圣人为能飨帝，孝子为能飨亲”，故《周颂》著“思文之什”，《大易》垂“殷荐之辞”。历稽迈古侑食始于有虞，爰考前章合祀起于周室，所以报功崇德尊祖显宗也……

清 ·《世宗宪皇帝圣训 · 卷三》

【译文】（雍正元年癸卯十一月）壬寅这一天，皇帝诏谕天下说：

朕认为《孝经》中所说的“孝莫大于严父，严父莫大于配天”，《礼记》中说的“惟圣人为能飨帝，孝子为能飨亲”，以往《周颂》一文中的“思文之什”，《大易》一文中的“殷荐之辞”，这几段名句指的都是超越时间供奉祖先的言辞，考据前面的文字祭祀先祖可以说是从周代开始，这样做的目的，是为了向祖宗奏报功德以尊奉祖先彰显后世功业……

清世宗雍正五年十二月甲申刊刻《孝经》等书御制序

（雍正五年丁未）十二月甲申，刊刻《孝经》《小学》《清汉文》告成。御制《孝经》序文曰：

《孝经》者圣人所以彰明彝训、觉悟生民，溯天地之性则知人为万物之灵，叙家国之伦则知孝为百行之始。人能孝于其亲处称惇实之士，出成忠顺之臣，下以此为立身之要，上以此为立教之原，故谓之至德要道。自昔圣帝、哲王宰世经物，未有不以孝治为先务者也。恭惟圣祖仁皇帝缵述，世祖章皇帝遗绪，诏命儒臣编辑《孝经衍义》一百卷，刊行海内垂示永久，顾以篇帙繁多，虑读者未能周遍，朕乃命专译经文以便诵习。夫《孝经》一书词简义畅，可不烦注解而自明，诚使内外臣庶，父以教其子、师以教其徒，口讽其文、心知其理、身践其事，为士大夫者能资孝作忠、扬名显亲；为庶人者能谨身节用、竭力致养，家庭务敦于本，行闾里胥乡于淳风，如此则亲逊成化，和气薰蒸。跻比户可封之俗，是朕之所厚望也！

夫御制《小学》序文曰：

古者八岁而入小学，教之以洒扫应对进退之节，爱亲敬义之义。俾童而习

之以养其德性，其说散见经传，朱子采集为《小学》一书，所以示人教学之方，而有以为正心修身之本，其言约其理该，盖六经四子性理诸书之阶梯也。皇考圣祖仁皇帝尝特颁谕旨，令有司兼以命题课士，海内士子固已咸知诵法矣！

清 ·《世宗宪皇帝圣训 · 卷四》

【译文】（雍正五年丁未）十二月甲申这一天，刊刻《孝经》《小学》《清汉文》告成，御制《孝经》序文说：

《孝经》是圣人彰显彝伦道德教训百姓、让天下百姓产生觉悟的经典，这部书追溯天地之性后，知道人是天下万事万物之灵，叙定家国的伦理纲常后，知道孝为百行之首。一个人能孝敬自己的亲人可被称为惇实的人，这种人之中才能出现忠诚恭顺的臣子，对下可将“孝”作为立身成人的根本，对上可以将“孝”当成树立教化的源泉，所以说“孝”是至德要道。从古至今圣明的皇帝、贤哲的圣王，主管治理天下经济事物，没有不以孝治作为治理天下首务的。人们恭敬地认为圣祖仁皇帝（康熙帝）缵述这一经典，是奉世祖章皇帝（顺治帝）遗下的功德，诏命儒臣编辑了《孝经衍义》一百卷，刊行于海内外，以永久垂示于天下，顾虑着此书篇章繁多，考虑着读者未必能通览，而且读之可能出现偏颇，朕便命人专门译出了此书的经文，以便让人更好地诵读学习。《孝经》一书，词义简单，义理顺畅，可以不用烦琐地注解，就能明白其文的含义，如果朝廷内外臣子、天下的庶民，父教其子诵习、师教其徒诵习，能口中诵读其文，心中知道其中的道理，以身践行孝敬之事，那么是士大夫的可以因为能孝于亲，继而转化为对国家的忠诚而显亲扬名，百姓则能依此谨身节用兴隆家业，竭力奉养孝敬双亲，那么家庭之中便会出现敦笃、和睦的本色，乡里之中也会出现淳和的风俗，如此家庭、亲族之中就会出现亲切逊让的风气，天下间也会处在和谐的状态之下。这种达到家家户户都可以旌表褒奖的民风，是朕所厚望的！

御制《小学》序文说：

古时候童子八岁入小学读书，教习他们洒扫、应对、进退等礼节，爱亲人、敬父母、守信义等道理。这些是让童子们修习的内容，是为了培养他们的道德观念和品性，这些说法散见于经传之中，朱子将这些内容汇集成为《小学》一书，并示之以教学的方法，认为正心性是修身的根本，书中文字简约、道理清楚正确，这是因为此书是修习六经、四子性理之书的阶梯！皇考圣祖仁皇帝曾经特别颁布谕旨，令相关司衙以此书中的文句命题考试士子，于是天下的士子们便都知道学习它诵读它!

清世宗雍正四年丙午十一月己亥上谕内阁

(雍正四年丙午)十一月己亥,上谕内阁:

帝王体国经邦政治所施惟准乎道理之至当,宽严赏罚各得其宜……年岁丰歉不齐,设有水旱为之赈,饥饿平粜蠲赋缓征,此朝廷轸恤之恒政,而可谓之兴利乎!老人应赐以衣食则赐之,孤独应恤以钱物则恤之,劝以孝弟本小民自有之天良,勖以耕桑固闾阎各尽之职来,而可谓之兴利乎!

清·《世宗宪皇帝圣训·卷九》

【译文】(雍正四年丙午)十一月己亥这一天,皇帝谕示内阁:

帝王创建治理国家,经营邦国,其政治策略在于施政时准确把握政治动态、所运用的教化方式,道理要求至为正当、宽厚、严正,赏赐、惩罚要各得其所……如果年岁好,收成丰盈,要防备收成不好的年份而设立仓储,如果有水旱之类的灾害,便可赈济百姓,面对饥饿要平粜粮价、蠲除赋税或缓征税赋,这是朝廷珍爱百姓优恤天下的持恒良政,这种行政方法可以说是为国兴利!老年人应当赐给他们衣食的,要奉养他们,为他们养老,孤苦独弱的人应当加以优恤,要用钱财去优恤他们,劝导天下人孝悌,那么天下的百姓自然会激发出天性中优良的品性,勉励耕种、鼓励桑蚕是乡村里社各自应尽的职责,这种施政的方式正是为国兴利啊!

《钦定大清全典则例》十二则

清世宗雍正二年敕旨

(雍正二年)敕曰:"至圣之道与日月并行与天地同运,万世帝王咸所师法,下逮公卿士庶罔不率由,尔等远承圣泽世守家法,务期型仁讲义、履中蹈和,存忠恕以立心,敦孝弟以修行,斯须勿去以奉先训以称朕怀,尔等其祗遵毋替。"

清·《钦定大清会典则例·卷五十九·礼部·仪制清吏司·经筵①》

【简注】①经筵:汉代始沿袭至唐代 ,帝王为讲论经史而特设的御前讲席。宋代始称"经筵",设置讲官以翰林学士或其他博学官员充任或者兼任。

宋代在每年的二月至端午节、八月至冬至节为讲期，逢单日轮流讲读。元、明、清三代沿袭此制，明代对此尤为重视。除皇帝外，太子出阁后，也设有讲筵之所。清制，经筵讲官，为大臣兼衔，于仲秋仲春之日进讲。

【译文】（雍正二年）皇帝下敕旨说："至圣之道是可以和日月一样运行于天地之间的，是可以为万世的帝王所师法的，上自帝王下至公、卿、士、庶没有不听从的，你们远承圣人的恩泽，世守着祖宗家法，一定要讲求礼仪、信义、履中蹈和，要以忠恕之道立心，敦于孝悌的品行以修身养性，时刻不要违背先人的训示以便让朕满意，你们一定要遵守规范不要动摇。"

清世祖顺治五年旌表孝行谕旨

顺治五年题准："孝子顺孙、义夫节妇自元年以后曾经具奏者仍行，按再为核实造册报部具题旌表。"

清 ·《钦定大清会典则例 · 卷七十一 · 礼部 · 仪制清吏司 · 风教》

【译文】顺治五年皇帝题准："孝敬父母、敬奉长辈的孝子顺孙，具有忠诚信义品行的人，贞洁的妇女，自顺治元年各地曾经奏请旌表的仍然有效，各省巡抚要再次核实造册呈报礼部，由礼部具文题奏准予旌表。"

清世祖顺治九年旌表孝行谕旨

（顺治）九年谕："诸王宗室、觉罗内有孝友义顺及守节贞烈者，宗人府核实具奏，交礼部题请旌表，钦此。"

又题准："直省孝子顺孙、义夫节妇，州县官申府、府申道、道申巡按御史，巡按御史核实奏请下部察勘覆准旌表。满洲、蒙古、汉军孝子顺孙、义夫节妇，该管佐领骁骑校送参领参领，送都统副都统，都统副都统送部由部核实，奏请旌表。"

又题准："割股或致伤，生卧冰或致冻死，恐愚民仿效不准旌表。"

清 ·《钦定大清会典则例 · 卷七十一 · 礼部 · 仪制清吏司 · 风教》

【译文】（清世祖顺治九年）皇帝谕旨："诸王宗室、觉罗之中，如果有孝敬父母、友悌兄弟、忠诚信义、恭顺长上、严守贞洁贞烈的妇女，宗人府都要核实其事并具文上奏，交由礼部题请旌表，钦此。"

又题准："直隶各省的孝敬父母、敬奉长辈的孝子顺孙，具有忠诚信义品行的人，贞洁的妇女，州县官员要将他们的姓名、事迹申呈至府、府申呈到道、道申呈给巡抚和御史，巡抚和御史核实后奏请礼部，再由其核察后批复进行旌表。满州、蒙古、汉军旗中的孝子顺孙、义夫节妇，由该管的佐领骁骑送呈到参领处，再送呈本旗都统、副都统。都统、副都统关呈至礼部核实之后，奏请旌表。”

又题准：“割股孝亲而导致身体损伤，活着的时候卧冰求鱼以尽孝养导致冻死，这些行为恐怕愚昧的百姓仿效，一律不予旌表。”

清世祖顺治十年旌表孝行谕旨

（顺治）十年题准：“宗室内节孝者，各依等第颁发恩赐。亲王、固伦[①]公主、亲王適福晋，给银百两、段十六匹；世子、和硕公主、亲王侧福晋、世子福晋，给银九十两、段十四匹；郡王、郡主、世子侧福晋、郡王適福晋，给银八十五两、段十二匹；贝勒、县主、郡王侧福晋、贝勒適夫人，给银八十两、段十一匹；贝子、贝勒侧夫人、郡君、贝子適夫人，给银七十五两、段十匹；镇国公、贝子侧夫人、县君、镇国公夫人给银七十两、段九匹；辅国公、镇国公侧室、乡君、辅国公夫人，给银六十五两、段八匹；镇国将军、辅国公侧室，给银六十两、段七匹；辅国将军、镇国将军夫人，给银五十五两、段六匹；奉国将军、辅国将军夫人，给银五十两、段五匹；奉恩将军、奉国将军淑人，给银四十五两、段四匹；奉恩将军恭人，给银四十两、段三匹；镇国将军、辅国将军、奉国将军、奉恩将军女及闲散宗室并妻女，给银三十五两、段二匹。以上均由户部颁给，由内院撰敕一道奖谕。凡旌表贞烈者自固伦公主并王福晋以下辅国公夫人以上，钦赐羊酒、纸张，内院撰文遣官致祭；镇国将军夫人以下闲散宗室妻女以上，部给羊酒、纸张，内院撰文遣官致祭。凡觉罗内有节孝者，给银三十两、段一匹，有贞烈者给羊酒、纸张，内院撰文遣官致祭。”[②]

又题准：“凡旌表节孝在直省府州县者，官给银三十两；满洲、蒙古、汉军支户部库银三十两，听其自行建坊。”

清·《钦定大清会典则例·卷七十一·礼部·仪制清吏司·风教》

【简注】①固伦：满语，是尊贵的意思。清代皇后的女儿被封为固伦公主。《清文献通考·帝系四》：“崇德元年定中宫所生女封固伦公主。”②亲王、郡王、贝子、镇国公、辅国公、镇国将军、辅国将军、奉国将军、奉恩将军都是清一代八旗贵族的封爵。

【译文】（顺治）十年又题准：“皇家宗室之中如果出现忠节孝义的人，各自依照其门第高低颁发恩赐。亲王、固伦公主（现任皇帝嫡女）、亲王的正妻，赐给银百两，缎十六匹；世子、和硕公主（现任皇帝的皇妃之女）、亲王的侧福晋，赐给银九十两、缎十四匹；郡王、郡主、世子侧福晋、郡王的正妻，赐给银八十五两、缎十二匹；贝勒、县主（郡王之女，多罗格格）、郡王侧福晋、贝勒的正妻，赐给银八十两、缎十一匹；贝子、贝勒侧夫人、郡君（贝勒之女，又称贝勒格罗格）、贝子正妻，赐给银七十五两、缎十匹；镇国公、贝子侧夫人、县君（郡王的曾孙女）、镇国公夫人，赐给银七十两、缎九匹；辅国公、镇国公侧室、乡君（辅国公女、贝勒侧夫人女）、辅国公夫人，赐给银六十五两、缎八匹；镇国将军、辅国公侧室，赐给银六十两、缎七匹；辅国将军、镇国将军夫人，赐给银五十五两、缎六匹；奉国将军、辅国将军夫人，赐给银五十两、缎五匹；奉恩将军、奉国将军淑人，赐给银四十五两、缎四匹；奉恩将军恭人，赐给银四十两、缎三匹；镇国将军、辅国将军、奉国将军、奉恩将军及其他闲散宗室和其妻女，赐给银三十五两、缎二匹。以上赐予均由户部颁给，由内院撰写敕旨一道奖谕。凡是旌表贞烈的自固伦公主及王福晋以下至辅国公夫人以上，皇帝钦赐羊酒、纸张，内院撰写文稿派官员致祭；镇国夫人及以下闲散宗室妻女以上，户部供给羊酒、纸张，内院撰写文稿派官员致祭。凡是觉罗（清初被编入八旗的人）之内有忠节孝义的，赐给银三十两、缎一匹，如果出现贞烈的妇女则赐给羊酒、纸张，内院撰写文稿派官员致祭。”

又题准：“凡是被旌表的忠节孝烈之人在直隶各省府、州、县内的，官府将给银三十两以示奖励，满洲、蒙古、汉军旗人从户部支取库银三十两，听任其自行建坊。”

清世祖顺治十二年旌表孝行谕旨

（顺治）十二年题准：“各直省孝子顺孙、义夫节妇，各该督抚，于每年十二月照例核实具奏，礼部覆核，分别题请旌表；满洲、蒙古、汉军令参佐领察实保送都统副都统，再加核实岁终送部，分别题请旌表。”

清 · 《钦定大清会典则例 · 卷七十一 · 礼部 · 仪制清吏司 · 风教》

【译文】（顺治）十二年又题准：“直隶各省孝敬父母敬奉长辈的孝子顺孙、具有忠诚信义的人、贞洁的妇女，各地该管总督、巡抚，于每年的十二月照例核实后具实上奏，礼部覆核后，分别题请旌表；满洲、蒙古、汉军旗令其旗的参领、佐领察实后具实保荐送呈都统、副都统，再次核实后在岁终送呈礼部，分别题请旌表。”

清世祖顺治十五年旌表孝行谕旨

十五年定："直省有实在孝子，抚按确勘详开事实具题，由部覆核确实请敕，吏部考试酌量选授官职，如有冒滥捏报将原举官参处。"

清 ·《钦定大清会典则例 · 卷七十一 · 礼部 · 仪制清吏司 · 风教》

【译文】(顺治十五年)定例："直隶各省如实有孝子，巡抚、按察使在确实勘定其事实后，要具表题奏，由礼部复核确实请皇帝敕旨，吏部考试后酌量选授其官职，如果有假冒、滥报、捏造，则要对原举荐的官员给予参劾惩处。"

清圣祖康熙三十七年旌表孝行谕旨

(康熙)三十七年谕："兴起教化、鼓舞品行，必以孝道为先，孝子尤宜褒奖。八旗贫人克尽孝道诚为非易，如有尽孝于其父母者，核实奏闻，钦此。"

清 ·《钦定大清会典则例 · 卷七十一 · 礼部 · 仪制清吏司 · 风教》

【译文】(康熙)三十七年皇帝谕旨："使教化兴起、鼓舞百姓树立良好的品行必定要以遵从孝道为首务，孝子尤其要去褒奖他们。八旗贫苦的人能克尽孝道诚为不易，如果有尽孝于父母的，要核实清楚奏闻，钦此。"

清圣祖康熙五十九年旌表孝行谕旨

(康熙)五十九年核准："节孝昭著所司不核明详报者交部议处，所属上司不转详题请旌表者交部一并议处，通行八旗直省一例遵行。"

清 ·《钦定大清会典则例 · 卷七十一 · 礼部 · 仪制清吏司 · 风教》

【译文】(康熙)五十九年皇帝核准："忠节孝敬昭著的人，相关司衙不去核实清明详细地呈报的，要交部议处，所属的上司不去转呈详情以题请旌表的，也要交部一并议处，这一条例通行于八旗及直隶各省，要一体遵行。"

清世宗雍正五年旌表孝行谕旨

(雍正)五年覆准定例："旌表孝子顺孙、义夫节妇，惟孝妇旌表未有成例，但女子孝行无亏宜邀旌典，应准给建坊银三十两，其名'节孝祠'题坊，照恩诏遵行。"

又谕："各省建立'忠义节孝祠'表扬德行，著行文各省督先详加察勘有无冒销……并令各地方官将建立祠宇造入册内前后交代。钦此。"

清 ·《钦定大清会典则例 · 卷七十一 · 礼部 · 仪制清吏司 · 风教》

【译文】（雍正）五年皇帝核准定例："旌表中有旌表孝敬父母、敬奉长辈的孝子顺孙、具有忠诚信义品行的人、贞洁的妇女的定例，唯孝妇的旌表没有定例，但是女子在公婆家的孝行没有亏慢公婆的，也应该得到旌表，应准许给予其建坊的银子三十两，其名要在'节孝'中题列坊中，各地要照准恩诏一体遵行。"

又下谕旨说："各省都要建立'忠义节孝祠'以表彰宏扬德行，著行文于各省总督、巡抚先行详察有无假冒……并令各地的官员将建祠宇的情况造入册内，前后要交代清楚。钦此。"

清高宗乾隆二年旌表孝行谕旨

（乾隆）二年议准："举报节孝该州县学确核加结径详，督抚学政核实题，仍备文申报，府司存案。其各直省凡有节孝，并令督抚主稿会同学政具题，以昭画一。"

清·《钦定大清会典则例·卷七十一·礼部·仪制清吏司·风教》

【译文】（乾隆）二年议准："保荐推举忠节孝义的该州、县、学衙要确切核实详加审定，总督、巡抚、学政也要核实汇题，仍然要准备文稿呈报，由府司存案。其直隶各省凡是有忠节孝义之人，并令总督、巡抚会同学政具实题奏，以统一意见。"

清高宗乾隆十年旌表孝行谕旨

（乾隆）十年议准："节孝于生前题坊至旌表后身故者，应一例入祠以示风励。"

又议准："曾经旌表之节孝，间有一二贫苦难以存立之人，应令督抚分饬各州县，核实取具邻族及印官各结，酌量给与口粮，俾存活有赖不致失所。"

清·《钦定大清会典则例·卷七十一·礼部·仪制清吏司·风教》

【译文】（乾隆）十年议准："忠节孝义的人于生前题坊，至亡故后旌表的，应统一按例入节孝祠，以昭示国家鼓励风气的意旨。"

又议准："曾经被旌表的忠节孝义之人，其间如有一二贫苦难以生活的，应令总督、巡抚要分别饬令各州县，核实其情况，取邻里、族人及官府的印结证明，酌量给予口粮，让其能够存活，不至于流离失所。"

清世宗雍正二年旌表各地“节义、忠孝、节孝”谕

雍正二年谕：“旌表节义给银建坊民间往往视为具文未曾建立，恐日久仍至泯没不能使民间有所观感。著于学宫内建‘忠义’祠一所，立石碑一通；于学宫附近处购买基址建‘节孝’祠一所，立大牌坊一座。其石碑、牌坊将前后忠孝节义之人悉标姓氏于其上，已故者设牌位于祠中春秋祭祀，用阐幽光以垂永久。钦此。”

遵旨，议准行令：顺天府、奉天府、直隶各省府州县卫分别男女各建二祠，一为“忠义孝弟”之祠，建于学宫之内，祠门内立石碑一通，将前后忠义孝弟之人刊刻姓氏于其上，已故者设牌位于祠中；一为“节孝”之祠，别择地营建，祠门外建大坊一座，将前后节孝妇女标题姓氏于其上，已故者设牌位于祠中。每年春秋二次令直省各府州县卫守土官致祭，其建立祠宇碑坊银动用正项钱粮报工部奏销。

清 · 《钦定大清会典则例 · 卷八十四 · 礼部 · 祠祭清吏司 · 群祀一》

【译文】雍正二年皇帝谕旨：“旌表忠诚、节操、信节、诚义之类的人，国家赐给银两建立牌坊，往往一些地方将其视为形式和空文不曾建立，（这样做）恐怕时日长久后，那些节义之人的德行便会泯没，不能让民间的百姓有所观览和感悟。著令在学官内建‘忠义’祠一所，立石碑一幢；于学官附近购买土地建‘节孝’祠一所，树立大牌坊一座。其石碑、牌坊之上要将本地历来的忠诚、孝敬、信节、诚义之人姓氏标刻在上面，已经亡故的要在祠堂中设立牌位，春秋两季祭祀，使他们所体现的好的德行能永垂于世。钦此。”

遵皇帝旨，议准推行其令：顺天府、奉天府、直隶各省、府、州、县、卫分别建立男女祠堂二座，一为“忠义孝弟”祠，建于学官之内，祠门内树立石碑一幢，将本地历来的忠诚、信义、孝敬、友悌之人的姓氏刊刻在上面，已经亡故的在祠堂中设立牌位；一为“节孝”祠，另外选择地方营建，祠门外建立大的牌坊一座，将本地历来贞节、孝敬的妇女的姓氏标题在上面，已经亡故的在祠堂中设立牌位。每年春秋二季令直隶各省、府、州、县、卫的守土官员去祭祀他们，其中建立祠堂、石碑、牌坊所用的银两，动用国家正项钱粮，报工部上奏准予报销。

《钦定八旗通志》二则

清世宗雍正十二年五月十七日上谕

雍正十二年五月十七日上谕：

向来八旗官员遇有吉凶之事竞尚繁华恣意糜费，以致兵民效尤罔思樽节，重有累于生计。朕加训谕，并令九卿等按其品级分别等次酌定，规条颁行已久，伊等自当体朕教养之苦心，各循职分、谨守章程，以为仰事俯育之道。乃近闻八旗人等仍有未改陋习以夸多斗靡，相尚者不知圣人教人以生养死葬合礼为孝？

又曰：

礼与其奢也宁俭，丧与其易也宁戚，朕之教人亦即此意。如曰“父母之葬祭必以耗财为孝”，独不思荡废家产以致不能顾恤品行辱及先人？其不孝也更为何如？“子女之婚嫁必以厚资为慈”，独不思无所贻谋以致不能养育子孙饥寒困苦？其不慈也更为何如！况越礼逾分之事但觉可耻更有何荣？朕之提撕警觉已至再至三而，庸愚之人尚未醒悟！今特再行宣谕，该都统等务须谆切化导，并不时稽查，俾八旗人等遵照所颁定例实力奉行，毋得阳奉阴违，负朕崇俭黜奢维风训俗之至意。倘视为具文仍踵故习，经朕访闻必将该都统等一并议处。

特谕。

清 ·《钦定八旗通志 · 卷首之十》

【译文】雍正十二年五月十七日皇帝谕旨：

从来八旗官员遇到吉凶等事，都要竞相展示繁华恣意靡费财物，以至于皇民争相效尤，不考虑自己的承受能力，严重的甚至拖累了以后的生活。朕对这件事情加以训谕，并下令让九卿按品级分别酌定丧葬的规格、用度，规章条文已经颁行了很久，你们要切实体会朕教化、恩养天下的苦心，各自遵循自己的职分、严谨地遵守章程，以体现国家重视奉养、俯育万民之道。这段时间以来，听说八旗中人仍然有些人没有改去陋习，去夸耀财富争奇斗靡，这些追靡斗富的人，难道就不知道圣贤教化人们，生养死葬要合乎礼仪才是孝吗？

又下谕旨说：

礼法上说，与其奢靡地去治办吉凶之类的事，不如俭朴地去做，丧葬之中的礼仪是为了使活着的人更好地生活，朕教化百姓也是这个意思。如果说“父母的丧葬、祭祀必定要耗尽财物才能算是孝敬”，难道就不考虑耗尽家财，却不能顾恤品行也是辱没先人吗？还有比这更不孝的吗？“子女婚嫁必定要给以丰厚的资财为慈爱”，难道就不考虑子女成家后却没有能力，不能养育子孙以至于陷入饥寒困苦之中？还有比这样更不慈爱的吗？何况逾越了礼法这种事情，只能是以之为耻，又有什么可以荣耀的？朕再三地提醒让你们加以警觉，可是庸愚的人却始终没有觉悟！现在特地再一次宣示谕旨，你们都统都必须切实遵行、教化、劝导，并要不时地去稽查，八旗中人要遵照所颁定的定例切实力行，不得阳奉阴违，以辜负朕崇尚节俭、黜废靡奢、维护风俗、训导教化的意旨。倘若将条例、定例视为空文，仍然沿用故习，经朕访查、听闻后必定将犯事的人都一并议处。

特谕。

清圣祖康熙五十年十月奏举“笃行孝义”谕

（康熙）五十年十月命八旗及部院大臣奏举“笃行孝义”之人，因谕曰：“孝者百行之首，尔等不可谓无由灼知，如大学士温达、尚书穆和伦、富宁安之孝，不但众人俱知，即朕亦深知之也。”

五十二年御制七言律诗以赐，有“自少存心敦孝友”之句。

清 ·《钦定八旗通志 · 卷一百七十四 · 大臣传四十 · 温达》

【译文】（康熙）五十年十月皇帝命八旗以及各部院大臣奏举“笃行孝义”之人，因此下谕旨说：“孝道是天下百行之首，你们不可以不知道这一德行的重要性，像大学士温达、尚书穆和伦、富宁安这些人的孝行，不仅是为众人所知，即使是朕亦深知他们的孝行。”

（康熙）五十二年皇帝又御制七言律诗以赐给他们，其中有“自少存心敦孝友”这句话。

《钦定学政全书》一则

清高宗乾隆五年教化谕

（乾隆五年奉上谕）从来为治之道不外两端，必衣食足而后礼仪充。故论治者往往先养后教……衣食以养其身，教化以复其性，二者相承而不相妨，不容偏废。正如为学之道知先行后，然知行并进，非划然两时、判然两事，又安得谓养之道未裕，遂可置教化为缓图也……若夫事亲从兄，则家庭日用人人共由，孩提知爱、少长知敬，又人人同具，不待勉强，要之尧舜之道，不外乎是。即得一食必先以食父母，得一衣必先以衣父母，此即是孝，能推是心，而凡所顺其亲者无不至，则为孝子……一家如此，一乡从而效焉，则为善俗。

清 · 童璜等奉敕修纂《钦定学政全书 · 卷九 · 讲约事例》

【译文】（乾隆五年奉上谕）从来治理国家之道不外乎从两个方面入手，必定要使百姓衣食足，然后国家的礼仪制度才会完备。因此议论治国之道时往往主张先使百姓富足，然后在这一基础上进行教化……衣食这些生活用品可以让人在世间生活，教化这样的事情可以规复人们良好的性情，二者相互承接不相妨害，不容偏废任何一个方面。这正如为学之道一样，要先学习知识，然后在这基础上去影响自己的品行，然后再学习、再修养，以达到知行并进，这样的情况不是两个时间段所完成的事，也不是两件不同的事，又怎么能以尚未富裕如何能敬养为借口，置教化于一边，缓缓图之呢……对于事奉父母亲人、敬奉兄长这样的事情，则要求家庭中人人都要做到，每个家庭都要出现父母长辈慈爱子孙，子孙、晚辈敬爱父母长辈的现象，同时人人都能做到，不用去勉强，就算是尧舜那个时期的民风，也不外乎如此。即得到食物的时候先要想到供给父母，得到衣物的时候先要想到供给父母，这是孝的表现，如果再进一步能做到让父母长辈生活的安心、顺心，顺承父母长辈、照顾他们无微不至，这是孝子才能做到的事情……一家这样去做，就会带动一乡的人效仿，推而广之，就会形成好的民风、民俗。

二、高年尊养

《江西通志》一则

清世宗雍正元年谕恤老

谕恤老（雍正元年）

上谕户部：

恩赐老人原为崇年尚齿，而地方赏老人者，每州县动数千金，司、库、牧、令上下通同侵扣，吏役复任意需索，老人十不得一，上负旷典罪不容逭。今饬令督抚严查，务令有司亲自沿乡访察照看据实造册，给发不许丝毫侵扣，如仍蹈前弊立即参处，如督抚奉行不谨，朕若访出必加失察之罪。再老人九十以上者州县不时存问，其或孤寡及子孙贫不能奉膳者，督抚以至州县共同设法恤养，或奏闻动用钱粮，务令得沾实惠。

特谕。

清 · 《江西通志 · 卷首之三》

【译文】谕旨优恤老人（雍正元年）

皇帝谕示户部：

恩养赏赐老人原本是为了崇奉高年尊尚老人，可是地方上赏赐老人时，许多州县往往动不动使用千金之数去赏赐，而司、库、牧、令等上下勾连通同侵扣，吏目夫役又任意索取，老年人十不得一，对上有负国家旷典，实在是罪不容恕。现在饬令各地总督、巡抚，要严查这种情况，一定要令相关司衙亲自沿乡访察、照看，要据实登记造册，按实数发予。不得有丝毫侵吞克扣，如果仍然重蹈以前的蔽病，相关司衙要立即参奏查处，如果各地的总督、巡抚不认真奉行，朕一旦查访知晓，一定要加其失察的罪责。再者老年人九十岁以上的，州县要时常去慰问他们，或者其人孤寡而子孙贫困不能奉养衣食的，各地总督、巡抚以至州、县要共同去恤养他们，或者奏闻朝廷动用国家的钱粮赡养，务令老人们能得到实惠。

特谕。

《世宗宪皇帝上谕内阁》二则

清世宗雍正元年二月初九日上谕朱轼

（雍正元年二月）初九日奉上谕：

左都御史朱轼[①]系皇考简用大臣，居官素清，朕缵承大统以来，实心行走，孝行昭著，闻伊家有八旬之母，恩诏内应封夫人，著加赐一品夫人封典，并赏该省藩库银二千两为伊母养赡之资。

清 ·《世宗宪皇帝上谕内阁 · 卷四》

【简注】①朱轼，字若瞻，汉军旗，江西高安人。康熙三十二年，乡试第一。三十三年登进士第，仕为翰林院庶吉士，雍正元年，命直南书房，加吏部尚书衔，不久加太子太保，再加太子太傅，拜文华殿大学士。赠太傅，赐祭葬，谥“文端”。

【译文】（雍正元年二月）初九日奉皇帝谕旨：

左都御史朱轼是皇父为朕所选用的大臣，居官素有廉声，朕自承继大统以来，他实心实意地为国家办事，同时他的孝行昭著于朝野，听说他的家中有八旬老母，恩诏应封为夫人，著加赐封典为一品夫人，并赏该省藩库银二千两为其奉养母亲的资费。

清雍正四年二月十九日谕大学士朱轼

（雍正四年二月）十九日谕大学士等：

大学士朱轼事亲最孝朕所素知，今伊母在籍病故，伊闻之自必哀痛切至，但伊母年已八旬有余，伊禄养俱无余憾，此时正当节抑哀痛护惜此身，为国家出力尽忠……已降谕旨赐银二千两为伊母丧事之费，就近遣地方大员前往致祭一次，今朱轼奔丧回籍著驰驿前去。朕深知其家贫，著再赐银二千两为伊盘费一切之用，其子亦令随归伊到家，守孝百日将伊母之事料理完毕，即来京办事，尔等可详悉传谕朱轼知之。

清 ·《世宗宪皇帝上谕内阁 · 卷四十一》

【译文】（雍正四年二月）十九日皇帝谕旨大学士等人：

大学士朱轼事奉母亲最为孝敬是朕所素知的，现在其母在家中病故，朱轼听说后一定哀痛至极，但是他的母亲年纪已经八旬有余，他用俸禄侍养母亲，母亲也应该无憾，此时正当节抑哀痛护惜身体的时候，为国家出力尽忠……前已经降谕旨赐银二千两作为其母治丧的费用，并就近派遣地方大员前往致祭一次，现在朱轼奔丧回籍已经经驿站前往。朕深知朱轼家贫，著令再赐银二千两为其治丧费用，其子亦令随同他一并回家，守丧百日后将其母的丧事料理完毕，即来京办事，你们一定要将朕的旨意传谕朱轼知道。

《钦定八旗通志》三则

清世祖顺治十年恩诏

顺治十年恩诏：年老退甲兵丁照例一体赏赐。

清 · 《钦定八旗通志 · 卷八十六 · 典礼志九 · 养老》

【译文】顺治十年皇帝恩诏：年老的退役甲兵士卒照例都要赏赐。

清世祖顺治十八年“八旗年老致仕官”诏

（顺治）十八年议准：八旗年老致仕官，有奉旨支原俸者仍照原品支给，其余年至六十致仕者给与半俸。

清 · 《钦定八旗通志 · 卷八十六 · 典礼志九 · 养老》

【译文】（顺治）十八年议准：八旗之中年老致仕的官员，如果奉皇帝旨意支取原本俸禄的，要按致仕时的品级支给俸禄，其他的年满六十致仕的官员支给其致仕前俸禄的一半。

清世宗雍正二年“八旗大臣、兵士母妻年八十赏赐”诏

雍正二年诏：“恩赐八旗大职官员等：母妻年登八十者内造缎一匹，裹一匹；七十者内造缎一匹。”

又：“恩赐八旗兵丁母妻七十岁以上者纺丝棉花等有差。”

清 · 《钦定八旗通志 · 卷八十六 · 典礼志九 · 养老》

【译文】雍正二年皇帝下诏说：“恩赐给八旗中品阶高的官员：母亲、妻子年纪已达八十的人，内府制造的缎一匹、裹一匹；年纪已达七十的内府制造的缎一匹。”

又下诏说：“恩赐八旗兵丁母亲、妻子已达七十岁以上的纺丝、棉花等据不同情况数量不等。”

《钦定大清会典则例》六则

清圣祖康熙九年议准百岁赐“贞寿之门”令

康熙九年议准：“命妇孀居寿至百岁者题明给与‘贞寿之门’匾额，建坊银三十两。”

清·《钦定大清会典则例·卷七十一·礼部·仪制清吏司·风教·百岁旌表》

【译文】康熙九年议准：“朝廷命妇孀居年纪达到百岁的，国家题写‘贞寿之门’的匾额赐予她们，并赐建坊银三十两。”

清圣祖康熙四十二年议准百岁赐“升平人瑞”令

（康熙）四十二年核准：“老民年登百岁者照例给与建坊银，并给‘升平人瑞’匾额；老女寿至百岁，建坊悬额与命妇同。”

清·《钦定大清会典则例·卷七十一·礼部·仪制清吏司·风教·百岁旌表》

【译文】（康熙）四十二年核准：“年老的百姓年纪已登百岁的，按照旧例赐予建坊银，并赐予‘升平人瑞’的匾额；老年妇女寿至百岁，国家赐予建坊银的悬额和朝廷命妇相同。”

清世宗雍正六年高年赏赐令

雍正六年谕：“年届一百一十八岁之人实为希有，著于定例赐坊银三十两外加增两倍共赏银九十两。嗣后年至一百一十岁加一倍赏赐，至一百二十岁者加两倍赏赐，更有多得寿算者按其寿算加增，著为定例。钦此。”

清·《钦定大清会典则例·卷七十一·礼部·仪制清吏司·风教·百岁旌表》

【译文】雍正六年皇帝谕旨：“年岁已届一百一十八岁的人实在是非常少，著按照定例赐建坊银三十两以外加增两倍，赏银共九十两。之后年岁在一百岁加赐一倍赏赐，至一百二十岁加赐二倍赏赐，如果有年岁更大的寿星，则按其寿数增加赏赐，以此为定例，钦此。”

清世宗雍正十年旌表累世同居谕旨

（雍正）十年题准：湖南沅江县生员谯衿七世同居，孝友敦笃，给建坊银三十两，于‘忠孝节义’祠内题碑。并奉特赐御书“世笃仁风”四字以彰义门。

是年以陕西武功县生员李倬、同州生员刘运惇七世同居具题请旌。奉旨：

"据陕西巡抚奏称：武功县生员李倬、同州生员刘运惇承家孝谨，七传皆合族而居，恳请旌扬以光盛典等语。李倬、刘运惇同居七世敦睦可风，著照湖广谯衿例朕亲书匾额颁赐以示嘉奖，其建坊题碑之处仍著照例行。钦此。"御书赐李倬"敦睦可风"四字，刘运惇"敦本厚俗"四字。

清·《钦定大清会典则例·卷七十一·礼部·仪制清吏司·风教》

【译文】（雍正）十年皇帝题准：湖南沅江县生员谯衿七世同居，孝友敦笃，国家赐给建坊银三十两，准予在"忠孝节义"祠内的石碑上题名。并奉旨特赐予其御书"世笃仁风"四字以彰显其孝义门风。

同年以陕西武功县生员李倬、同州生员刘运惇七世同居具文题请旌表。奉旨："据陕西巡抚奏称：武功县生员李倬、同州生员刘运惇承继家风、孝谨传家，七代都合族而居，恳请旌表以显扬盛典等言语。李倬、刘运惇同居七世敦睦可风，著令照准湖广谯衿旌表例，朕亲书匾额颁赐给他们，以示国家对其家族的嘉奖，其建立石坊题名碑文等事仍然依照惯例执行。钦此。"御书赐李倬"敦睦可风"四字，刘运惇"敦本厚俗"四字。

清高宗乾隆年间旌表累世同居谕旨

乾隆二年题准山西翼城县生员李煊七世同居，给银建坊，于"忠孝节义祠"内题碑。

是年奏准："民间有捐资周急惠济本乡者，经该督抚旌表均应遵照钦定'乐善好施'字样永为成式，由部覆本内声明颁给。"

十年题准：江南桐城县监生钱云凤共爨百口、同居七世，应准其旌表、建坊、题碑，与二年例同。

十六年题准：陕西富平县民韩文星同居一十二世、共爨八十一人；华阴县举人李睿聚族而居一门八代同堂、共食五十二人，均准旌表、建坊、题碑，与十年例同。

十八年题准：福建漳州府贡生陈茂椿六世同居，应旌表、建坊、题碑，与十六年例同。

清·《钦定大清会典则例·卷七十一·礼部·仪制清吏司·风教》

【译文】乾隆二年皇帝题准：山西翼城县生员李煊七世同居，赐给银两建立石坊，在"忠孝节义祠"内的石碑上题名。

同年奏准："民间有捐资周急惠济本乡百姓的人，经当地总督、巡抚旌表的，均应遵照钦定匾额‘乐善好施’字样永为定式，由礼部奏闻核实后颁给。”

（乾隆）十年题准：江南桐城县监生钱云凤家族百口，共同居住已经七代，应准予对其旌表、建坊、题碑，其方式与乾隆二年山西翼城例同。

（乾隆）十六年皇帝题准：陕西富平县民韩文星其家族一门共同居住一十二代，共同居住的人口八十一人；华阴县举人李睿一家聚族而居，一门之内八代同堂，共同居住的人达五十二人，均准予对其给予旌表、建坊、题碑，其方式与乾隆十年江南桐城例同。

（乾隆）十八年皇帝题准：福建漳州府贡生陈茂椿一门六代同居，应给予旌表、建坊、题碑，其方式与乾隆十六年陕西富平例同。

清高宗乾隆元年至十七年赐高年累世同居诏

乾隆元年题准：湖北江夏县寿民汤云山年届一百三十一岁，请照雍正四年加倍赏赐之例，于坊银三十两外再加三倍赏赐，共给一百二十两。奉旨：“著加赏上用段一匹、银四十两。钦此。”

五年题准：正黄旗寿女索绰络氏寿纪百龄、居同五世，应照例给银六十两，建坊并给与“贞寿之门”及“五世同居”字样。

十一年题准：元年题旌一百三十一岁寿民汤云山又届十年，阅年一百四十一岁，题请旌表应加赏银三十两。奉旨：“著赏给上用段五匹、银五十两，再加恩特赐匾额以旌人瑞。钦此。”遵旨由内阁撰拟“再阅古稀”四字颁赐寿民，悬额旌表。

十二年题准：原任内务府总管丁皂保边闰准作百岁，恩赏朝衣一袭、上用段十匹、银千两，给“期颐国瑞”四字匾额。

十七年题准：广东惠颐县生员詹星斗寿至百岁，请照例准其旌表。奉旨：“生员詹星斗年届期颐，实为胶庠人瑞，著加恩给与国子监学正职衔，仍于常例外赏给上用段二匹。钦此。”

清·《钦定大清会典则例·卷七十一·礼部·仪制清吏司·风教·百岁旌表》

【译文】乾隆元年皇帝题准：湖北江夏县寿民汤云山年纪已届一百三十一岁，请旨照准雍正四年体例加倍赏赐，除给予其建坊银三十两之外再加三倍赏赐，共给一百二十两。奉旨：“著令其增加赏赐内府所用的用缎一匹、银四十两。钦此。”

（乾隆）五年皇帝题准：正黄旗寿女索绰络氏寿纪已达百岁，其家族同居五代，应照体例赐给银六十两，建石坊并赐给予“贞寿之门”及“五世同居”字样的匾额。

（乾隆）十一年皇帝题准：乾隆元年题准旌表的一百三十一岁寿民汤云山，又过了十年，其年岁已达一百四十一岁，题请旨意旌表时应加赏银三十两。奉旨：“著令其赏给他内府所用的缎五匹、银五十两，再加恩特赐予其匾额以旌表人瑞。钦此。”礼部遵旨奉行后，由内阁撰拟“再阅古稀”四字颁赐寿民，悬额旌表。

（乾隆）十二年题准：原任内务府总管丁皂保边闰准作百岁，恩赏其朝衣一袭、内府用缎十匹、银千两，赐给其“期颐国瑞”四字的匾额。

（乾隆）十七年皇帝题准：广东惠来县生员詹星斗年寿已至百岁，请旨照体例准其旌表。奉旨：“生员詹星斗年届期颐，实在是胶庠人瑞，著令加恩给予‘国子监学正’职衔，仍于常例外赏给内府用缎二匹。钦此。”

《清史稿》一则

清圣祖康熙五十二年三月赐高年事

（康熙五十二年三月）乙未万寿节，上朝慈宁宫，御太和殿受贺，颁诏覃恩[①]，锡高年，举隐逸，旌孝义，蠲逋负[②]，鳏寡孤独无告者，官为养之，罪非殊死咸赦除焉。

壬寅，召直省官员士庶年六十五以上者，赐宴于畅春园，皇子视食，宗室子执爵授饮。扶掖八十以上老人至前，亲视饮酒。谕之曰：“古来以养老尊贤为先，使人人知孝知弟，则风俗厚矣。尔耆老当以此意告之乡里。昨日大雨，田野沾足。尔等速回，无误农时。”是日，九十以上者三十三人，八十以上者五百三十八人，各赐白金。加祝厘[③]老臣宋荦太子少师，田种玉太子少傅。

甲辰，宴八旗官员、兵丁、闲散于畅春园，视食授饮、视饮赐金同前。是日，九十以上者七人，八十以上者一百九十二人。

《清史稿·本纪第八·圣祖三》

【简注】①覃恩：广施恩泽。多指对臣民的封赏、赦免等事。　②逋负：即指拖欠赋税、债务。　③祝厘：祈求福佑，祝福。

【译文】（康熙五十二年三月）乙未这一天是万寿节，皇帝去慈宁宫朝见皇太后，在太和殿受群臣朝贺，颁下诏旨以广施恩泽，赏赐老年人，举荐隐逸，旌表孝义，蠲免百姓拖欠赋税的债务。鳏夫、寡妇、孤独贫弱无处求告的人，官府要去养济他们，罪行没达到非处死不可的都要赦免。

壬寅这一天，皇帝召直隶各省的官员、士子、百姓年纪六十五以上的，于畅春园赐宴，由皇子陪同，宗室子弟执爵敬奉。扶掖着八十以上老人走到皇帝席前，皇帝亲自敬他们酒水。并且下谕旨说："古来各朝都将养老、尊贤作为政务之先，这样才可以让人们都知道孝和悌这一德行，民风、民俗也就会敦厚。你们老年人要将朕的这一意旨告之乡里的百姓。昨日大雨，田野之间雨水充足。你们要速回，不要耽误农时。"当天参加宴饮的，九十岁以上有三十三人，八十岁以上的有五百三十八人，这些人都赐给了白金。为老人祈求富泽，赐晋老臣宋荦为太子少师，田种玉为太子少傅。

甲辰这一天，宴请八旗的官员、兵丁、闲散宗室于畅春园，陪同、敬奉饮食、皇帝敬酒赐金和前日一样。当天九十岁以上老人七人，八十以上的老人一百九十二人。

三、孝贤科举

《世宗宪皇帝上谕八旗》一则

清世宗雍正三年十月初五日上谕

雍正三年十月初五日，召入多罗果郡王允礼、多罗顺承郡王锡保奉上谕：

八旗汉军内有平居孝友守分读书之人，考试既不获中式而捐纳又无财力者，尔二人查明，分别挑选其上三旗包衣齐固佐领下人，令内务府总管保奏，其王等包衣齐固佐领下人，令各该王保举。如此则人不致于壅滞，而亦可得才能之人矣。

特谕。

清 · 《世宗宪皇帝上谕八旗 · 卷一》

【译文】雍正三年十月初五日，皇帝下诏让多罗果郡王允礼、多罗顺承郡王锡保入宫，谕示他们：

八旗汉军旗内旗人，如果平日里有居家孝敬父母、友悌兄弟、安分读书的人，科试没有考中同时捐纳入仕又没有财力的，你们二人要派人查明情况、分别清楚。挑选上三旗包衣齐固佐领以下的人，让内务府总管保举奏闻，其他王爵家中的包衣齐固佐领以下的人，令该王保举。这样就不会出现“孝友守分读书”之人因言路壅滞而不能上闻于朝廷的现象，也可以从中选取有才能的人为朝廷所用。

特谕。

《浙江通志》一则

清世宗雍正五年四月初十日上谕

雍正五年四月初十日奉上谕：

从来为政在乎得人，《书》曰：“野无遗贤，万邦咸宁。”…… 今直、省、府、州、县学贡生生员，多者数百人少亦不下百余人，其中岂无行谊醇笃好修自爱明达之士乎？著知州、知县官会同各该学教官将府、州、县之贡生生员，内居家孝友、行止端方、才可办事而文亦可观者秉公确查，一学各举一人，于今年秋末冬初申报……

清《浙江通志·卷一百四十二·选举二十·国朝》

【译文】雍正五年四月初十奉皇帝谕旨：

自古以来为政治国都在乎是否得到人才，《尚书》中说："乡野山泽之中如果没有遗漏的贤才，那么天下万邦就会出现安宁太平的景象。"……现在直隶各省、府、州、县学校的贡生、生员，多的有数百人，少的也不下百余人，他们当中岂能没有行谊高洁、品行醇厚、笃志好学、修身明志的贤良、通达、明智之士？著令各地的知州、知县等官员会同当地学校的教官对府、州、县学之中的贡生、生员进行查核，对在家中孝敬父母、友悌兄弟、行止端方大度、才能可以任职办事，同时文采可以观览的人，秉公核查、确定，一个学校举荐一人，在今年秋末冬初上呈申报奏闻于朝廷……

《湖广通志》一则

清世宗雍正五年荐举孝友谕

上谕（雍正五年）：

居家孝友、行止端方、才可办事而文亦可观者，一学各举一人。

清·史迈柱监修《湖广通志·卷二十二·学校志》

【译文】（雍正五年）皇帝谕旨：

在家中孝敬父母友悌兄弟、行止端良方正、其才能可以任职且文采可以观览的人，每一个学校向朝廷举荐一人。

《世宗宪皇帝圣训》二则

清世宗雍正元年己亥上谕大学士

（雍正元年癸卯五月）己亥，上谕大学士等：

《孝经》一书与五经并重，盖孝为百行之首。我圣祖仁皇帝钦定《孝经衍义》以阐发至德要道，诚化民成俗之本也。乡、会试二场向以《孝经》为论题，后改用《太极图说》《通书》《西铭》《正蒙》，夫宋儒之书虽足羽翼经传，岂若圣言之广大悉备？今自雍正元年会试为始，二场论题宜仍用《孝经》。庶士子咸知诵习，而民间亦敦本励行，即移孝作忠之道胥由乎此。

清 · 《世宗宪皇帝圣训 · 卷十》

【译文】（雍正元年癸卯五月）己亥这一天，皇帝谕示大学士等人：

《孝经》一书和五经并重，这是因为孝在天下百行之中是居于首位的。我朝圣祖仁皇帝钦定《孝经衍义》一书，确实是为了教化百姓让这一德行成为天下风俗的根本。乡、会试二场科试向来用《孝经》中的文句为论题之一，之后改用《太极图说》《通书》《西铭》《正蒙》，宋代的儒士所著的书籍，虽然足以为圣贤的经典进行注训，但这些书岂能将圣贤言语中广大至德的道理全部注说？从现在即雍正元年会试开始，乡、会这两场科试所出的论题，仍然用《孝经》中的文句。百姓士子都知道诵读修习此经，那么民间就会出现敦厚的风气，并以此去激励各自的品行，即移孝作忠之道便会由此开始。

清世宗雍正五年四月癸巳上谕内阁

（雍正五年丁未）四月癸巳，上谕内阁：

从来为政在乎得人，《书》曰："野无遗贤，万邦咸宁"。盖贤才登进在位者多，则分猷效职庶绩自能就理，而民生无不被其泽也……夫十室之邑必有忠信，古者取人之法惟乡举里，选合于三代之制。今直省府州县学贡生生员多者数百人，少亦不下百余人，其中岂无行谊醇笃好修自爱明达之士乎？著州县官会同该学教官将贡生生员，内居家孝友行止端方才可办事而文亦可观者，秉公确查。一学各举一人，于今年冬底申报该上司，奏闻请旨。或无可举者出具印结，该督抚查实奏闻。朕因广揽人材举此旷典，所以黜浮华而资实用，州县教职为一方师长，选贤荐能乃其专责，倘敢虚应故事滥举非人，照溺职例革职，或徇情受贿则当重治其罪。

清 · 《世宗宪皇帝圣训 · 卷十三》

【译文】（雍正五年丁未）四月癸巳这一天，皇帝谕示内阁：

自古以来，从政治国在于是否得到人才，《尚书》中说："乡野山泽之中，如果没有遗漏的贤才，那么天下万邦就会出现安宁太平的景象。"这是因为贤才出仕任职的多，则会分别效职于各个方面，这个样子百姓之事自然就能处理，于是百姓便会泽被于良政之下……古语说十家之中一定会有忠诚信实的贤人，古时取士的法则是在乡村里社之中推举，这种方法合乎三代以来的选士制度。现在直隶各省、府、州、县学校的贡生、生员，多的有数百人，少的也不下百余人，他们当中岂能没有行谊高洁、品行醇厚、笃志好学、修身明志的贤良、通达、明智之士？著令各地的知州、知县等官员会同当地学校的教官，将府、州、县学之中的贡生、生员进行查核，对在家中孝敬父母、友悌兄弟、行止端方大度、才能可以任职办事，同时文采可以观览的人，秉公核查、确定，一个学校举荐一人，在今年秋末冬初上呈申报奏闻于朝廷。如果没有可举荐的贤才可出具印结上呈，各地总督、巡抚要核查清楚后奏闻于朝廷。朕因为要广泛地收揽人才，而举行此次旷典，所以要去除浮滑之人，选用实在、贤德之人，州、县教职官员是一地的师长，选取才能举荐贤能是其专职，倘若虚应故事滥举非人，要按照渎职例，革其职务，如果有徇私情收受贿赂的人要从重治其罪责。

《皇朝文献通考》二则

清世祖顺治十五年“举用孝子授官”奏议

顺治十五年吏部议核宪臣魏裔介条奏：“‘举用孝子授官’从未有例，但孝行关系风纪，若有司呈报果有真正孝子，许抚按具题礼部覆核，敕臣部考试选授县正佐贰等官，如有冒滥捏报原举官参处。”从之。

康熙六十一年命八旗详察孝行素著者以闻。

清·《皇朝文献通考·卷五十三·选举考七·孝廉方正》

【译文】顺治十五年吏部会议核定御史魏裔介上奏的条陈：“‘举荐孝子授以官职’从来没有定例，但是孝这一品行关系着风俗教化，如果相关司衙所呈报的人，果然有真正的孝子，可允许巡抚具实题奏由礼部复核，敕旨臣所在的司衙对他们进行考试之后，选授县的副职等官，如果有冒举、滥报，那么就要参劾处罚原举荐的官员。”皇帝听从了这一建议。

康熙六十一年皇帝下诏命，八旗详察旗人中孝行卓著的人，奏闻于朝廷。

清世宗雍正二年录孝廉事

（雍正）二年引见浙江、直隶、福建、广西孝廉方正各二员，俱以知县用，五十五岁以上者以知州用。

清 · 《皇朝文献通考 · 卷五十三 · 选举考七 · 孝廉方正》

【译文】（雍正）二年皇帝接见浙江、直隶、福建、广西所举荐的“孝廉方正”各二人，都录用为知县，五十五岁以上的录用为知州。

《钦定大清会典则例》五则

清圣祖康熙六十一年荐举孝廉诏

康熙六十一年十一月诏：“每府、州、县、卫各举孝廉方正，暂赐六品顶带以备召用，务期采访真确毋得滥举。”

清·《钦定大清会典则例·卷十·吏部·文选清吏司·荐举孝廉方正》

【译文】康熙六十一年十一月皇帝下诏：“各府、州、县、卫都要举荐孝廉方正。被赐予孝廉方正的人，暂赐予六品顶戴以备召用，所举荐的人都必须认真访查确实，不得滥举。”

清高宗乾隆元年议准保举“孝廉方正”事

乾隆元年议钦奉恩诏保举孝廉方正：“令直省督抚转饬府、州、县、卫各官，令该地方绅衿、耆庶、邻里、乡党合辞公举，该地方正印各官采访公评详稽事实，其所举或系生员会同该学教官考核，造具事实册结加具印甘各结申详，该管上司逐加采访，督先核实保题，给以六品顶戴荣身。如其中果有德行才识兼优堪备召用者，准该督抚出具切实考语破格保荐，给咨赴部会同九卿翰詹科道公同验看，如果众论相符引见候旨简用。”

清·《钦定大清会典则例·卷十·吏部·文选清吏司·荐举孝廉方正》

【译文】乾隆元年钦奉皇帝恩诏保举孝廉方正：“令直隶各省督抚转饬各府、州、县、卫各级官员，让他们令当地的绅衿、耆庶、邻里、乡党共同合议推举，当地的正职堂官要详细采访、公平审定被推举人的品行，所举荐的人如果是当地的生员，要会同该学校的教官共同考查核定，并将所举荐的人和事迹造册，由官府加以印结，各自详细地呈报，主管的上司要逐一地进行采访，之后由督抚核实后保奏题请，这些人都给以六品官员的顶戴以荣宠其身。如果其中确实有德行、才识都十分优秀的人，则备选等候朝廷召用，准许本省总督、巡抚出具切实的考语，破格保奏举荐他们，将所保荐的奏章呈交礼部会同九卿、翰林府、詹事府科道诸官公共验看，如果众人的议论相同则俟旨意简拔任用。”

清高宗乾隆五年议准保举“孝廉方正”事

（乾隆）五年议准嗣后保举孝廉方正：“除朴实拘谨无他技能不能考试者，照例给与顶带荣身毋庸送部。外其有德行才识兼优，督抚逾格保荐者，验看之后试以时务策一道、笺奏一篇，会同礼部定期具奏于太和门内考试。其试题先期移咨内阁，由大学士恭拟进呈，会同礼部监试，将试卷进呈引见候旨简用。”

清·《钦定大清会典则例·卷十·吏部·文选清吏司·荐举孝廉方正》

【译文】（乾隆）五年进行议定，准许嗣后保举孝廉方正：“（所举孝廉）除性格朴实、拘谨，没有其他技能的人不能参加考试，照例给予六品顶戴，以荣宠其身，不用送至礼部外，其他德行、才识都优异的人，总督、巡抚越规格保荐的人，等验看后以时务题一道、笺奏题一篇考试他们，会同礼部定期奏请在太和门内进行考试。其试题提前呈报内阁咨议，由大学士进呈御览，之后会同礼部监考，考后将试卷进呈等候旨意简拔任用。”

清高宗乾隆元年议准“察举孝廉方正事”

（乾隆元年）议准：“直省督抚转饬府、州、县等官保举孝廉方正详稽事实造册加结申详，该管上司递加访察，督抚核实保题。倘所举不实，将平日并非敦崇实行之人以夤缘者辄行保荐，或被旁人举发，或被访察题参，除本人斥革追究外，滥行出结各官降三级调用，受财者从重论。如各衙门胥役借端需索，该管官失于觉察者，照失察衙役犯赃例分别议处。”

清·《钦定大清会典则例·卷十一·吏部·考工清吏司·考绩》

【译文】（乾隆元年）会议后经皇帝准许：“直隶各省总督恩饬各府、州、县等官员所保举的孝廉方正，要详细地稽查清楚，以事实造册、详结细申定加以印结，该主管上司要依次进行访查，由督抚核实保荐题奏，如果不实，将平日里并非敦崇实行的人以攀附等方法得到保荐的，或者被他人举发，或者被访查后题名参劾的，除本人将被革职且追究之外，胡乱出具印结的官员降三级使用，收受贿赂的从重论处，如果各相关司衙的吏目、胥员以此为借口索要财物，该管的官员失去察觉，将按照失察衙役犯赃例分别给予处罚。”

清世祖顺治九年题准“武生童试用《孝经》等书”事

顺治九年题准：“考武生童即于考试文生童后踵行，无武学处附文学教官管辖。除骑射外教以《武经》《百将传》及《孝经》《四书》，俾知大义，并将各学射圃修葺置备弓矢，教官率武生童较射以饬武备。”

清·《钦定大清会典则例·卷一百二十三·兵部·武库清吏司·武科》

【译文】顺治九年皇帝题准：“武场科考，武童生在科考文生之后进行，没有武学的地方，武童生由文学教官管辖。武科除教骑射外，要教给他们《武经》《百将传》及《孝经》《四书》，要让他们知道大义，并要求将各自习射的场地修葺一新，要配备弓和箭，教官带领武童生考较骑射以整饬武备。

《榆巢杂识》一则

清世宗雍正五年特旨察举孝行贡生诏

雍正五年，特旨命州县会同教官，将府、州、县学之贡生、生员，内居家孝友、行止端方，才能办事而文理可观者，秉公确查。一学各举一人，申报各上司奏闻。其僻远小学无可举者听。倘轻忽滥举，照溺职革职，徇情受贿则加倍治罪。寻于八年八月停止。

清·赵慎畛《榆巢杂识·下卷·荐举生员》

【译文】雍正五年，皇帝特旨令州县官员会同当地的教官，令其将所在府、州、县学中的贡生、生员中，选择对内居家孝敬父母、友悌兄弟、行止端方，对外其才能可为国家办事，同时文章、辞理可观的人，秉公确查。每一学校举荐一人，申报各自的上级司衙直至奏闻朝廷。其中偏僻、遥远的小学如果没有可以举荐者，听凭处理。倘若轻慢、怠忽、滥举，比照溺职罪革职，有徇情、受贿现象的则加倍治罪。不久，于雍正八年八月停止。

《钦定国子监志》三则

清世祖顺治九年敕谕国子监祭酒、司业

顺治九年敕谕国子监祭酒、司业等官：

……

训示生员曰："朝廷建立学校、选举生、免除丁粮、厚以廪糈，设祭酒、司业及厅堂各官以教之，各衙门官以礼相待，全要养成贤才以供朝廷之用。诸生皆当上报国恩、下立人品，所有教条开列于后：

一生员之家父母贤智者，子当尽孝；父母愚鲁或有非为者，子既读书明理，当再三恳告使父母不陷于危亡。

一生员立志当学为忠臣、清官，书史所载务须互相讲究，凡利国爱民之事更宜留心。

清 · 梁国治等奉敕修纂《钦定国子监志 · 卷二 · 圣谕二》

【译文】顺治九年皇帝敕谕国子监祭酒、司业等官员：

……

训示生员时要说："朝廷建立学校、选取生员、免除生员的丁粮、以丰厚的廪米供养你们，设置祭酒、司业等教官教育你们，各衙门对你们都以礼相待，目的是要培养你们成为国家的贤才，以供朝廷所用。诸位生员都要对上报答国家的恩泽，在下要树立良好的人品，所有的教育条例都开列于后：

一是生员的家中如果父母贤德明智的，子孙应当极尽孝养；如果父母愚鲁无识，或者说有不好的行为的，子孙既然读书明晓事理，就应当诚恳地再三劝告父母，使他们不至于陷入危机丧亡的境地。

一是生员要立志为学，立志成为国家的忠臣，立志成为国家清正的官员，书、史中所载的事情要认真研究、讲习，凡是利国利民的事情都要留心学习。

清世宗雍正礼部议准优贡制

（雍正元年）礼部议准：生员有孝弟端方实行尤著者，许学臣列荐入监以示优励，是为优贡之始。

清 · 梁国治等奉敕修纂《钦定国子监志 · 卷三十五 · 生徒一》

【译文】（雍正元年）礼部议准：生员之中如果有孝敬父母、友悌兄弟、行止端方其行迹确实卓异的，允许主管学政的臣子列名举荐进入国子监入学，以表示国家对他们优待鼓励，这是优贡这一说法的开始。

清国子监孝廉方正录送现行事例

录送孝廉方正：

凡各省所举孝廉方正，给以顶戴荣身，愿赴顺天乡试者，实系贡监生出身，取具地方官文结，准其由监录科。如生员出身者，仍由各直省学政录科。

清 · 梁国治等奉敕修纂《钦定国子监志 · 卷二十三 · 现行事例》

【译文】录送孝廉方正：

凡是各省所察举的孝廉方正生员，国家将赐予他们顶戴以荣其身，这些生员愿意赴顺天参加乡试的，是贡生或监生出身的，要取各自地方的文书、印结保荐，允许他们由以监生的身份录送科试。如果是各省生员的，仍然由各省学政录送科试。

《清史稿》七则

清世祖顺治四年七月甲子诏

（顺治四年秋七月甲子）诏曰："中原底定，声教遐敷……民年七十以上，加赐粟帛。所在节孝者旌，山林有才德者录用……"

《清史稿 · 本纪第四 · 世祖一》

【译文】（顺治四年秋七月甲子这一天，）皇帝下诏说："中原平定之后，国家的声望和教化应该达到远方……百姓年七十岁以上的要加赐粟帛，以表示国家对他们的优崇。所有具有忠诚信节品行的人、孝敬父母德行的人，都要加以旌表，山林野泽之中有才能、有德行的人都要录用他们……"

清初儒童学考试制度

儒童入学考试，初用《四书》文、《孝经》论各一，《孝经》题少，又以《性理》《太极图语》《通书》《西铭》《正蒙》命题。嗣定正试《四书》文二，覆试《四书》文、《小学》论各一。

雍正初，科试加经文。冬月晷短，书一、经一。寻定科试《四书》经文外，增策论题，仍用《孝经》。

乾隆初，覆试兼用《小学》论。

《清史稿 · 志第八一 · 选举一 · 学校上》

【译文】儒童入学考试，初时考试选用的是《四书》中的文句、《孝经》中的论说文句各取一为试题，因为《孝经》的题少，又以《性理》《太极图语》《通书》《西铭》《正蒙》等书的文句命题。嗣后定制正式的考试，其试题在《四书》中选取二段文句，复试时取《四书》中文论、《小学》中的篇章各一篇策试。

雍正初年，科试之中加试经文。因为冬天日子比较短，规定为科试除《四书》经文之外，增加策论题，仍然从《孝经》之中选取文句。

乾隆初年，复试时兼用《小学》中的文论。

清武生考试制度

武生附儒学，通称武生。顺治初，京卫武生童考试隶兵部。康熙三年，改隶学院，直省府、州、县、卫武生，儒学教官兼辖之。骑射外，教以《五经七书》《百将传》及《孝经》《四书》。学政三年一考。

《清史稿 · 志第八一 · 选举一 · 学校上》

【译文】武生生员附于儒学之中管理，通称为武生。顺治初年，京城卫所武生、武童考试由兵部管理。康熙三年改为由学院管理，直隶各省的府、州、县、卫所的武童生员，由儒学教官兼管。这些武生除了学习骑射之外，还要教给他们《五经七书》《百将传》及《孝经》《四书》。学政三年举行一次考试。

清福建船厂修习制度

福建船厂，同治五年左宗棠督闽时奏设，并设随厂学堂。分前、后二堂。前堂习法文，练习造船之术；后堂习英文，练习驾驶之术。课程除造船、驾驶应习常课外，兼习策论，令读《圣谕广训》《孝经》，以明义理。

《清史稿 · 志第八二 · 选举二 · 学校下》

【译文】福建船厂，是同治五年由左宗棠总督福建时上奏设立的，设立后随厂设立学堂。学堂分为前、后二堂。前堂学习法文，练习造船的技术；后堂学习英文，练习驾驶的技术。课程除了学习造船、驾驶等应学的常课之外，兼习策论，要求在读学子读《圣谕广训》《孝经》，以明白义理。

清圣祖康熙《五经》《孝经》并重诏

康熙二十九年，兼用《性理》《太极图说》《通书》《西铭》《正蒙》。五十七年，论题专用《性理》。世宗初元，诏《孝经》与《五经》并重，为化民成俗之本。

《清史稿 · 志第八三 · 选举三 · 文科》

【译文】康熙二十九年，考试兼用《性理》《太极图说》《通书》《西铭》《正蒙》中的文句出题。（康熙）五十七年论题专用《性理》一书出题。世宗（即雍正帝）初，下诏《孝经》和《五经》并重，以教化百姓形成以孝悌为根本的风俗。

清科目取士制

清代科目取士，垂为定制。其特诏举行者，曰博学鸿词科①、经济特科②、孝廉方正科③。若经学，若巡幸召试，虽未设科，可附见也。

《清史稿 · 志第八四 · 选举四 · 制科》

【简注】①博学鸿词科：即博学宏词科。清代康熙、乾隆年间重设，为避乾隆的讳而改为“博学鸿词”科。也称“博学鸿儒”。 ②经济特科：清末“戊戌变法”失败后特设的一种科举考试科目。由内外大臣荐举通晓时务的人，以策论试时事。《清史稿 · 选举志四》载：“庚子，京师构乱，乘舆播迁。两宫怵于时局阽危，亟思破格求才，以资治理。二十七年，皇太后诏举‘经济特科’，命各部、院堂官及各省督、抚、学政保荐，有志虑忠纯、规模宏远、学问淹通、洞达中外时务者，悉心延揽。” ③孝廉方正科：清代特诏举行的制科之一。自雍正朝起，新帝嗣位时，诏直隶各省、府、州、县、卫各举“孝廉方正”，赐六品章服，备国家召用。乾隆朝以后，定荐举后送吏部考察，授以知县等官及教职。

【译文】清代以科目取士，成为定制。特诏举行科试的名目为：博学鸿词科、经济特科、孝廉方正科。例如经学如果皇帝巡幸召试，虽然没有设科，也可以附见于他科之中。

清孝廉方正科取士诏制

孝廉方正科，始于康熙六十一年，世宗登极，诏直省府、州、县、卫各举孝廉方正，赐六品章服，备召用。雍正元年，诏曰：“国家敦励风俗，首重贤良。前诏举孝廉方正，距今数月，未有疏闻。恐有司怠于采访，虽有端方之品，无由上达。各督、抚速遵前诏，确访举奏。”寻浙江、直隶、福建、广西各荐举二员，用知县；年五十五以上者，用知州。其后历朝御极，皆恩诏荐举以为常。

乾隆元年，刑部侍郎励宗万言：“孝廉方正之举，稍有冒滥，即有屈抑。从前选举各官，鲜克公当，非乡井有力之富豪，即宫墙有名之学霸。迨服官后，庸者或以劣黜，黠者或以赃败。请慎选举，以重名器。”

吏部议准：府、州、县、卫保举孝廉方正，应由地方绅士里党合辞公举，州、县官采访公评，详稽事实。所举或系生员，会学官考核，申送大吏，核实具题，给六品章服荣身。果有德行才识兼优者，督、抚逾格保荐赴部，九卿、翰、詹、科、道公同验看，候旨擢用。滥举者罪之。

《清史稿·志第八四·选举四·制科》

【译文】孝廉方正科，始于康熙六十一年，世宗皇帝登基后，下诏直隶各省府、州、县各自举荐孝廉方正，赐给他们六品的章服，以备国家召用。雍正元年，下诏说：“国家敦睦鼓励良好风俗的形成，首先要重视贤良的人才。以前的诏书要求各地举荐孝廉方正，到现在已经数月，没有奏疏上闻于朝廷。恐怕这是相关司衙怠慢于采访，使得各地虽然有端方的士子，却没有途径上达于朝廷。各省的督抚要遵照以前的诏旨，确实访查后举荐奏闻。”之后浙江、直隶、福建、广西各自举荐的二人，被任命为知县；年五十五岁以上的，被任用为知州。之后历朝帝王登基，都下恩诏荐举孝廉方正以为常例。

乾隆元年，刑部侍郎励宗万奏言：“孝廉方正的举荐，稍微有些冒滥，即会有屈抑这样的事情发生。以往选取举荐的各官，很少是被公正的举荐上来的，他们不是乡井之中有势力的富豪，就是宫墙之中有名的学霸。担任官职之后显得能力平庸，往往因劣等施政方法、治理效果而被罢黜，贪心的往往因收受财物屈定公事而被处理，因此要谨慎地选举，以国家的名器为重。”

吏部议准：府、州、县、卫所保举的孝廉方正，应由地方上的士绅共同公举，州、县的官员采访后公正地评判，详细地稽查事实。所举荐的如果是生员，要会同学官考核，申报呈送上级官府，核实后具文题奏，国家将给予六品章服以荣宠其身。如果确实有德行、才干且品行兼优的，总督、巡抚要逾越规格保荐他们去礼部，由九卿、翰林院、詹事府、御史、道等共同验看后，等候旨意提拔擢用。滥举的要依法治罪。

第十四卷　清（下）

一、法令条文

《大清律例》二十五则

清律：十恶（节录）

四曰恶逆：谓殴及谋杀祖父母、父母，夫之祖父母、父母，杀伯叔父、姑、兄、姊、外祖父母及夫者。

……

七曰不孝：谓告言咒骂祖父母、父母，夫之祖父母、父母及祖父母、父母在别籍异财若奉养有缺、居父母丧身自嫁娶若作乐释服从吉，闻祖父母、父母丧匿不举哀，诈称祖父母、父母死。

八曰不睦：谓谋杀及卖缌麻以上亲，殴告夫及大功以上尊长、小功尊属。

清 · 《大清律例 · 卷四 · 十恶》

【译文】第四是恶逆：指殴打谋杀祖父母、父母，丈夫的祖父母、父母，杀伯叔父母、姑、兄、姊、外祖父母以及丈夫的罪行。

……

第七是不孝：指状告、咒骂、谋杀祖父母、父母，丈夫的祖父母、父母；以及祖父母、父母健在另开户籍、分析财产，奉养他们有缺；在父母丧期守制期间自行婚嫁迎娶，只图作乐去除丧服更换吉服；或者祖父母、父母丧亡隐匿不举哀，诈称祖父母、父母死的罪行。

第八是不睦：指谋杀以及卖缌麻关系以上的亲戚，殴打丈夫及大功以上的尊长、小功尊属的罪行。

清律：杀死本宗缌麻以上尊长条

凡杀死本宗缌麻以上尊长，及外姻小功尊属者俱不准援赦。

清 · 《大清律例 · 卷四 · 常赦所不原》

【译文】凡是杀死本宗缌麻以上尊长的，以及杀死外姻小功尊属的人，都不准请求援例给予赦免。

清律：犯罪存留养亲 · 无人侍养父母条

凡犯死罪非常赦不原者而祖父母（高曾同）、父母老（七十以上）疾（笃废）应侍（或老或疾），家无以次成丁（十六以上）者（即与独子无异，有司推问明白），开具所犯罪名（并应侍缘由）奏闻取自上裁。若犯徒、流（而祖父母、父母老疾无人侍养）者，止杖一百余罪收赎，存留养亲（军犯准此）。

清 · 《大清律例 · 卷四 · 犯罪存留养亲》

【译文】凡是犯死罪非国家赦令不能赦免的人，家中祖父母（高祖父母、曾祖父母相同）、父母（七十岁以上）身患疾病（身具笃疾）应当侍奉在侧（或者年老或者疾病），家中没有其他已经成丁（十六岁以上）的人（即和独子没有区别，相关司衙要推问明白），开具罪犯所犯的罪名（以及应当侍养老人的缘由），奏闻朝廷听取朝廷裁决。如果犯的是流、徒等罪（而祖父母、父母无人侍养的人），止于执行杖刑一百，其他的罪责可由财物赎罪，留在家中奉养亲人（军队上的罪犯遵此条例执行）。

清律：犯罪存留养亲 · 留养之犯在他省获罪条

凡留养之犯在他省获罪，审系游荡他乡远离父母，即属忘亲不孝之人，虽与例相符不准留养。

清 · 《大清律例 · 卷四 · 犯罪存留养亲》

【译文】凡是应该留在家中侍养老人的人，在别的省犯罪，审定明白确系游荡于外地而远离父母，即属于忘记亲人不孝的人，虽然这种情况于律条相符，但不准存留养在家奉养父母。

清律：犯罪存留养亲 · 忤逆犯案及素习匪类为父母所摈逐条

凡曾经忤逆犯案及素习匪类为父母所摈逐者，虽遇亲老丁单概不准留养。

清 · 《大清律例 · 卷四 · 犯罪存留养亲》

【译文】凡是曾经犯忤逆罪，以及素来有匪类心性，被父母赶出家门的人，即使遇到亲人年老、家中人丁单薄，也一概不准存留在家中侍养老人。

清律：犯罪存留养亲 · 问拟死罪人犯因亲老丁单照例留养条

凡问拟死罪人犯，因亲老丁单照例留养，发落之后，复有干犯，无论轻重罪名即照现犯之罪按律定拟，不准复请留养。

清 · 《大清律例 · 卷四 · 犯罪存留养亲》

【译文】凡是被拟定为死罪的人犯，因为家中父母年老、笃疾、家中人丁单薄照例留在家中侍养老人的人，判定刑罚之后，又犯下了罪行，无论其罪名的轻重，即按照现在所犯的罪行，按律拟定罪责，不准再次请求留养。

清律：官员袭荫 · 犯不孝致典刑者条

武职守城失机、贻患边方及临阵退怯者，俱不准袭；有犯不孝致典刑者，取祖父次子孙袭职，本犯子孙不许。

清 · 《大清律例 · 卷六 · 吏律 · 职制 · 官员袭荫》

【译文】武职官员守城失去军机、贻患边防以及临阵退却、怯懦的一律不准袭爵；如果有干犯不孝罪名以致于典刑的，取祖父的次子一支的子孙袭职，本支的子孙不许袭职。

清律：收养孤老九十以上者地方官不时存问条

老人九十以上者地方官不时存问，其或孤寡及子孙贫不能养赡者，州县查明赈恤，详报督抚奏闻，动用钱粮务令得沾实惠。

清 · 《大清律例 · 卷八 · 户律 · 收养孤老》

【译文】老人年九十岁以上的，地方官员要不时去慰问他们，其中有孤寡以及子孙贫苦不能养赡老人的家庭，各州县要查核明白以赈恤他们，并要将详情呈报督抚以便奏于朝廷，动用国家的钱粮，使老人们得到实惠。

清律：男女婚姻须凭媒妁明立婚书条

招婿须凭媒妁明立婚书，开写养老或出舍年限。止有一子者不许出赘，其招婿养老者仍立同宗应继者一人承奉祭祀家产均分，如未立继身死，从族长依例议立。

清 · 《大清律例 · 卷十 · 户律 · 婚姻 · 男女婚姻》

【译文】招婿必须要凭媒妁明白地立定婚书，开写出养老或者入赘的年限。家中只有一个儿子的不许出赘，其中招婿养老的人家仍然要立同宗应继承的一人承奉、祭祀祖先，其家产均分，如未立继承人则身死之后听从族长的意见依旧例议立。

清律：居父母及夫丧条四则

凡（男女）居父母及（妻妾居）夫丧，而身自（主婚）嫁娶者杖一百。

若（男子）居（父母）丧（而）娶妾，妻（居夫丧）女（居父母丧而）嫁人为妾者各减二等……

若居祖父母、伯叔父母、姑兄姊丧（除承重孙外）而嫁娶者杖八十（不离异）。

若居父母、舅姑及夫丧而与应嫁娶人，主婚者杖八十。

清·《大清律例·卷十·户律·婚姻·居丧嫁娶》

【译文】凡是（男女）在服父母以及丈夫（妻妾）的丧服期内，自身（主婚）婚嫁迎娶的，要处以杖一百的刑罚。

若（男子）在（父母）丧期之内娶妾，妻子、女儿（在父母丧期）在丈夫丧期之内嫁人为妾的，各自减二等刑罚处罚他们……

若居祖父母、伯叔父母、姑、兄、姊的丧时婚嫁迎娶的，要处以杖八十的刑罚（不判离异）。

若居父母、公婆以及夫丧的时候婚嫁、迎娶的，主婚者处以杖八十的刑罚。

清律：父母囚禁嫁娶条

凡祖父母、父母犯死罪被囚禁，而子孙（自）嫁娶者杖八十……祖父母、父母命而嫁女娶妻者不坐，亦不得筵宴，违者依父母囚禁筵宴律杖八十。

清·《大清律例·卷十·户律·婚姻·父母囚禁嫁娶》

【译文】凡是祖父母、父母犯死罪被囚禁，而子孙（自行）婚嫁迎娶的要处以杖八十的刑罚……应祖父母、父母命嫁女、娶妻的不连坐，但不得陈设筵席，违反的依照父母囚禁筵宴律处以杖八十的刑罚。

清律：僧道拜父母条

凡僧尼、道士、女冠并令拜父母，祭祀祖先，丧服等第皆与常人同，违者杖一百还俗。

清·《大清律例·卷十七·礼律·仪制·僧道拜父母》

【译文】凡是僧尼、道士、道姑都要拜自己的父母，祭祀自己的祖先，丧服等都要与常人相同，违反的要处以杖一百的刑罚，并令其还俗。

清律：匿父母夫丧 · 丧匿不举哀者条

凡闻父母（若嫡孙承重与父母同）及夫之丧匿不举哀者，杖六十徒一年。若丧制未终释服从吉、忘哀作乐及参预筵宴者，杖八十。若闻期亲尊长丧匿不举哀者，亦杖八十。若丧制未终，释服从吉者杖六十。

清 · 《大清律例 · 卷十七 · 礼律 · 仪制 · 匿父母夫丧》

【译文】凡是听闻父母（如果嫡孙承继家业与父母相同）以及丈夫丧亡的消息，隐不举哀的，要处以杖一百、徒一年的刑罚。如果丧期没有结束却去除丧服更换吉服、忘记哀伤寻欢作乐以及参与酒席宴会燕乐的，要处以杖八十的刑罚。如果听闻期亲尊长丧亡却隐匿不举哀的，也要处以杖八十的刑罚，如果丧期没有结束，去除丧服更换吉服的，要处以杖六十的刑罚。

清律：匿父母夫丧 · 官吏父母死应丁忧不丁忧条

若官吏父母死应丁忧诈称祖父母、伯、叔、姑、兄、姊之丧不丁忧者，杖一百罢职役不叙。（若父母见在）无丧，诈称有丧或（父母已殁）旧丧称新丧者（与不丁忧）罪同。有规避者从（其）重（者）论。若丧制未终，冒哀从仕者杖八十（亦罢职），其当该官司知而听行各与同罪，不知者不坐。其仕宦远方丁忧者，以闻丧月日为始，夺情起复者不拘此律。

清 · 《大清律例 · 卷十七 · 礼律 · 仪制 · 匿父母夫丧》

【译文】若官吏的父母丧亡应当丁忧，却诈称祖父母、伯、叔、姑、兄、姊丧亡不去丁忧的，要处以杖一百的刑罚，并且罢免其职役不再叙用。（若父母健在）没有丧亡，诈称有丧或（父母已经殒）旧丧诈称新丧（与不丁忧）的罪责相同。有规避情况的从重论处。若丧期没有结束，冒哀出仕的要处以杖八十的刑罚（也要罢免其职役），其该管上司知道此事却听任其所为与之同罪，不知道的不连坐。其中在远方任职丁忧的官吏，以听闻丧亡消息当天开始，夺情起复的官吏不拘于这一条例。

清律：匿父母夫丧 · 文武生员科贡遇父母丧条

凡文武生员及举贡、监生过本生父母之丧，期年内不许应岁科、会考及乡会二试，其童生亦不许应府、州、县及院试，有隐匿不报朦混干进者，事发照匿丧例治罪。

清 · 《大清律例 · 卷十七 · 礼律 · 仪制 · 匿父母夫丧》

【译文】凡是文武生员以及贡、监生服本生父母丧期，一年内不许参加岁科、会考以及乡试、会试二试，其中童生亦不许参加府、州、县以及院试，如果有隐匿不报蒙混参加的，事发后照匿丧例治罪。

清律：弃亲之任 · 父母八十以上无其他侍丁条

凡祖父母、父母年八十以上，及笃疾别无以次侍丁而弃亲之任，及妄称祖父母、父母老疾求归入侍者，并杖八十（弃亲者令归养，候亲终服阕降用，求归者照旧供职）。若祖父母、父母及夫犯罪见被囚禁而筵宴作乐者，罪亦如之（筵宴不必本家，并他家在内）。

清 · 《大清律例 · 卷十七 · 礼律 · 仪制 · 弃亲之任》

【译文】凡是祖父母、父母年纪在八十岁以上，以及身具笃疾家中没有其他侍丁侍养，而官吏却离弃亲人外出任职，以及妄称祖父母、父母年老、疾病请求回家侍养的，都要处以杖八十的刑罚（弃亲的官吏要令其归养家侍养，等候亲人去世丧期结束之后降职使用，求归的可以照旧职委任）。若祖父母、父母以及丈夫犯罪被囚禁而陈设筵席、作乐的，其罪责相同（筵席、作乐不一定非要在自己家中，在别人家一样要受刑罚）。

清律：丧葬不举条三则

凡有（尊卑）丧之家必须依礼（定限）安葬，若惑于风水及托故停柩在家，经年暴露不葬者，杖八十（若弃毁死尸又有本律）……

民间遇有丧葬之事，不许聚集演戏以及扮演杂剧等类，违者按律究处。

民间丧祭之事，凡有用丝竹、管弦、演唱、佛戏之处，该地方官严行禁止，违者照违制律治罪。

清 · 《大清律例 · 卷十七 · 礼律 · 仪制 · 丧葬》

【译文】凡是家中有丧葬（无论尊卑）都有要依礼法（按国家限定的制度）安葬，如果受蛊惑于风水之说以及托故停柩在家，经年不安葬的，要处以杖八十的刑罚（如果弃毁尸体又有其他律法制裁）。

民间遇到丧葬之类的事，不得聚集在一起演戏以及扮演杂剧等，违者按律法处理。

民间丧葬、祭祀这类事情，凡是在礼仪过程中使用丝竹、管弦，演戏曲、佛戏的，该地方官都要严加禁止，违反的按照违制律治罪。

清律：乡饮酒礼 · 条例

凡乡党叙齿及乡饮酒礼已有定式，违者笞五十（乡党叙齿自平时行坐而言，乡饮酒礼自会饮礼仪而言）。

条例：

乡党叙齿士、农、工、商人等平居相见，及岁时宴会揖拜之礼。幼者先施坐次之列，长者居上……

乡饮坐叙高年有德者居于上，高年淳笃者并之，以次序齿而列。其有曾违条犯法之人列于外坐，不许紊越正席，违者照违制论。主席者若不分别致使良莠溷淆，或察知、或坐中人发觉。依律科罪。

清 · 《大清律例 · 卷十七 · 礼律 · 仪制 · 乡饮酒礼》

【译文】凡乡党叙齿以及乡饮酒礼都已经有定式，违反这一礼法的要处以鞭笞五十的刑罚（乡党叙齿是指平日按年龄大小排序而坐而说的，乡饮酒礼是指养老会饮时的礼仪而言）。

条例：

乡党叙齿时士、农、工、商要平礼相见，是到叙齿时宴会揖拜的礼仪。年幼的先陈设好席次序列，年长的居于上位……

乡饮酒的座次以年高德重的人居于上位，年高淳笃的人与他并列，按次序叙齿排列。其中如果有曾经犯法的人在内，要将他们排列在厅堂之外就座，不许紊乱僭越至正席之上，违反的要按违制论处。主席如果不分别良莠以至行乡饮酒礼期间良莠混杂，如果被察知、或被行乡饮酒礼的人发觉，将对主席依照律令治罪。

清律：谋杀祖父母父母条

凡谋杀祖父母、父母及期亲尊长外祖父母、夫、夫之祖父母、父母已行（不问已伤未伤）者（预谋之子孙不分首从）皆斩。已杀者皆凌迟处死。

清 · 《大清律例 · 卷二十六 · 刑律 · 人命 · 谋杀祖父母父母》

【译文】凡是谋杀祖父母、父母以及期亲尊长外祖父母、丈夫、丈夫的祖父母、父母已有行动（不问是受伤或者是没有伤）的都要处以斩刑（预谋的子孙不分首犯和从犯）。已经致死的都要凌迟处死。

清律：谋杀缌麻以上尊长

谋杀缌麻以上尊长已行者（首）杖一百、流二千里（为从杖一百、徒三年），已伤者（首）绞（为从加功不加功，并同凡论），已杀者皆斩（不问首从）。

清 · 《大清律例 · 卷二十六 · 刑律 · 人命 · 谋杀祖父母父母》

【译文】谋杀缌麻以上尊长已有行动的（首犯）处以杖一百、流二千里的刑罚（为从犯处以杖一百、徒三年的刑罚），已伤的（首犯）处以绞刑（是从犯的不增加相关亲属关系的处罚，一并以平常的关系论处），已经杀死的都要斩首（不分首犯、从犯）。

清律：殴本宗及外姻缌麻兄姊条

凡卑幼殴本宗及外姻缌麻兄姊（但殴即坐），杖一百；小功兄姊，杖六十、徒一年；大功兄姊，杖七十、徒一年半；尊属又各加一等；折伤以上各递加。

凡斗伤一等（罪止杖一百、流三千里）笃疾者（不问大功以下尊属一并）绞，死者斩……

清 · 《大清律例 · 卷二十八 · 刑律 · 斗殴下 · 殴大功以下尊长》

【译文】凡是卑幼殴打本宗以及外姻缌麻兄姊的（只要殴打就受刑罚）要处以杖六十、徒一年的刑罚；小功兄姊，处以杖六十、徒一年的刑罚；大功兄姊，要处以杖七十、徒一年半的刑罚；尊属又各自增加一级处罚；断折肢体、受伤的再加重刑罚。

凡是斗伤身具一等（罪责止于杖一百、流三千里）笃疾的人（不考虑大功以下的尊属一并）处以绞刑，死亡的处斩……

清律：子孙殴祖父母、父母条

凡子孙殴祖父母、父母及妻妾殴夫之祖父母、父母者皆斩，杀者皆凌迟处死；过失杀者，杖一百、流三千里；伤者杖一百、徒三年（俱不在收赎之例）。

清 · 《大清律例 · 卷二十八 · 刑律 · 斗殴下 · 殴祖父母父母》

【译文】凡是子孙殴打祖父母、父母以及妻妾殴打丈夫的祖父母、父母的都要处以斩刑，杀死的凌迟处死；过失杀人的要处以杖一百、流三千里的刑罚；杀伤的处以杖一百、徒劳三年的刑罚（这几类情况都不在收取赎金赎罪的律法之内）。

清律：祖父母、父母为人所殴条

凡祖父母、父母为人所殴，子孙即时（少迟即以斗殴论）救护而还殴（行凶之人），非折伤勿论，至折伤以上减凡斗三等（虽笃疾亦得减流三千里为徒二年），至死者依常律。若祖父母、父母为人所杀，而子孙（不告官）擅杀行凶人者杖六十，其即时杀死者勿论（少迟即以擅杀论）。

清 ·《大清律例 · 卷二十八 · 刑律 · 斗殴下 · 父祖被殴》

【译文】凡是祖父母、父母为他人所殴打，子孙立时（少迟即以斗殴罪论处）救护并且还击殴打的（行凶的人），没有折伤的不追究责任，折伤以上的减斗殴罪的三等给予处罚（即使是击伤至身具笃疾，也减流三千里为徒二年），至死亡的依常律刑罚。如果祖父母、父母为人所杀，而子孙（不告官）擅自杀行凶之人的处以杖六十的刑罚，如果是即时杀时的不追究其责任（少迟则以擅杀罪论处）。

清律：骂内外缌麻兄姊条

凡骂（内外）缌麻兄姊，笞五十；小功兄姊，杖六十；大功兄姊，杖七十；尊属（兼缌麻小功、大功）各加一等。若骂（期亲同胞）兄姊者，杖一百；伯叔父母、姑、外祖父母各加（骂兄姊）一等，并须亲告乃坐（弟骂兄妻比照《殴律》加凡人一等）。

清 ·《大清律例 · 卷二十九 · 刑律 · 骂詈 · 骂尊长》

【译文】凡是侮骂（内外）缌麻兄姊的，要处以鞭笞五十的刑罚；小功兄姊，要处以杖六十的刑罚；大功兄姊，处以杖七十的刑罚；尊属（包括缌麻、小功、大功关系）各加罪责一等处罚。若侮骂（期亲同胞）兄姊，要处以杖一百的刑罚；伯叔父母、姑、外祖父母各加（骂兄姊）罪责一等刑罚，这种情况需要亲人告发才加以刑罚（弟骂兄长的妻子，比照《殴律》增加平常人这种行为的罪责一等，给予处罚）。

清律：骂祖父母、父母条

凡骂祖父母、父母及妻妾骂夫之祖父母、父母者并绞，须亲告乃坐。

清 ·《大清律例 · 卷二十九 · 刑律 · 骂詈 · 骂祖父母父母》

【译文】凡是骂祖父母、父母以及妻妾骂丈夫的祖父母、父母的，都要处以绞刑，这种情况必须要亲人状告才加以刑罚。

《大清会典》一则

清律：老、幼、疾病犯罪不拷掠据证定罪条

凡老、幼、疾病犯罪不拷掠据证定罪，军流以下并免，的决准收赎至死罪者。年七十以上、十五以下及废疾如常法，八十以上、十岁以下及笃疾具议奏闻，九十以上、七岁以下虽犯死罪不加刑。有教令主使者坐之，犯反逆者不在此限。未老疾犯罪、老疾发觉者，依老疾论；幼小时犯罪、长大发觉者，依幼小论。

清 · 《大清会典 · 卷六十九 · 刑部 · 朝审》

【译文】凡是老年人、幼童、身患疾病的人如果犯罪，不要用拷掠他们的方法去获取证据，充军流放以下免取，这类人的减免准许收取赎金，最高的可至死罪。年纪在七十岁以上、十五岁以下及残废、身患病的犯人的刑罚和以往所定的律法一样，八十岁以上、十岁以下及身患重症的犯人的刑罚处理要写明情况奏请，九十岁以上、七岁以下的犯人即使身犯死罪也不可加刑处罚。如果有教唆犯罪的主使之人要连坐，犯谋反大逆的犯人不在此限。年纪未老、身未患疾病犯罪，发现时年纪已老、已患疾病的，以年纪老、患疾病的刑罚方式论处；年纪幼小时犯罪，长大后案发证实的，依照幼小犯案时的刑罚论处。

《圣祖仁皇帝圣训》一则

清圣祖康熙五十四年二月己丑上谕直隶巡抚赵弘燮[①]

（康熙五十四年乙未）二月己丑，上谕直隶巡抚赵弘燮曰：

朕每年春间行幸水淀，近见民生虽不能家给人足，比之往时似觉差胜。但村庄之中诵读者尚少，朕思移风易俗莫过读书，况畿辅之地乃王化所先，宜于穷乡僻野皆立义学，延师教读以勉励孝弟，可望成人矣！尔即遍示村庄，俾皆知朕崇文好学之深意。特谕。

清 · 《圣祖仁皇帝圣训 · 卷十二》

【简注】①此文在清《畿辅通志 · 卷二 · 诏谕》中也可看到。

【译文】（康熙五十四年乙未）二月己丑这一天，皇帝谕示直隶巡抚赵弘燮说：

朕每年春天都要在畿辅的水淀之中巡幸，近来看到百姓虽然不能说是家给人足，但比往年过的似乎感觉好了一些。但是村庄之中诵读的声音依然不多，朕思量着移风易俗没有比读书更有效果的，何况京畿这个地方，这里是国家王道教化首先到达的地方，宜在穷乡僻野之处设立义学，延请儒师教读，去勉励百姓让他们具备孝悌的品行，这样百姓才可以有望成为国家的人才！你要即刻将此谕旨遍示村庄，让百姓都知道朕崇尚文化、喜好学问道德之士的深意，特谕。

《世宗宪皇帝圣训》一则

清世宗雍正六年戊申三月壬子上谕内阁

雍正六年戊申三月壬子，上谕内阁：

览福建巡抚常赉奏称，罗源县孝子李盛山割肝救其母，病伤重身，故请加旌表，部议以割肝乃小民轻生愚孝，向无旌表之例，应不准行。

朕思我世祖章皇帝、圣祖仁皇帝临御万方，立教明伦与人为善，而于此例慎予旌表者，诚天地好生之盛心，圣人觉世之至道，视人命为至重，不可以愚昧而误戕，念孝道为至宏，不可以毁伤为正理，立法垂训实有深意。但向来地方有司未尝以圣贤经常之道与国家爱养之心明白晓谕开导编氓，是以愚夫愚妇救亲而捐躯殉夫，而殒命者往往有之，既有其事若不予以旌表，恐无以彰其苦志而慰其幽魂。所以数十年来虽定不予旌表之例，而仍许其奏闻，且有邀恩于常格之外者，仰见圣祖仁皇帝哀矜下民之圣心固如是之周详而委曲也。

《孝经》曰“身体发肤受之父母，不敢毁伤孝之始也”，孟子曰“事孰为大，事亲为大，守孰为大，守身为大”[①]，此皆言人子一身乃父母之遗体，虽一发一指不可偶有亏损，以伤父母之所贻也。孔子曰“父母惟其疾之忧”[②]，盖父母爱子之心无所不至，偶有疾病尚以为忧，设有不肖忤逆之子，父母且恕而矜之，若纯孝之子则父母之怜爱又当何如也？若以己身患病之故，致其子割肝、肉以充饮馔、和汤药，纵其子无恙父母之心断无不惊忧惨惕不安之理，况因此而至于伤生，又岂父母所忍闻者乎？

夫父母有疾，固人子所当尽心竭力之时，而孝道多端，实不容效命捐驱于一节，孔子曰“生事之以礼，死葬之以礼，祭之以礼”[③]是人生孺慕之诚，原通百年而无间者也。人子一身承先启后负荷甚巨，若余生殒命于仓猝之间，而忘宗祀继续之重，非所以为孝也。况人子于亲本乎天性，傥能尽至诚纯孝之实……誓愿为一正人，如此必能感天地动鬼神，何须割肝刲股以为回生之良剂乎？家庭之行惟在至诚、至敬，善体亲心不必以惊世骇俗之为，著奇于日用伦常之外也……诚以烈妇捐生与割肝刲股之愚孝其事相类，假若仿效者多则戕生者众为上者之所不忍也。向来未曾通行晓谕。

朕今特颁谕旨，著地方有司广为宣布，务期辟壤荒村家喻户晓，俾愚民咸知孝子节妇自有常经，而保全生命实为正理，则伦常之地皆合中庸，不负国家教养矜全之德矣！倘训谕之后仍有不爱躯命蹈于危亡者，朕亦不概加旌表以成闾阎激烈之风，长愚民轻生之习也。

清 · 《世宗宪皇帝圣训 · 卷六》

【简注】①语出《孟子 · 离娄上》。 ②③皆语出《论语 · 为政》。

【译文】雍正六年戊申三月壬子这一天，皇帝谕示内阁：

（朕）观福建巡抚常赉奏呈的奏折称，罗子县孝子李盛山割肝救母，却因为伤势过重因而亡故，为此奏请朝廷对其加以旌表，部议割肝救母之举实在是百姓之中轻生愚孝的表现，向来没有旌表的惯例，应不予旌表。

朕思虑我朝世祖章皇帝、圣祖仁皇帝统御万邦的时候，确立教化百姓的规范，让人们明白纲常伦理与人为善，而对此种事情例来都是谨慎地对待、旌表，这是因为他们用诚心体会到了上天的好生之德，明查了圣人觉察世事的至道，视人命为至重的事情，不希望因愚昧而误伤生命，因此思虑着孝道为至宏至大的德行，不能以损伤自己的身体为正理，因此定立法规，实在是有深层的意思。但是向来地方上的相关司衙，没有以圣贤的常道这一准绳，将国家爱护、养护百姓的心意，明白地晓谕世人、开导百姓，固此愚昧的男男女女便因救亲人舍生、殉夫，因此而殒命的人经常出现，既然事情已经发生如果不予以旌表，恐怕无法表彰他们的苦志，进而安慰于幽魂于地下。所以数十年来虽然定下了不予旌表的法例，但仍然允许奏闻于朝廷，并且还有因此而邀恩宠于常格之外的事情发生，抬头回想着圣祖仁皇帝哀矜天下百姓的仁慈之心如此广大、周详，因此委曲办理。

《孝经》中说“身体发肤，受之父母，不敢毁伤，孝之始也”，孟子曾说“事孰为大，事亲为大，守孰为大，守身为大”，这些圣人的言语都是指人子的身体乃是出自父母的遗爱，虽然是一毫一发也不可以损伤、亏耗，以伤父母所赠予的身体。孔子说“父母惟其疾之忧”，这是因为父母爱子女的心思无处不在、无所不至，偶尔子女有疾病，父母尚且心中忧虑，假设有不肖的、忤逆的子女，父母也能宽恕他们、矜怜他们，如果是纯孝的子女，父母又当如何怜爱他们呢？如果因为自己患病的缘故，致使其子女割肝肉以充饮用、馔食、和合汤药，纵然是子女无恙，父母之心断然因此惊惧忧虑且惨然不安，更何况因此而损伤生命，这种事情又如何能让父母忍心去听闻呢？

父母有疾病，作为子女理所应当地尽心竭力地侍奉、救治他们，而体现孝道有多种方法，实在是不容许有效命捐躯尽孝这一节，孔子说“生事之以礼，死葬之以礼，祭之以礼”指的是一个人一生对父母要像幼童钦慕父母那样的诚心，即使经过百年也不可间断。为人子女一身承担着承先启后的重任，其肩负的责任相当巨大，如果将生命殒落于仓促之间，而忘却传承宗族祭祀、延续血脉的重任，这不是孝的表现。更何况为人子女对于父母亲人的感情本生于天性，傥若能竭尽至诚使之具有纯孝之实，（是多么好的事情）……立誓成为有用的正人君子，如此必然能感动天地鬼神，又何必割肝削股以为起死回生的良剂呢？家庭之中的行为只在至诚、至敬，善于体会父母亲人的心思，不必行惊世骇俗的举动，使其行背离于日用伦常之外……诚如烈妇捐生和割肝削股这种愚孝之事可以相互类比，假若仿效此类事情多，那么误伤生命的事情就会多起来，这是居于上位者心中所不忍的事情，因此这种旌表向来未曾晓谕通行。

朕现在特别颁下谕旨，着地方上的相关司衙广为宣布，务必让穷乡僻壤之处的百姓也能知道，并使之家喻户晓，那些愚昧的乡民都知道孝子节妇这些正常的纲常伦理，而保全姓命才是人生的正理，只有这样伦理纲常才会合乎中庸之道，才不辜负国家教化、养育、矜怜保全的恩德！倘若训示之后仍然有不爱惜身躯生命，使自己蹈于危亡之中的人，朕也不会概加旌表以刺激乡闾之中类似激烈的行为，助长愚昧之民轻生的习气。

《皇朝文献通考》三则

清世祖顺治九年六谕卧碑文

顺治九年颁行六谕卧碑文曰：“孝顺父母、恭敬长上、和睦乡里、教训子孙，各安生理、无作非为。”

至是令五城设立公所讲解开谕以广教化，直省府州县亦皆举行乡约，各地方官责成乡约人等每月朔望聚集公所宣讲。

清 · 《皇朝文献通考 · 卷二十一 · 职役考一》

【译文】顺治九年颁行六道谕旨并刻录成碑，其碑文说：“孝养顺承父母，恭行敬奉长上、和谐友睦乡里、教育训导子孙，百姓们要各安生理、不得胡作非为。”

于是京师五城设立了公所宣讲皇帝的谕示，以宣扬、教化百姓，直隶各省、府、州、县都订立乡约，各地的地方官员责成各乡每月的初一、十五聚集于公所，宣讲皇帝谕旨。

清圣祖康熙九年颁上谕十六条

康熙九年颁上谕十六条：“一敦孝弟以重人伦；一笃宗族以昭雍睦；一和乡党以息争讼；一重农桑以足衣食；一尚节俭以惜财用；一隆学校以端士习；一黜异端以崇正学；一讲法律以儆愚顽；一明礼让以厚风俗；一务本业以定民志；一训子弟以禁非为；一息诬告以全善良；一诫窝逃以免株连；一完钱粮以省催科；一联保甲以弭盗贼；一解仇忿以重身命。”令府州县乡村人等切实遵行。

十八年浙江抚臣衍辑直解奏进名曰《乡约全书》刊刻分发。

清 · 《皇朝文献通考 · 卷二十一 · 职役考一》

【译文】康熙九年皇帝颁谕旨十六条：“（为人处世要）品行敦睦能孝敬父母、友悌兄弟、重视人伦；要和顺于宗族，使宗族之中出现雍雍睦睦现象；要和谐于乡党、邻里，以止息纷争狱讼；要重视农桑使家庭能丰衣足食；要有兴隆学校以端正士子风气的品行能力；要讲求律法以儆戒愚顽的人；要明晓礼法、礼让以敦厚风俗；要勤务本业以安定自己的志向，要教训子弟禁止他们去胡作非为；要平息诬告以保全良善的人；要互为警诫不要窝藏逃犯以免诛连；要交纳钱粮以省去官府催科；要创立保甲以消弥盗贼；要心胸大度能化解仇忿，注重身家性命。”令府、县、乡、村内的百姓切实遵行。

康熙十八年浙江巡抚衍辑直解向朝廷奏进《乡约全书》一书，皇帝下令刊刻全文广为散发。

清世宗雍正二年御制《圣谕广训》颁发制

雍正二年御制《圣谕广训》万言颁发直省通行讲读，于是人敦孝悌、俗化敦庞，蒙乐利之泽于无疆矣！

清 ·《皇朝文献通考 · 卷二十一 · 职役考一》

【译文】雍正二年皇帝御制《圣谕广训》万余言颁发直隶各省，要求通行、讲读于天下，于是各地百姓敦于孝悌、风俗渐渐敦厚，百姓获利无边。

《钦定八旗通志》二则

清圣祖康熙二十六年十月二十六日谕八旗都统及三品以上官

康熙二十六年十月二十六日谕八旗都统及三品以上等官曰：

凡人之行莫先于孝，近者汉军居父母之丧，亲朋聚会、演剧饮酒、呼卢斗牌俨如筵宴，毫无守制之礼，至孝服鞍辔等类所用素白皆异常华美。丧礼止妆服用粗恶，岂宜华美耶？居丧演剧满洲所无、汉人亦未有，特汉军为然耳！百行以孝为大，如此所行以为孝道，其他又何足观也……今着汉军都统、副都统等：凡有居丧演剧饮酒、呼卢斗牌者照赌博例严行禁止。

朕此谕旨专为敦厚风俗、陶淑人心而起，使汉军居官者皆似总督范承勋、巡抚于成龙之善，朕又何谕之有此旨？

令徐廷玺传谕。

清 ·《钦定八旗通志 · 卷首之八》

【译文】康熙二十六年十月二十六日，皇帝谕旨八旗都统和三品以上的官员说：

只要是人，他们所具有的德行首先是孝，近来汉军旗的人在父母丧亡的时候，聚会亲朋、排演戏剧、饮酒作乐、赌博斗牌，尤如大办筵席，一点儿也没有为父母守制的礼节，至于身上所穿孝服和鞍、辔等物品，所用的素白等物都异常华美。丧礼所用的服装按礼法一般都要用粗恶的衣物，岂能使用华美的东西？居丧期间排演戏剧是满洲风俗所没有的事情，汉族人也没有这种风俗，只有汉军旗的人这样去做！天下百行以孝为大，用这种做法去体现孝道，其他的事情又何足观……现在着令汉军旗都统、副都统等人：凡是在居丧期间排演戏剧、饮酒作乐、赌博斗牌的人，都要按照违制赌博这一条例严行禁止。

朕这一谕旨是专门为了敦厚风俗，陶冶、美化人心颁布的，如果汉军旗的官员都像总督范承勋、巡抚于成龙那样行止专善，尽力孝养，朕又何必下这道谕旨呢？

令徐廷玺传朕谕旨。

清高宗乾隆四十九年各旗文武官员奉养父母谕

（乾隆四十九年）谕：

各旗文武官员如有父母年七十五岁以上者，均不准保送外任，庶旗员共知。禄养承欢、克敦内行，亦移孝作忠之一道也。钦此。

清 · 《钦定八旗通志 · 卷五十 · 职官志九》

【译文】（乾隆四十九年）皇帝谕旨：

各旗的文武官员，如果有父母年纪在七十五以上的，均不得推荐他们担任地方上的职务，庶民、旗员都要知晓这一规定。使用俸禄侍养父母以承欢于前，在家中克尽孝行，亦可视为移忠为孝的一种行为。钦此。

《清史稿》一则

清世祖顺治十七年春正月辛巳诏

（顺治）十七年春正月辛巳，诏曰："……自今以后，元旦、冬至及朕寿令节庆贺表章，俱行停止。特颁恩赦，官民除十恶死罪外悉减一等，军流以下，咸赦除之。直省逋赋，概予豁免。有功者录，孝义者旌。诞告中外，咸使闻知。"

《清史稿 · 本纪第五 · 世祖二》

【译文】（顺治）十七年春正月辛巳这一天，皇帝下诏说："……从今以后，元旦、冬至和朕寿、令、节庆贺的表章，都要停止上呈。特颁布恩赦，官员和平民除了触犯十恶中的死罪之外，都减免一等，充军、流放以下的罪行，都要赦免。直隶各省所拖欠的税赋，一并豁免。有功劳的人要记录在案，具有孝敬父母、忠诚信义品行的人要旌表他们。这一诏令要告之中外各地，让他们都知道此事。"

二、税役优恤

《大清会典》一则

学校诸生免役及服丧制度

凡优恤诸生初入学免本身徭役，入学三十年及未至三十年齿已七十者免岁科试，以生员冠带终其身。游学远方随祖父任所赴试不及者，临试而病者，均给假限期补考。父母服及承祖父母重三年免试，本生父母服期免试，期免试者廪增不作阙，贫不自存者发学田租周之。

清 · 《大清会典 · 卷三十二 · 礼部 · 仪制清吏司 · 学校》

【译文】凡是被优恤的诸生，入学免除其徭役，已经入学三十年或者未到三十年而年纪已经七十岁的，可免去其科试，以生员的身份戴冠带终身。游学远方随从父祖赴任所来不及赴试的、科试前患病不能参加科试的，均可以给定期限补试。父母去世和承继祖父母家业的，重丧三年免于科试，已过继他人的生员其生父、生母丧服期间免试，丧期免试的生员学校不除其名，如果因贫穷不能自存的生员，学校可发放田租周济他。

《清史稿》一则

清世祖顺治元年冬十月甲子军民年七十以上侍丁免役诏

（顺治元年冬十月甲子，上御皇极门，颁诏天下，大赦）诏曰："……军民年七十以上者，许一丁侍养，免其徭役；八十以上者，给与绢绵米肉；有德行著闻者，给与冠带；鳏寡孤独、废疾不能自存者，官与给养。孝子顺孙义夫节妇，有司咨访以闻……"

《清史稿 · 本纪第四 · 世祖一》

【译文】（顺治元年冬十月甲子，皇帝至皇极门，颁诏书诏告天下，大赦）诏书中说："……军民七十岁以上的老人，允许家中留下丁壮一人侍养，免除其徭役；八十岁以上的老人，国家赐给其绢、帛、米、肉；德行卓著的老人，国家赐给其衣冠以示优崇；鳏寡孤独、废疾不能自存的，官府要养活他们。孝敬父母、敬奉长辈的人、具有忠诚信义品行的人、贞洁的妇女，相关司衙要查询、访问后上达于朝廷……”

三、致仕 终养 封赠

《大清会典》二则

汉官祖父母、父母年七十以上侍养

凡汉官祖父母、父母年七十以上，家无兄弟及有兄弟而笃疾不能侍养者，许告归终养。年八十以上虽有兄弟或母老虽有异母兄弟亦许归养，其未合例而情有可悯者请旨定夺。旗员外任者亦如之。

外任官于选补抵任后请归养者，补官日仍补原任。

清·《大清会典·卷六·吏部》

【译文】凡是汉人官员的祖父母、父母年纪在七十岁以上的，家中无其他兄弟或有其他兄弟却因重病不能侍奉供养的，允许其将情况呈报后，回家侍养老人。家中祖父母、父母年纪在八十岁以上，家中有兄弟或母亲年老，虽然有异母兄弟侍奉供养的，也允许其回家供养老人，其中如果有不合事例却实在有情可悯的请旨定夺，旗人官员外任者也遵从这一制度。

外任官被选补到任后请旨归养的，再次补官时仍补原任。

封赠敕命

敕命：

一品封赠及三代（存者曰封，殁者曰赠），二品、三品及二代，四品至七品一代，八九品止封本身不封父母。凡封赠之阶十有七，正一品从一品均封光禄大夫；正二品资政大夫；从二品通奉大夫；正三品通议大夫；从三品中大夫；正四品中宪大夫；从四品朝议大夫；正五品奉政大夫；从五品奉直大夫；正六品承德郎；从六品儒林郎，吏员出身封宣德郎；正七品文林郎，吏员出身封宣议郎；从七品徵仕郎；正八品修职郎；从八品修职佐郎；正九品登仕郎；从九品登仕佐郎。命妇视夫，若子之品一品封一品夫人，二品夫人、三品淑人、四品恭人、五品宜人、六品安人、七品孺人、八品孺人、九品孺人（命妇但论品级不分正从）。有加级者得进阶，受封给多仍限以制，七品以下不得逾五品，五六品不逾四品，三四品不逾二品。

凡推封父祖见任者不得受子孙封，愿解职就封者听。父职高从父官，卑则从子官，武职之子任文职者亦如之（武职给封旧隶吏部，康熙三年改属兵部）。两子皆仕其父母受封从优品，嫡母、继母（嫡子谓父之继妻曰继母）、生母（庶出之子谓所生母曰生母）并得给封，如父之职高于子嫡母、继母从父官，生母从子官（或被出未嫁，子有官者亦准封），命妇因子孙受封者加“太”字。

宗室女适公、侯、伯以下经礼部疏请赐乡君以上名爵者不封，外均视其夫，若子官给封。

为人后者已封赠祖父母、父母，始许以本身妻室封典、赐封。本生祖父母、父母，四品至七品官应封一代者许以本身妻室封典、赐封。祖父母八九品官许以本身封典、赐封，父母三品以上赐封者请旨定夺。幼为外祖父母抚养，其外祖父母殁无嗣者许捐赠……升衔留任者以升衔给封，兼任者以本任给封，丁忧终养官及诏后身故者仍给病解，候补者不得与。

各官任内遇前诏已封，后改任者照改任封；升任者照升任封；加级[①]者不准重封。

各官有应封遗漏及先缘事革职复还职者补给所领。

清 ·《大清会典 · 卷七 · 吏部》

【简注】①加级：明清一代对于有功绩、劳绩，应予升迁，却因为其他的原因不能离任的官员所给予的增加品级的规定。

【译文】皇帝敕命：

一品官员可以封赠其父、祖三代（尚健在的称为封，已亡故的称为赠），二品、三品可封赠二代，四品至七品封赠一代，八品、九品只封自身，不封赠父母。凡封赠的官阶有十七阶，正一品、从一品官员的封赠均可封赠为光禄大夫；正二品封赠为资政大夫；从二品封赠为通奉大夫；正三品为通议大夫；从三品为中大夫；正四品为中宪大夫；从四品为朝议大夫；正五品为奉政大夫；从五品为奉直大夫；正六品为承德郎；从六品为儒林郎，吏员出身的封赠为宣德郎；正七品为文林郎，吏员出身的封赠为宣议郎；从七品为徵仕郎；正八品为修职郎；从八品为修职佐郎；正九品为登仕郎；从九品为登仕佐郎。命妇的封号要看其丈夫的封赠号，如果其儿子的品阶为一品则封赠为一品夫人，以下为二品夫人、三品淑人、四品恭人、五品宜人、六品安人、七品孺人，八品则为八品孺人，九品则为九品孺人（命妇的封赠号只论品级不论正、从）。如果官员有加级的可以进阶，其受封赠的封赠号要给予限制，七品以下加级的封赠号不得逾越五品，五、六品的封赠号不得逾越四品，三、四品的封赠号不得逾越二品。

凡被封赠的官员要向上推，父、祖如果在任为官的不得受子孙的封赠，如果其父、祖愿意解职的可以听凭封赠。父亲的官职高，其封赠则从父亲的官职品阶封赠，如果职位低于儿子，则从儿子的品阶封赠，武职官员的的儿子担任文官的也遵从此规定（武职所给予的封赠，旧制由吏部授予，康熙三年改由兵部授予），如果两个儿子都出仕为官，封赠则从品阶高的儿子。嫡母、继母（嫡子称父母的继妻为继母）、生母都可以给予封赠，如果父亲的职位高于儿子，嫡母、继母的封赠号则从父母的品阶，生母的封赠号要从儿子的品阶（如果被休且没有再嫁，儿子出仕为官亦可封赠），命妇因子孙受封的，其封赠号前加“太”字。

宗室女性嫁给公、侯、伯以下官员，礼部上疏请旨赐给乡君以上名号的不封赠，对外的称呼要随其夫，如果儿子出仕为官，则给予封赠。

过继给他人的官员已封赠祖父母、父母，才可以请封自己妻室的封号，由国家赐封给予。本生祖父母、父母，四品至七品官应封赠一代，允许以自己妻子的封号封典。赐封祖父母为八九品官的可以以自己的官阶封典，如果赐封父母三品以上官阶的受赐封的官员要请旨由皇帝定夺。自幼由外祖父母抚养，而其外祖父母已亡殁，没有后嗣的，允许其纳捐封赠……晋升官衔留任的官员以其所升的官阶给予封赠，兼任的官员以现在所任的官阶给予封赠，丁忧终养的官员和接到诏书后亡故的，仍然给予封赠，候补的官员不准封赠。

各级官员在任期之内，遇到前面诏书所说的情况，已经封赠的却又改任，按照改任的职务封赠；升职的官员，按照所升职务封赠；加级的官员，不准重封。

各级官员如果有应封赠却被遗漏的，因事被革职又复职的官员可补封赠。

《世宗宪皇帝圣训》二则

清世宗雍正三年四月己巳亲终服满来京补用谕

（雍正三年乙巳）四月己巳，吏部议奏原任检讨董玘准其终养，俟亲终服满来京补用。上谕曰：

凡人谁无父母，为人子者无不欲其父母常存。今于告请终养，疏内声明亲终服满补用，为人子者闻之何以为情？况该抚举董玘为孝廉方正，此人虽暂未录用，朕但愿伊克尽子职常奉伊亲耳。似此不仁之语，朕不惟不忍降旨，亦不忍阅鉴，将本发回，著删去此段具奏。

清 · 《世宗宪皇帝圣训 · 卷一》

【译文】（雍正三年乙巳）四月己巳这一天，吏部奏议认为原任检讨官的董玘准其（回乡）侍养父母终身，待双亲亡故孝服终满之后，再回京候补任用。皇帝谕示说：

只要是人谁没有父母，为人子的没有不希望自己的父母长寿的。现在董玘奏告请求回乡终养父母，吏部上疏准允他在其父母亡故后孝服期满来京候补听用，为人子女的听到这段话后，其心情会是怎样？何况当地督抚举荐说董玘为人孝廉方正，此人虽然因回乡终养暂时不得任用，但朕但愿董玘克尽子职常奉双亲。你部所上的奏疏之中不仁的语言，朕不光是不忍降旨，同时亦不忍阅读观鉴，将此奏疏发回，着令你部删去此段文重新上奏。

清世宗雍正七年三月甲戌上谕内阁

（雍正七年己酉）三月甲戌，上谕内阁：

在京官员历俸六年准其告假省亲，此乃通行之常例，为伊等父母居家无事，愿归定省者而言。若其父母身患疾病，或年过七十精力衰惫，为子者迫欲回家侍奉以伸其孝养之忱，则非可以年例拘也。嗣后在京官员有闻其父母患病急欲省觐，或父母年逾七十而衰惫者，俱不必俟六年俸满，著取具同乡官印结，于本衙门堂官处具呈，该堂官查明启奏请旨，给假速回本籍，不必由吏部汇题其历俸六年。告假省亲者仍由吏部题奏，将此永著为例。

清 · 《世宗宪皇帝圣训 · 卷十四》

【译文】（雍正七年己酉）三月甲戌这一天，皇帝谕示内阁：

在京官员任职六年准许其告假回乡省亲，这是历来通行的常例，这是因为父母在家中无事，而官员想回乡省亲，因此所定下的规则。如果父母身患疾病，或者年纪已过七十精力衰退的，作为人子的迫切想回家侍奉老人以全孝养的，则不必按年限体例去拘限。之后在京的官员如果听闻父母患病，而急欲回家省亲觐见父母的，或者父母年七十以上精神衰退疲惫的，都可以不必等到任职六年期满，可以让同乡的官员出具印结，在本部的堂官处呈交，该堂官查明确实后奏请旨意，给假期从速回转本籍，不必由吏部再汇题其任职经历是否足六年。其他告假省亲的官员仍由吏部题请上奏，将此谕旨中的内容定为永例。

《钦定大清会典则例》七则

顺治十三年题准 · 官员终养令

顺治十三年题准："凡内外官员有祖父母、父母年老无伯叔兄弟者，准其终养。"

清 ·《钦定大清会典则例 · 卷二十九 · 吏部 · 稽勋清吏司 · 官员终养》

【译文】顺治十三年皇帝题准："凡是朝廷内外官员家中的祖父母、父母年老且没有伯、叔兄弟奉养的，准许其回家终养其祖父母、父母。"

康熙三年题准 · 官员终养令

康熙三年题准："父母年七十以上其子均出仕在外，户内别无次丁者，或有兄弟笃病不能侍奉者，或母老虽有兄弟而同父异母者，皆准回籍终养。其父母年至八十以上，虽家有次丁愿养者亦听。京官具呈到部具题，外官督抚代题，仍取同乡官印结，督抚互相代题，俟应补之日起文赴部补用。"

清 ·《钦定大清会典则例 · 卷二十九 · 吏部 · 稽勋清吏司 · 官员终养》

【译文】康熙三年皇帝题准："父母年纪七十以上其子均任职在外地，家中没有别的兄弟侍养的，或者家中兄弟因病不能侍养父母的，或者母亲年老虽然有兄弟，但是系同父异母的，都准许其离任回籍终养老人。其父母年纪至八十以上，虽然家中有其他的兄弟侍养，但愿意回籍奉养的，也听任其回籍。京城中的官员都要呈报到吏部，由其具文题奏，外任官由该管总督、巡抚代为题奏，仍然要让同乡官员印结其事，如果是总督、巡抚出现这种情况，则由对方代为题奏，等到应补用之时呈文赴吏部补用。"

康熙七年题准 · 官员终养令

（康熙）七年题准："汉军外官亦照汉官例准其终养。"

清 ·《钦定大清会典则例 · 卷二十九 · 吏部 · 稽勋清吏司 · 官员终养》

【译文】（康熙）七年题准："汉军旗外任官员亦照汉人官员的例，准其终养。"

康熙九年题准 · 官员终养令

（康熙）九年题准："继母亦准终养。"

清·《钦定大清会典则例·卷二十九·吏部·稽勋清吏司·官员终养》

【译文】（康熙）九年题准："继母亦准许官员离任终养。"

康熙五十八年议准 · 官员终养令

（康熙）五十八年议准："告假回籍官员遇亲老笃疾者，地方官出具印结呈详，督抚保题，到日许暂留在籍侍奉，俟亲病痊可给咨赴补。"

清·《钦定大清会典则例·卷二十九·吏部·稽勋清吏司·官员终养》

【译文】康熙五十八年部议奏准："告假回籍的官员，遇到父母年老患病的，当地的地方官员要出具印结具文详细呈报，由总督、巡抚保名题奏，到原籍这一天许暂时留在原籍侍养父母，等到父母病愈后可以咨文吏部赴京补用。"

雍正五年议准 · 官员终养令

雍正五年议准："凡应补应选外官果有亲老情愿终养者，于本省起文即具呈，该地方官转详咨部在籍终养。若见任官员或父母衰疾迎养维艰详请终者，该督抚察该员政务并无怠忽，仓谷钱粮并无亏空，取结具题准其回籍终养；再或从前家有次丁出仕之后兄弟忽遭事故无人侍奉者，该督抚取具原籍地方官印结具题准其回籍终养，如兄弟别无事故，亲年虽老妄请终养者，照规避例革职。"

清·《钦定大清会典则例·卷二十九·吏部·稽勋清吏司·官员终养》

【译文】雍正五年部议奏准："凡是应补、应选在外任职的官员，如果确实家中父母年老情愿终养的，要让本省起文即刻具文呈报，该地地方官将转呈，并详细咨文吏部后，可在籍终养父母。如果在任官或者父母体衰病疾，迎养艰难，因而请求终养的，该管总督、巡抚要核察该员对政务有没有怠慢、轻忽，仓库钱粮没有亏空的，取印结具名题奏，准许其回籍终养父母；再者如果家中有兄弟，但其出仕后兄弟忽然遭遇事故，因而家中父母无人侍养的，该管督抚要取原籍的地方官的印结题名奏准后准许其回籍终养，如果兄弟没有遭遇到什么事故，父母年纪虽老，官员妄自题请终养的，按照规避例革职。"

乾隆二年议准 · 官员终养令

乾隆二年议准："告请终养，该督抚察明取具印结，一面题咨一面饬令交代清楚，即咨准其回籍不必守候部覆；倘告终养之员有情虽可悯而与例不符者，仍照旧例具题请。”

清·《钦定大清会典则例·卷二十九·吏部·稽勋清吏司·官员终养》

【译文】乾隆二年部议奏准：“奏告请求终养父母的官员，该管总督、巡抚要察明情况取具印结，一面题写咨文，一面饬令其说明清楚情况，即已咨文准其回籍终养父母的，不必再守候在吏部等候覆准；倘若请求终养的官员家中确有情况可悯，请求却和体例不合的，仍然照旧例具文题请奏闻。”

四、丧葬孝思

《大清会典》六则

旗员在外省祖父母、父母丧亡假期制

凡给假旗员：有祖父母、父母在外省驻防，患病欲迎归者；或祖父母、父母及亲兄弟在外省驻防病故欲迎丧者，均许给假。京堂以上自行陈奏，余由该堂官酌给假期，以四阅月为限，如非见任由本旗都统酌给，有逾限者罪之，中途阻滞及病所在印官结报展限。

清 · 《大清会典 · 卷五 · 吏部》

【译文】凡是给假的旗员：家中有祖父母、父母健在，在外省驻防，父母患病打算迎归的；或者祖父母、父母和亲兄弟在外省驻防病故，打算迎丧的，都要给假期。在京的堂官可以自行陈奏，其他的官员由该部的堂官酌情给予假期，以四个月为限，如果不是在任的官员，由本旗的都统酌情给予假期，如果有逾越限期的，将受到处罚，如果中途受到阻滞或者生病，则由当地的官员印结证明上报后推延限期。

在京汉官省亲、迁葬制

在京汉官告假回籍员阙即入月选，食俸十年以上许省墓，六年以上许省亲，五年以上许迁葬。送亲及归娶不拘食俸，均按远近定限，家居不得过四阅月。闻亲有疾或年七十以上急欲觐省者，不拘俸，亦不定限。

清 · 《大清会典 · 卷五 · 吏部》

【译文】在京的汉官请假回乡，如果足月则其职位由月选的官员暂行代理，食俸禄十年的官员，允给假期回乡省墓，六年的许给假期省亲，五年的许给假期迁葬。送亲和迎归、娶亲的假期不扣食俸，都按照路途的远近以确定时限，但在家居住不得超过四个月。听说亲人患疾病或者年纪已经七十岁以上的，急欲觐省探视的，不扣食俸，也不定时限。

教职官员省亲制

教职食俸三年以上有故许假归，由督抚酌给限期，该处兼设训导者，两官不得并假，以一人兼摄，未设训导者令知州、知县暂摄。

清 · 《大清会典 · 卷五 · 吏部》

【译文】教职官员食俸禄在三年以上的，家中有事允许请假归家，由督抚酌情给予假期，该处如果兼设训导的，则两个官员不得同时给假，一人请假期间由另一人兼行教职，如果未设训导的，则由知州、知县暂时管理。

汉官丁忧及承重者制

凡汉官丁忧及承重者，以闻讣日始解任回籍守制，不计闰二十七月，服阕以原官起用。其匿丧、短丧及捏饰规避、呈报迟延者皆议处。月选官在京闻讣取具同乡官结报，即听回籍，仍令原籍有司结报；在籍选补官呈报有司具结咨部。丧服未阕辄易衣冠、拜官长、兴宴会者罪之。

清 · 《大清会典 · 卷六 · 吏部》

【译文】凡是汉人官员丁忧和承担丧祭、宗庙的重任的，在已听到讣告之日起即解任回乡为父母、长辈守制，时间不计闰月共二十七个月，守制后以原来的官职重新起用。如果有匿丧不报、缩短丧期和捏造事实规避守制、呈报延迟的，都要对他们给予处罚。月选官如果在京听闻讣告要向同乡的官员具结事实结印呈报，即刻听凭其回乡守制，回乡后仍令原籍的相关司衙印结呈报；在原籍的候选、候补官员如果有此类情况要具结事实咨呈吏部。丧期没有结束却更换衣冠、拜会官长、举办宴会的要用律法处罚他们。

在京旗员丁忧承重者制

在京旗员丁忧及承重者，百日后入署供职，二十七月内停升外任，则定限归旗，百日后本旗引见。以京职委署服阕仍补外任，不宜外任者改用京职。

清 · 《大清会典 · 卷六 · 吏部》

【译文】在京的旗人官员丁忧和承担丧祭、宗庙的重任的，守丧百日后即可入官署任职，二十七个月内停止他的升迁外任，守丧期间确定时限回归本旗，百日后由本旗引见证明。守丧期满以京中官职委署他职，仍然要补外任，不宜外放的可改任京职。

出师者回京守丧制

出师者不得于军营发丧，以回京日守制。凡官员为人后者闻本生父母讣，许回籍治丧，一年后赴补。

清 · 《大清会典 · 卷六 · 吏部》

【译文】出征在外的官员不得在军营之中发丧，以回京日为准归家守制。凡是官员过继给他人的，听说生父、生母亡故的，允许其回籍治丧，一年后赴任候补。

（清代服丧礼与明大致相同，也分斩衰、齐衰、大功、小功、缌麻五种，其礼与明制同。详细说明略，详见《大清会典 · 卷五十四 · 礼部 · 祠祭清吏司 · 丧礼五》。）

《圣祖仁皇帝圣训》一则

清圣祖康熙十一年壬子正月庚申上谕吏部各省藩臬

康熙十一年壬子正月庚申，上谕吏部各省藩臬以下：

丁忧官督抚每奏称才能请在任守制，恐贪恋职任者多方营求，彼此效尤有乖孝道，其申明定例，嗣后丁忧官督抚毋题留，悉令离任守制。

清 · 《圣祖仁皇帝圣训 · 卷二十五》

【译文】康熙十一年壬子正月庚申这一天，皇帝谕示吏部、各省的藩司（民政衙门）、臬司（司法衙门）及以下的官员：

（有些）丁忧的官员总督、巡抚每每奏称此人具有才能，奏请让其在任所夺情守制，这种现象很可能诱发贪恋职位而多方营求的现象，这种现象一经出现，可以说就已经违背了孝道。因此申明定例，从此以后对丁忧的官员，各地的总督、巡抚不得再上奏章题请留任，守制官员一律离任回乡守制。

《钦定大清会典则例》二十三则

顺治十八年题准 · 旗员丁忧令

顺治十八年题准："奉差出征满洲、蒙古、汉军文官丁忧以回京日守制。"

清·《钦定大清会典则例·卷二十九·吏部·稽勋清吏司·守制》

【译文】顺治十八年皇帝题准："奉旨出征的满洲、蒙古、汉军旗的文官丁忧的时间，以其回京的那一天开始为其父母守制。"

康熙十二年题准·旗员丁忧令

康熙十二年题准："在京满洲、蒙古、汉军丁忧者在家居丧百日后即入署办事，其二十七月内遇朝会之期停其朝会，服满始令上朝。在外满洲、蒙古、汉军文官丁忧者，令其解任照汉官例以闻讣日为始，不计闰守制二十七月。"

又题准："盛京守陵旗下文官暨吉林、杭州、江南、西安、京口等处驻防并各省督抚、布、按衙门笔帖式均照在京满洲、蒙古、汉军文官例守制。"

又题准："在京汉军补授汉阙者，照汉官一例离任守制。"

清·《钦定大清会典则例·卷二十九·吏部·稽勋清吏司·守制》

【译文】康熙十二年皇帝题准："京城内满洲、蒙古、汉军旗丁忧的官员在家中居丧百日后即可入官署办事，居丧日开始后的二十七个月内，遇到朝会时停止其上朝会，等到丧服期满后方可上朝。在京城以外的满洲、蒙古、汉军旗的文官丁忧，依照汉人官员的成例，以听到讣告的那一天起开始守制，时间不计闰月，计有二十七个月。"

又题准："盛京（即沈阳）守陵的旗下文职官员暨吉林、杭州、江南、西安、京口等地的驻防官员和各省的总督、巡抚、布政使、按察衙门笔帖式，均按照在京满洲、蒙古、汉军文职官员的体例守制。"

又题准："在京的汉军旗官员补授汉官实阙的，要依照汉人的体例离职守制。"

乾隆二年谕·旗员丁忧令

乾隆二年谕："在京八旗文武各官遇有亲丧例于持服百日之后即入署办事。原以旗员人少若令离任守制恐致误公，而伊等在二十七月之内仍各以私居持服以自尽其心，惟是朝会祭祀之期或有执事或应陪祀之处，仍皆一体行走未加分别俾尽孝思。嗣后在京旗员有亲丧者，二十七月之内凡遇朝会祭祀之礼应一概免其行走。钦此。"

奏准："八旗文武官员遇有亲丧百日后仍令入署办事，照常支俸以资养赡，其二十七月之内凡入朝进署一切公务及进至御前应用吉服时仍用吉服，一切朝会祭祀之处皆免其执事。再二十七月内除奉特旨升用人员，其余遇有升迁停其开列升转至服满，后较俸之时仍准其算俸。至八旗生、监、举人、进士，二十七月内亦停其考试，铨选俟服满后始准铨选考试。”

清 · 《钦定大清会典则例 · 卷二十九 · 吏部 · 稽勋清吏司 · 守制》

【译文】乾隆二年皇帝谕旨：“在京城的八旗文武官员，遇到有父母丧亡照例居丧百日，之后即可入署办事。原来因为旗人官员人数少，如果令其离任守制，恐怕耽误公事，并且要求这些官员在二十七个月内，在家中时，应着丧服以尽孝思，只是在朝会、祭祀之时或者执事应陪同祭祀之时，仍然一同在朝堂之中行走使其略尽孝思。此谕之后京城旗人官员家中亲人丧亡的，二十七个月内凡是遇到朝会、祭祀礼时应一概免除其行走。钦此。”

又经臣子上奏后准许：“八旗文武官员遇到父母丧亡百日后仍然可以入署办事，守丧期间照常发给俸禄以资养赡，丧期的二十七个月之内，凡是入朝进公署办理一切公务，以及进至御前时，应身着吉服时仍然穿着吉服，一切朝会、祭祀都要免除其执事。再者在这二十七个月内除了奉特旨升职任用的居丧官员，其余的遇到有升、迁等事的，一律停止其升迁，直至居丧结束再行升迁，其俸禄可按应升迁时俸禄发给。至于八旗的生员、监生、举人、进士，则二十七个月内停止参加科试，其铨选、科试要等到居丧期满后，才可以参加官吏铨选、科试。

乾隆五年奏准 · 旗员丁忧令

（乾隆）五年奏准：“八旗文职官员如有亲丧及服满者，令本人于亲故闻讣及服满之日即呈明该参、佐领，该旗核实。将见任笔帖式以上暨见在候补文职各官于每月三十日截限以前造册报部，其事故在本月三十日以内未及册报者亦令于下月初五日以内报齐；考试取中并各项候补笔帖式见在注册应用人员内于每月十五日截限以前造册报部，其事故在本月十五日以内未及册报者亦令于本月二十日以内报齐；其盛京陵寝等处暨驻防所属文武旗员如有亲丧及服满者，亦令本人于亲故闻讣及服满之日即呈明该管官，其该管官于本人呈报之日限十日内出咨报部。如丁忧服满文职旗员不即呈报，照丁忧呈报，迟延例罚俸一年；若本人已经呈明该参、佐领暨各该管官转报迟延，皆交部分别议处。

清 · 《钦定大清会典则例 · 卷二十九 · 吏部 · 稽勋清吏司 · 守制》

【译文】（乾隆）五年又经臣子上奏后准许：“八旗文职官员如果家中有父母丧亡及服丧期满的，要让本人在听到其亲人的讣告时和服丧期满时的即日，明白呈报于所属旗的参领、佐领，该旗要核实清楚。现任笔帖式以上暨候补的文职官员，遇此事于每月的三十日为限造册报呈礼部、吏部，因事未能于当月三十日以内造册、呈报的，亦令于下月初五日之前补齐；科试取中的人和各种候补的笔帖式及已注册的人员，以每月的十五日为限造册呈报至部，因事未能于当月十五日造册呈报的，亦令于本月二十日以前报齐；盛京陵寝等处暨驻防所属的文武官员，如果父母丧亡及服丧期满的，亦令本人在亲人讣告及服丧期满之日明白呈报于该管官员，其该管官员于本人呈报之日起，十日之内咨报至部。如果丁忧、丧服期满的八旗文职官员不即行呈报，照丁忧呈报的条例，迟延者照例罚俸一年；如查本人已经呈明该管的参领、佐领暨各该管官员转报迟延，都要呈交部议惩处。”

康熙六十一年遵旨议准·旗员外任丁忧令

康熙六十一年遵旨议准：“凡八旗丁忧官员照例即令该督抚速催进京，若有钱粮不清者照例题参，其钱粮清楚者即令依限归旗，将该员起程日期报部注册，仍取该旗都统印结报部。”

清·《钦定大清会典则例·卷二十九·吏部·稽勋清吏司·守制》

【译文】康熙六十一年遵皇帝御旨议准：“凡八旗丁忧的官员，即令该管的督抚照例催其从速入京，如果有钱粮不清的，照例题名参劾，其中钱粮清楚的，即令其按照限期回归本旗，该员起程的日期要报部注册，所报的呈文仍然要由该旗都统印结后呈报。”

乾隆元年奏准·旗员外任丁忧令

乾隆元年奏准：“外任旗员呈报丁忧，凡一切公务既不准其差委于该员，闻讣时详明，督抚即行委官署理，饬令交代清楚各按省分远近计程定限给咨归旗，将该员闻讣暨起程日期咨部，并咨该旗存案，该员归旗后以在任闻讣之日为始，不计闰扣二十七月，服满咨部起复补用；至该员未经丁忧先奉差委，如实系紧要公务闻讣后势难别委接办者，令该督抚将缘由声明，俟事竣后咨归旗，亦准其以闻讣之日丁忧，服满起用；若该员所办差事可委员接办者，仍饬令交代清楚勒限归旗，其归旗违限者，该旗咨部按其迟延月日照领凭赴任例分别议处；倘该员在任并无差委事件，闻讣后希图逗留钻营差委及所奉差事已经委员接受，仍故意迟延不行交代者，该督抚据实题参，照官员闻丧仍行恋职例革职。各该上司于闻计之员不即催令归旗复行差委及可以别委事件不勒令交代，任其借端留滞者，将差委之上司照滥委废官例降一级调用。”

清 · 《钦定大清会典则例 · 卷二十九 · 吏部 · 稽勋清吏司 · 守制》

【译文】乾隆元年奏请皇帝后，准许：“外任八旗官员呈报丁忧后，一切公务不准再委派该员办理，听闻讣告时要明白呈报所管督抚，督抚即行委派官员署理，饬令丁忧官员和署理官员交代清楚后，各自按省份远近，按路程给定期限、给路费回归本旗，将丁忧官员听闻讣告暨起程居丧的日期咨报于部，并要求所属旗存档备案，丁忧官员回归本旗后，以在任所时听到讣告的那一天开始，丧期为不计闰月二十七个月，服丧期满后行文吏部起复补用；如果丁忧官员没有丁忧已经先行奉差办事，如果确系紧要的公务，听到讣告后难以委他人接续办理，令该管的督抚将缘由声明，至事情办完后行文于该旗，亦准许其以听到讣告的这一天开始丁忧，服丧期后起用；如果丁忧官员所办理的事情可以委派他人接办的，仍然令其交代清楚限定时间回归本旗，其中回旗违限的人，该旗要行文吏部以其所延迟的月、日，以所领取的凭证，按照赴任例分别议处；倘若丁忧官员在任时并没有被委派差事，听到讣告希图逗留于位，以图钻营、想被委派差事和所委派的差事已经被他人所接受，仍然故意迟迟不交接差事的，该管督抚要据实题名参劾，照官员闻丧仍然行恋职位的条例革职。各该管上司听闻所属官员家中的讣告，却不即刻催促其归旗，反而再行委派差事的，和可以委派别人却不勒令丁忧官员交接差事，任凭其借故滞留的，该管上司将按照监委废官例，降一级调用。”

乾隆十四年谕各部院八旗满洲蒙古外任官员丁忧令

十四年谕各部院八旗满洲蒙古官员：“凡遇亲丧百日满后仍在各本处行走，其用于外任之满洲蒙古官员遇有亲丧，照例丁忧离任回京后亦令守制二十七月，但满洲蒙古不似汉人众多，且旗员亦不应听其闲居不得当差，嗣后外任满洲蒙古官员丁忧至京已满百日后，著该旗引见或于该旗或于部院酌量委用。钦此。”

清 · 《钦定大清会典则例 · 卷二十九 · 吏部 · 稽勋清吏司 · 守制》

【译文】乾隆十四年皇帝谕旨各部的八旗满洲、蒙古官员：“凡是有父母丧亡，居丧百日之后仍在本职司衙之中办差，任职于京城以外的满洲、蒙古官员，遇到父母丧亡的官员，照例丁忧离任，回到京城后，也要令其守制二十七个月。但是满洲人、蒙古人不像汉族那样人口繁多，且旗员也不能听任闲居不为国家办差，之后在京城外任职的满洲、蒙古官员丁忧至京之后已百日的，着令该旗或者部院酌量委派任用。钦此。”

乾隆十七年覆准·旗员外任丁忧令

十七年覆准：“八旗外任官员如有父母在本旗病故者，令该家属于五日内呈报该旗，取具印结咨部具题开阙。”

清·《钦定大清会典则例·卷二十九·吏部·稽勋清吏司·守制》

【译文】乾隆十七年复奏准：“八旗在外任职的官员如果父母在本旗病故的，要令其家属于五日内呈报该旗，并取该旗的印结咨文至部出具证明，令该员丁忧。”

内外汉官丁忧原例

内外汉官丁忧原例：“凡内外汉官丁忧承重者，具文报部，以闻讣之日为始，不计闰二十七月；如朦溷具报者，丁忧官不准起补，该管官罚俸六月。”

清·《钦定大清会典则例·卷二十九·吏部·稽勋清吏司·守制》

【译文】朝廷内外汉人官员丁忧的原始定例：“凡是朝廷内外汉人官员丁忧或承继祭祀的，都要写清原因上报吏部，以听到讣告之日开始，居丧期不计闰月共二十七个月，如果呈文蒙混的，丁忧的官员不准起复任用，该主管官员罚俸六个月。”

康熙五年题准·内外官员《丁忧通例》

内外官员《丁忧通例》康熙五年题准：“内外官员丁忧皆开明：嫡亲父母有无过继，及为祖父母承重者亦开明，是否嫡长孙，有无伯父及伯父之子。如疏咨结状互异，将溷呈出结代报，官罚俸六月；若咨结题疏内有一处开明者免议，准其守制。”

清·《钦定大清会典则例·卷二十九·吏部·稽勋清吏司·守制》

【译文】朝廷内外官员《丁忧通例》于康熙五年经皇帝题准：“朝廷内外官员丁忧的呈文都要开列明白：嫡亲父母有没有过继的，以及为祖父母承继祭祀的，都要开列清楚，是否是嫡长孙、有没有伯父和伯父有没有儿子。如果咨文和结状相互矛盾，要将蒙混的事情呈文后印结呈报，官员罚俸六个月，如果咨文结题之中有一处开列明白，则免于议处，准其守制。”

康熙九年议准 · 内外官员《丁忧通例》

（康熙）九年议准：“官员丁忧即报该管上司，旗下取该都统印结，汉官取原籍印结，其印结迟延或字样不符以致往返狡诘稽迟者，罚俸六月；或系呈报之员不符，或系本旗本籍印结不符，将不符之员议处。”

又题准：“官员短丧并闻伊父母、祖父母丧仍行恋职者革职不准援赦；或假捏丁忧承重报上司者革职；其丁忧未毕有出仕就考者与短丧同。”

又议准：“相继丁忧各官不行申报并裁汰官员闻讣不报即行回籍者，皆于补官日罚俸一年；若官员已报丁忧，该管官不行转报以致部内升选补授者将不行，转报之司、道、府、州、县等官罚俸一年，督抚罚俸六月。如丁忧官未经呈报，罪在本官地方官免议，如本官已经呈报，地方官未行转报者，罪在地方官本官免议；如地方官已报上司，上司遗漏不报者，罪在上司地方官免议。”

清 · 《钦定大清会典则例 · 卷二十九 · 吏部 · 稽勋清吏司 · 守制》

【译文】（康熙）九年部议后奏准：“官员丁忧即可报该管上司，旗下的旗员要取该旗都统的印章印结，汉人官员要取原籍官员的印结，其印结迟延或者字迹与事实不符，以致于反复狡诘迟延的，要罚俸六个月；或者所呈报之事和该员文档不符，或者旗员旗籍和本旗的本籍印结不符，要将不符的官员议处。”

又题准：“官员缩短丧期和听闻其父母、祖父母丧亡仍然贪恋职任的革职，且不准他人请求赦免；或者假捏丁忧、承继祭祀之事呈报上司的革职；其中丁忧居丧未完就出仕为官的、参加科试的，其处罚和缩短丧期相同。”

又议准：“父母相继丧亡而相继丁忧的官员不行申报，以及裁汰的官员听到讣告不申报即刻回籍的，都要在补官的那一天罚俸一年；如果官员已经报丁忧，主管官员不为其即行转呈，以致吏部内升职、选补不能进行的，转呈的司、道、府、州县等官员罚俸一年，总督、巡抚罚俸六个月。如果是丁忧的官员没有呈报，其罪在丁忧官员则地方官员免于议处；如果地方官员已经呈报上司，上司遗漏不报的，则其罪在上司地方官员免议。”

康熙十四年议准 · 内外官员《丁忧通例》

（康熙）十四年议准：“见任官员闻丧不报擅自离任者降二级调用。”

清 · 《钦定大清会典则例 · 卷二十九 · 吏部 · 稽勋清吏司 · 守制》

【译文】（康熙）十四年议准："在任官员闻父母、祖父母丧的讣告，不呈报就擅自离任的要降二级调用。"

雍正三年谕 · 内外官员《丁忧通例》

雍正三年谕："督抚丁忧者不得遽行送印，其任内文卷择司道一人代行，听候谕旨方行离任。钦此。"

清 · 《钦定大清会典则例 · 卷二十九 · 吏部 · 稽勋清吏司 · 守制》

【译文】雍正三年皇帝谕旨："总督、巡抚丁忧的不得即行，要让人署理文印，在任内的文卷要择司道中的一人代行 ，听候谕旨后方可离任。钦此。"

雍正十年 · 内外官员《丁忧通例》

（雍正）十年覆准："直隶各省地方等官无论有无军需办理，如遇丁忧于闻讣日即行呈报上司，仍令暂行视事，该上司即委员速赴交代，如委员未到准其素服视事，若遇祭典朝贺皆委属员代行，俟委员到任后方准丁忧之员交印离任。如该员已经呈报丁忧，该上司不即行委员者，罚俸六月；如委员不即行赴任接受交代者，罚俸一年。"

清 · 《钦定大清会典则例 · 卷二十九 · 吏部 · 稽勋清吏司 · 守制》

【译文】（雍正）十年加覆准允："直隶各省地方官，无论有没有军需之事办理，如果遇到丁忧之事，在听到讣告的那一天即行呈报上司，仍然令其暂时管理办事，该管上司要即刻委派官员从速赴任交代明白，如果所委派的官员没有到任，准许其着丧服管理事务，其间若遇祭典、朝贺等事，都要委派属下官员代行，等到所委派的官员到任后，方准丁忧的官员交割印信离任守制。如果丁忧的官员已经呈报上司，而上司不即刻委派官员接任，那么上司将被罚俸六个月；如果被委派的官员不即刻上任去接替丁忧的官员，则被委官员将被罚俸一年。"

乾隆二年覆准 · 内外官员《丁忧通例》

乾隆二年覆准："丁忧官员回籍守制除因丧事与人往来外，如有亲赴省城更易服色干谒地方官并送礼赴席者，指名题目参，将该员于补官日降三级调用。"

清 · 《钦定大清会典则例 · 卷二十九 · 吏部 · 稽勋清吏司 · 守制》

【译文】乾隆二年覆准："丁忧官员回籍守制，除了因丧事和他人来往之外，如果有亲属赴省城更易服装，干扰地方官正常事务、送礼赴宴席的，要指名对其进行参劾，该员将在补官的那一天开始降三级调离任用。”

乾隆十七年覆准 · 内外官员《丁忧通例》

（乾隆）十七年覆准：“见任各官其父母有在籍病故者，该家属取具邻族甘结，于五日内呈报本籍州县，该州县加具印结于五日内径详督抚，督抚分别题咨并即移咨任所知照该员令其离任，仍将该员闻讣日期咨部，扣算年限起复。其在京各官有父母在原籍病故者，向无督抚具题目之例，应令原籍督抚亦于定限内取具印结咨部，由部分别题咨开阙。至京外各官有本员闻讣日期在先，各该督抚移咨在后者，仍以本员闻讣日期咨部开阙。”

清 · 《钦定大清会典则例 · 卷二十九 · 吏部 · 稽勋清吏司 · 守制》

【译文】（乾隆）十七年覆准：“在任各级官员其父母在原籍病故的，其家属要取邻族的印结，于五日内呈报本籍州县，该州县加具印结，于五日内将事情详呈督抚，督抚分别题写咨文并将咨文移至丁忧官员的任所让其离任，仍然要将该员听到讣告的日期咨文吏部，扣算年限以便起复补用。其中在京官员家中父母在原籍病故的，向来没有让督抚官员题写文的前例，应让原籍的督抚于规定时限内出具印结咨文到吏部，由吏部分别题写咨文以便开阙守制。至于京城以外官员听到讣告在先，而各督抚咨询文在后的，仍然以丁忧官员听闻讣告的日期咨文至吏部开阙守制。”

乾隆七年奏准 · 新选、新补官员丁忧令

乾隆七年奏准：“凡新选、新补内外官员在京闻讣及父母在京病故者，皆取同乡京官印结呈报丁忧，准其守制，仍行令原籍地方官出具印结报部。”

清 · 《钦定大清会典则例 · 卷二十九 · 吏部 · 稽勋清吏司 · 守制》

【译文】乾隆七年奏准：“凡是新选、新补的朝廷内外官员，在京城中听到父母的讣告和父母在京城中病故的，都要让同乡的京官印结呈报丁忧，准许其守制，仍然行令于原籍地方官员出具印结，呈报吏部。”

康熙六年题准 · 候补候选官员在籍丁忧令

康熙六年题准：“凡在籍官员丁忧，令该地方官申报督抚，督抚报部注册，如有迟延不报者察觉参。”

清 ·《钦定大清会典则例 · 卷二十九 · 吏部 · 稽勋清吏司 · 守制》

【译文】康熙六年皇帝题准："凡是在故乡的官员丁忧，要令该地方官申报当地总督、巡抚，督抚呈报到吏部注册，如果有延迟不行申报的，核察发觉后参劾。"

康熙三年题准 · 为人后者为其本生父母、继母治丧令

康熙三年题准："内外官员出继为人后者，遇本生父母之丧自愿回籍治丧者，京官具呈到部具题，外官督抚具题，除路程外定限一年，限满起文赴补。"

清 ·《钦定大清会典则例 · 卷二十九 · 吏部 · 稽勋清吏司 · 守制》

【译文】康熙三年题准："朝廷内外官员出继为他人后的，遇到本生父母丧亡，自愿回籍治丧的，在京官员要将此事呈报到部具名题奏，外任官员由该处督抚具名题奏，除去路程所用时间外定限为一年，期限满后起程具文吏部，赴补官缺。"

康熙十二年题准 · 为人后者为其本生继母治丧令

（康熙）十二年题准："官员为人后者遇本生继母之丧情愿治丧者，亦照生母例准其给假。"

清 ·《钦定大清会典则例 · 卷二十九 · 吏部 · 稽勋清吏司 · 守制》

【译文】（康熙）十二年题准："朝廷官员过继为人后的，遇到本生继母丧亡，情愿为其治丧的，亦照生母亡故例给予其假期。"

乾隆二年覆准 · 为人后者为其本生父母、继母治丧令

乾隆二年覆准："内外大小官员出继为人后者，遇本生父母之丧即令回籍治丧，除路程外定限回籍一年起复赴补。在京各官取具同乡京官印结，中书以上等官呈部具题，其余各官呈部注册；在外官取具原籍印结，知县以上督抚具题，其余各官咨部注册；又在京候补、候选、在外试用等官，遇有本生父母丧，亦令取结具呈回籍，治丧一年，限满起文赴部补用。如有匿丧不报者照匿丧例革职，无丧诈称有丧、旧丧诈称新丧规避者，照捏丧例革职。"

清 ·《钦定大清会典则例 · 卷二十九 · 吏部 · 稽勋清吏司 · 守制》

【译文】乾隆二年覆准："朝廷内外大小官员出继为人后的，遇到亲生父母丧事即令其回乡治丧，除去路途所用时间外，回籍一年后起复补用。在京的官员，要让同乡官员出具印结，中书以上的官员呈报吏部具名题奏，其余的官

员呈报吏部注册；在京城外任职的官员要让原籍的官员出具印结，知县以上的官员要让总督、巡抚具名题请，其余的官员要咨文吏部注册；又在京城中的候补、候选、在京城外试用的官员，遇到亲生父母丧亡，亦令取印结呈报吏部回籍守制，治丧的期限为一年，期满赴吏部补用。如果有匿丧不报的，按照匿丧例革职，无丧诈称有丧的、旧丧诈称新丧规避的，按照捏丧例革职。”

清世宗雍正十三年十月内外满官一品至九品丁忧封赠谕

（雍正）十三年十月谕：“朕登极恩诏：凡内外满官自一品至九品均予封赠，所以锡类敷恩遂臣子显扬之愿，励移孝作忠之风也。旧例丁忧官不得均邀封典，朕思丁忧之人乃恪遵朝廷定制，自尽其为子之情，与废黜在家、告假回籍者不同，况在任守制者皆得沾恩，而丁忧之人转不邀恩以荣显，其亲情既可悯而理亦未协。著该部各按其原官品级一并给与封典，以成孝思。钦此。”

清 ·《钦定大清会典则例 · 卷一百一十 · 兵部 · 武选清吏司 · 恩恤》

【译文】（雍正）十三年十月皇帝谕旨：“朕登极的恩诏中称：凡是朝廷内外的满洲官员，一品至九品均可得到封赠，这正是因为同一类人应共同得到恩泽，且有满足臣子们显扬祖宗的意愿在内，同时也为鼓励臣子们养成移孝成忠的风气。旧例丁忧的官员均不得邀请封赠之典，朕考虑着丁忧的官员乃是恪守朝廷的定制，自己尽力奉亲以显示其情感，这种人和废弃、黜罢在家、告假回乡的官员不同，何况在职位中为亲守制的官员都得到了朝廷恩泽，而丁忧的官员却不能邀圣恩以请朝廷封赠显荣家族，这种情况从亲情上来说是可以悯惜的，可是道理上却说不过去。着令礼部各按照丁忧官员原来的品级，一并给予其封赠恩典，以成全他们的孝思。钦此。”

清世宗雍正十三年十月回乡终养父母官员封典谕

（雍正十三年十月）又谕：“凡官员丁忧守制者遇有恩诏例不准封，朕前已降旨加恩给与封典。其养亲回籍之人皆因父母年高弃官归养，幸逮亲存适逢旷典，而亦格于成例不得请封，情属可悯。著将回籍终养人员照原官品级一并给与封典，遂其孝思，钦此。”

清 ·《钦定大清会典则例 · 卷一百一十 · 兵部 · 武选清吏司 · 恩恤》

【译文】（雍正十三年十月）又下谕旨说：“凡是官员丁忧守制的，遇到恩诏照例不得封赠，朕以前曾经降下旨意加恩于他们，给予他们封赠。回乡奉养亲人的官员，都是因为父母年事已高，才弃官回乡终养父母的，幸运的是亲人尚存又适逢朝廷旷典，可是却因为朝廷的成例不得请求封赠，其情实在可悯。着令将奉亲回乡终养父母的官员，按照原来的官职品级一并给予封赠恩典，以成全他们的孝思。钦此。”

《钦定八旗通志》二则

清世祖顺治十八年在京满洲、蒙古、汉军旗守制法

顺治十八年议准：“在京部院满洲、蒙古、汉军大小文员守制一月，服满即出理事，私居持服尽三年丧礼，外其奉差、出兵文官以回京闻丧之日为始，亦照定例遵行。至各省驻防及在外出仕汉军文官，伊父母在任病故者，照例遵行；在京病故者准其离任回京，以到日为始守制半年，仍私居持服尽三年丧礼……”

清 ·《钦定八旗通志 · 卷八十七 · 典礼志十 · 八旗丧礼》

【译文】顺治十八年议准：“在京部院的满洲、蒙古、汉军旗的大小文武官员居丧守制期为一个月，居丧期满后即可理事，在家中持丧三年，以尽丧礼，在外奉旨办理事务、出征的文官以回到京城听闻讣告的时间为始，也要定例遵行丧制。至于各省驻防和在京城之外任职的汉军旗文官，其父母在任所病故的，照丧制遵行；在京城中病故的，准许其离任回京守制，以到京这一天为始守制半年，仍然是在家中身着孝服三年以尽丧礼……”

清圣祖康熙七年内外八旗、满洲、蒙古汉军守制期限令

康熙七年命：“内外八旗、满洲、蒙古、汉军武官为其父母、祖父母及过继父母、祖父母居丧三月，私居仍持服三年，奉差出外者以回家之日为始。”

清 ·《钦定八旗通志 · 卷八十七 · 典礼志十 · 八旗丧礼》

【译文】康熙七年命：“朝廷内外八旗、满洲、蒙古、汉军旗的武官为其父母、祖父母和过继的父母、祖父母守丧期为三个月，在家中仍然身着丧服三年，奉差事外出的从回家这一天开始。”

五、养老礼、乡饮酒礼

《大清会典》一则

乡饮酒礼程仪

凡乡饮酒之礼岁以孟春望日、孟冬朔日举行，于顺天府庠豫期，由大兴、宛平县令各举耆年致仕、德望懋著者一人为宾，次介、次三宾、次众宾，均以齿德兼优者为之。

届期以本部汉堂官一人监礼，府尹为主人，教授一人为司正，赞礼、执事以府县学生员。先一日设坐次于庠之讲堂，设律令案于堂东，司正官率执事诸生习仪，乐部和声署设乐于西阶下。

至日质明主人偕僚属执事生均诣学，宾、介既至考钟伐鼓，主人出迎于庠门之外。宾、介东面主人西面，主人揖宾、介入，众宾从入，三揖至于阶三让乃升。主人东阶上北面再拜，宾、介西阶上北面答再拜，主人揖宾、介就位，三宾、众宾咸就坐。宾席西北南向，介西南东向，主人东南西向，三宾、众宾在宾席之西东向。坐定赞者赞、司正扬觯（以下行礼均唱赞），司正由西阶升，诣堂中北面立，宾主以下皆立，司正揖众皆揖，司爵酌酒于觯授司正，司正扬觯而语曰："恭惟朝廷率由旧章，敦崇礼教举行乡饮非为饮食，凡我长幼各相劝勉：为臣尽忠，为子尽孝，长幼有序，兄友弟恭，内睦宗族，外和乡里，无或废坠以忝所生。"乃毕饮，以觯授司爵揖，宾主以下皆揖，司正退众皆坐。执事者举律令案于堂中，读律令者诣案北面立，宾主以下皆立揖如前，读毕退。主人起献宾席前北面立，司爵酌酒授主人，主人受爵诣宾位，司馔举馔案于宾前，主人奠爵于席降再拜，宾答再拜，退复位。宾起酢主人席前东面立，司爵酌酒授宾，宾受爵诣主人位，馔案从，宾奠爵于席再拜，主人答再拜，宾复位。主人起献介，介酢主人均如前仪。司爵酌酒献三宾、众宾。工升鼓瑟歌《鹿鸣》，宾主以下酒三行，司馔供羹，笙磬作奏《南陔》，间歌《鱼丽》，笙由庚。司爵以次酌酒，司馔供羹者三，乃合乐歌《关雎》，工告乐备，执事者彻馔案。宾主以下皆起，主人就东阶，宾、介就西阶，均再拜，宾、介降阶出，主人送于门外，如初迎仪。

直省举行乡饮酒礼，府以知府、州以知州、县以知县为主席，余仪与顺天府同。

清·《大清会典·卷三十二·礼部·仪制清吏司·乡饮酒礼》

【译文】凡行乡饮酒礼，每年都在正月十五日、十月初一日举行，由顺天府的府学事先准备，由大兴、宛平县的县令各自举荐老年致仕、德高望重的人一人为宾，其次为介，再次为三宾，再次为众宾，这些人都按年纪的大小、德行的优劣来序齿排序。

到行乡饮酒礼时，以礼部的汉人堂官一人监礼，顺天府府尹为主人，府学教授一人为司正，赞礼、执事由府县的生员担任。提前一天陈设座次于府学的讲堂，宣读律令的几案设在讲堂的东面，司正率诸执事生员演习礼仪，乐部的和声署设于讲堂的西阶下面。

到了天明时，主人偕同僚属、执事都要到学堂，宾、介到达时钟鼓齐鸣，主人迎宾、介到学堂的庠门之外，宾、介面朝东，主人面朝西，主人揖拜宾、介后进入学堂，众宾随后进入学堂，三次揖拜后，行至台阶，三次谦让后上台阶。主人上台阶后在东边面朝北再次揖拜，宾、介上台阶后在西边面朝北答拜，主人揖拜后，宾、介就位，三宾、众宾都就座。宾的席位在讲堂的西北面朝南，介的席位在讲堂的西南面朝东，主人的席位在讲堂的东南面朝西，三宾、众宾的席位在宾的席位西边面朝东。坐定后赞礼宣赞，司正扬觯（以后的行礼时赞礼都要宣赞），司正扬觯时主人说："恭敬地敬奉朝廷令旨，国家依照以往的典章制度，敦崇礼乐教化，举行乡饮酒礼，并非为了饮食吃喝。凡是我国中百姓不管是年长的、幼小的都要相互勉励：为臣的要尽自己的忠诚之心，为子的要尽自己孝敬之心，待人处事长幼要有次序，家庭、家族间要有兄友弟恭的景象，对内要和睦于宗族，对外要和顺于乡里，不要做那些违法、违礼的事情，以无愧于此生。"读完之后饮酒，将觯交给司正后揖拜，宾主以下都要揖拜，司正退出后都坐下。执事人员举律令，放置在讲堂内读律令的案几上，读律令的人来到案几前面朝北站立，宾主以下都站立，其揖拜的礼仪和前面一样，读完后退出。主人站起来走到宾席的前面朝北敬献酒于宾，司爵将斟满酒的酒爵交给主人，主人接过酒爵走到宾席前，司馔将盛食品的案几放置在宾席的前面，主人敬宾后下台阶再次揖拜宾，宾答礼再拜，之后主人退回席位，宾起身到主人的席位前酬谢主人，面朝东站立，司爵将酒爵斟满交给宾，宾接过酒爵来到主人的席位前，司馔持盛食物的馔案跟从，宾敬主人酒后再次揖拜，主人答礼再拜，宾回到自己的席位。主人起身敬献酒食于介，介的酬酢和前面的仪式一样，司爵将酒爵斟满敬献给三宾、众宾。一侧乐工击鼓弹瑟歌《鹿鸣》，宾主以下行酒三巡，司馔提供食品三次，吹笙击磬后奏《南陔》，中间歌唱《鱼丽》，笙在第七节奏起。司爵按次序斟酒，司馔提供食品三次，之后合乐歌唱《关雎》，乐工歌唱奏乐完备后，执事者撤去食案，宾主以下都起身，主人站在台阶的东边，宾、介站在台阶的西边，都再次揖拜，宾、介下台阶出门，主人送他们到学堂的庠门外，其礼仪和迎接他们时一样。

直隶各地举行乡饮酒礼时，府以知府、州以知州、县以知县担任行乡饮酒礼的主席，其他的仪式和顺天府相同。

《福建通志》一则

乡饮酒礼及乡饮酒礼仪注

顺治初令京府及直省、府、州、县每岁举行乡饮酒礼。设宾、僎、介、主席，于存留钱粮内支办。凡以申明朝廷之法，敦叙长幼之节，遂为定制云。

乡饮酒仪注：

京府及直省府、州、县每岁正月十五日、十月初一日于儒学行乡饮酒礼。

前一日执事者于儒学之讲堂，依图陈设坐次，司正率执事习礼。

至日黎明，执事者宰牲具馔。主席及僚属、司正先诣学，遣人速宾、僎以下。比至执事者先报曰“宾至”，主席率僚属出迎于庠门之外。以入，主居东宾居西，三让三揖而后升堂，东西相向立，赞两拜，宾坐。执事又报曰“僎至”，主席又率僚属出迎，揖让升堂，拜坐如前仪。

宾、僎、介至既就位，执事者唱，司正扬觯，执事者引司正由西阶升诣堂中北向立；执事者唱， 以下皆立唱揖，司正揖，宾、僎以下皆揖，执事者以觯酌酒授司正。司正举酒曰：“恭惟朝廷，率由旧章，敦崇礼教，举行乡饮，非为饮食。凡我长幼，各相劝勉，为臣尽忠，为子尽孝。长幼有序，兄友弟恭，内睦宗族，外和乡里。无或废坠，以忝所生。”读毕，执事者唱，司正饮酒，饮毕以觯授执事，执事者唱揖，司正揖宾、僎，以下皆揖。司正复位，宾、僎以下皆坐。唱读律令，执事者举律令案于堂之中，引礼引读律令者诣案前，北向立唱，宾、僎以下皆立行揖，礼如前，读毕复位。执事者唱“供馔案”，执事者举馔案至宾前，次僎、次介、次主，三宾以下各以次。举讫，执事者唱“献宾”，主起席北面立，执事者斟酒以授主，主受爵诣宾前置于席稍退，赞两拜，宾答拜。讫执事者又斟酒以授主，主受爵诣僎前，置于席交拜如前仪，毕，主退复位。执事者唱“宾酬酒”，宾起僎从之，执事者斟酒授宾，宾受爵诣主前置于席稍退，赞两拜，宾、僎、主交拜，讫各就位坐。执事者分左右立，介、三宾、众宾以下，以次斟酒于席。讫执事者唱“饮酒”，或三行、或五行供汤，又唱“斟酒”，饮酒、供汤三品，毕，执事者唱“彻馔”。俟彻饮案讫，唱宾、僎以下皆行礼，僎、主僚属居东，宾、介、三宾、众宾居西，赞两拜。讫唱“送宾”，以次下堂，分东西行，仍三揖出庠门而退。

凡乡饮酒礼高年有德者坐席居上，余以次序齿而列，其有违犯科条者不许干良善之席，违者罪以违制。敢有喧哗失礼者，扬觯者以礼责之。主府知府、州知州、县知县，如无正印官，佐贰官代位于东南，大宾以致仕官为之位于西北，僎、宾择乡里年高有德之人位于东北，介以次长位于西南，三宾以宾之次者为之，位于宾、主、介、僎之后。除宾、僎外，众宾序齿列坐。其僚属则序爵；司正以教职为之主，扬觯以罚；赞礼者以老成生员为之。

清 ·《福建通志 · 卷十四 · 典礼》

【译文】顺治初，国家令京府以及直隶各省、府、州、县每年都举行乡饮酒礼。行礼过程中设宾、僎、介、主席，礼仪所需钱粮由国家支办。这一礼仪是为了申明朝廷的律法，敦睦长幼间的秩序、礼节，之后遂成为定制。

乡饮酒仪注：

京府以及直隶各省、府、州、县，每年的正月十五日、十月初一日在儒学中举行乡饮酒礼。

前一天，执事人员去当地儒学讲堂，依照《乡饮酒图式》陈设席位、座次，司正率执事人员演习礼仪。

至行乡饮酒礼那一天的黎明，执事人员宰牺牲准备饮食。主席率僚属、司正先行到达儒学，派人速请宾、僎以下人员到来。等到这些人来到，执事人员先报说“宾至”，主席率僚属出迎于儒学的庠门之外。进入之后，主席居于庠门的东边，宾居于庠门的西边，三次谦让、三次揖拜后升入厅堂，东西相向而立，宣赞后两次揖拜，宾坐下。执事又报说“僎至”，主席又率僚属出迎，揖让升入厅堂，揖拜和前面的仪式一样。

宾、僎、介至既就位，执事人员宣唱，司正扬觯，执事人员引领司正由西边的台阶升入厅堂在中间面向北站立；执事人员宣唱，僎以下都站起来唱揖，司正还揖，宾、僎以下都回揖，执事人员用觯盛酒后交予司正。司正举酒说："恭敬地奉朝廷的旨意，根据以往的章程，（举行乡饮酒礼）是为了敦崇礼法、推行教化。举行乡饮酒礼，不是为了饮食。不管是年长的人、年幼的人，都要相互劝勉，做为臣子要为国尽忠，做为儿子要极尽孝养。要使得国家出现长幼有序、兄友弟恭的现象，（作为一个人）在家中、在家族中要亲睦宗族，在外处事要和睦乡里，不要忽视、不遵行这些要求，以无愧于此生。"宣读完毕后，执事人员宣唱，司正饮酒，饮毕将觯交给执事，执事人员宣唱，司正揖宾、僎，宾、僎以下都回揖。司正回到自己的位置，宾、僎以下都坐下。唱读律令，执事人员将放置着律令的案几放置在厅堂的中央，引礼生引领读律令的人来到案几前，面朝北站立宣唱。宾、僎以下都站立起来行揖礼，礼仪如前，读完之后，读律令的人回到自己的位置。执事宣唱"供馔案"，执事人员举馔案来到宾的座前，再次为僎，再次为介，再次为主席，三宾以下依次陈设。陈设完毕后，执事宣唱"献宾"，主席从席位边站起来面朝北，执事人员斟酒后将酒交给主席，主席接受酒爵来到宾席的前面，将酒放在席位上稍稍后退，宣赞两拜，宾答拜。完毕后执事人员又斟酒交给主席，主席接授酒爵后来到僎席的前面，置酒于席位中，交拜和前面的仪式一样，完毕后退回到自己的席位。执事人员宣唱"宾酬酒"，宾起身，僎跟从，执事人员将斟好酒的酒爵交给宾，宾接授酒爵走到主席的席位前，将酒放置在席位上，稍稍后退，宣赞两拜，宾、僎、主席交拜，完毕后各自回到自己的席位中。执事人员分左右站立，分别给介、三宾、众宾以下，依次斟酒到他们的席位。完毕后执事宣唱"饮酒"，或三行、或五行为各席提供饮食，又宣唱"斟酒"，之后饮酒、供汤三次，完毕后执事宣唱"撤馔"。等撤去放置饮食的案几完毕后，宣唱"宾、僎以下都行礼"，僎、主席僚属在厅堂的东边，宾、介、三宾、众宾在厅堂的西边，宣赞两拜。完毕后执事人员宣唱"送宾"，按次序走下厅堂，分东西两行，仍然是三次揖陈拜后出庠门退出。

凡是乡饮酒礼年纪长的、有德望的人他们的席位居于上首，其他的人按次序、依年龄大小排列，其中如果有违犯国家律法的人不允许居于良善的席位，违反的要以违制论罪，行礼期间如有敢于大声喧哗的人，扬觯的人依照礼法责备他。主席：一府由知府充任，一州由知州充任，一县由知县充任，如果没有正印官员，由（府、州、县）的副手在厅堂的东南面代理；大宾以致仕的官员充任，位置在厅堂的西北；僎、宾要选取乡里之中年高有德的人担任，位置在厅堂的东北；介由年纪、德望仅次于宾的人担任，位置在厅堂的西南；三宾、众宾由年纪德望次于宾、介的人担任，他们的位置在宾、主、介、僎位置的后面；除了宾、僎以外，众宾都要按年纪大小叙齿列坐。官府中的属僚则为主、宾、僎、介等人序爵；司正以教职人员为主，扬觯的职责是主持礼仪秩序；赞礼人员由老成的生员担任。

《钦定大清会典则例》七则

顺治元年制 · 乡饮酒礼

顺治元年定京府及直省府州县，每岁于正月十五日、十月初一日举行乡饮酒礼。设宾、介、主人、众宾之席，顺天以府尹为主，直省府以知府、州以知州、县以知县为主，大宾择乡里年高有德之人位于西北，介以次长位于西南，三宾以宾之次者为之位于宾席之西，众宾序齿列坐。司正以教职为之，主扬觯以罚失仪者；赞礼、读法以生员为之，以申明朝廷之法敦序长幼之节。

清·《钦定大清会典则例·卷七十一·礼部·仪制清吏司·乡饮酒礼》

【译文】顺治元年皇帝审定京府及直隶各省府州县，规定每年在正月十五日、十月初一举行乡饮酒礼。行乡饮酒礼时设宾、介、主人、众宾的席位，顺天府以府尹为主人，直隶各省府以知府、州以知州、县以知县为主人，大宾选择乡里之中年高且有德望的人，席位于厅堂的西北，介以及次长的席位在厅堂的西南，三宾以及宾中其次的人的席位在宾席的西边，众宾按照年纪大小排列而坐。司正以各地官学有教职的人担任，是行礼仪时主管扬觯以罚失仪的人；赞礼、读法之人以生员担任，负责申明朝廷有律法的敦序长幼的礼节。

顺治二年定顺天府详稽乡饮酒礼及定“读律令”

（顺治）二年定顺天府详稽乡饮酒礼，旧制移送礼部题请施行，嗣后每岁由顺天府具题，将所举宾、介等姓名履历呈部存案。

乡饮酒读律令曰：“律令：凡乡饮酒序长幼、论贤良，高年有德者居上，其次序齿列坐，有过犯者不得干与，违者罪以违制，失仪则扬觯者以礼责之。”

清·《钦定大清会典则例·卷七十一·礼部·仪制清吏司·乡饮酒礼》

【译文】（顺治）二年，顺天府详细稽订乡饮酒礼，将旧制呈送礼部题请皇帝下旨，之后每年由顺天府具文题奏，将所举荐的宾、介等人的姓名、履历呈报礼部存案。

行乡饮酒礼时所读的律令为："律令：凡行乡饮酒礼是为了敦序长幼之间的礼仪、议论贤良，年纪大的有德望的人坐于上首，其次的要按照年纪的大小排列而坐，有过错的人不得参预，违反的人以违制罪论处，失仪的人扬觯要以礼法去责问他。"

康熙元年议准 · 乡饮酒礼

康熙元年议准：奉天府、州、县行乡饮酒礼仪与顺天同。

清·《钦定大清会典则例·卷七十一·礼部·仪制清吏司·乡饮酒礼》

【译文】康熙元年议准：奉天府及其州、县行乡饮酒的礼仪与顺天府相同。

康熙四年议准 · 乡饮酒礼

（康熙）四年议准：锦州府、州、县行乡饮酒礼仪与奉天同。

清·《钦定大清会典则例·卷七十一·礼部·仪制清吏司·乡饮酒礼》

【译文】（康熙）四年议准：锦州府及其州、县行乡饮酒礼的礼仪与奉天府相同。

雍正元年谕 · 乡饮酒礼

雍正元年谕："乡饮酒礼乃敬老尊贤之古制，近闻年久视为具文，所备筵燕亦甚草率，应加谨举行。钦此。"

是年顺天府行乡饮酒礼，特命礼部堂官前往监礼，岁以为常。

清·《钦定大清会典则例·卷七十一·礼部·仪制清吏司·乡饮酒礼》

【译文】雍正元年皇帝谕旨："乡饮酒礼是敬老尊贤的古制，近来听闻长年以来被许多地方视为徒具形式，成为毫无实际作用的空文，所备办的筵席及对老人的燕享也十分草率，应该加意恭谨地按礼仪举行。钦此。"

是年顺天府行乡饮酒礼，（皇帝）特命礼部堂官前往监礼，每岁都以为常制。

乾隆二年核准 · 乡饮酒礼

乾隆二年核准："乡饮之典，必宾、介得人始足以示观感，而兴教化应通行严饬，嗣后所举宾、介务择齿德兼优、允协乡评之人。如地方官徇情滥举即应题参，若所举得人而不法之徒或有藉端阻挠者亦应严加究治。”

清·《钦定大清会典则例·卷七十一·礼部·仪制清吏司·乡饮酒礼》

【译文】乾隆二年核准："乡饮酒礼的典仪，必须要求宾、介选举得人，才可以让人有所观察，心生感悟，同时兴隆教化这件事要通行于各地，严饬各级官员遵行，之后行乡饮酒礼时所举荐的宾、介要选择年岁高、道德品行兼优的人担任，允许乡里的百姓协助评议。如果地方官徇情滥举（各相关司衙）即行题名参劾，如果所举得人，而不法之徒想要借故阻挠的，应对这种人严加处治。"

乾隆十八年核准·乡饮酒礼

（乾隆）十八年核准："各省举行乡饮事不画一，且竟有频年阙略不举致旷大典者，应令各省督抚转饬所属府、州、县，每岁遵照定例于正月、十月举行二次，其宾、介之数据旧仪所载……嗣后应令顺天府及直省、府、州、县先期访绅士之年高德劭者一人为宾、次为介、又次为众宾，皆由州县详报，府尹督先核定举行。其本地有仕至显官偶居乡里，愿来观礼者依古礼坐于东北。顺天府及直省会城一品席南向，二、三品席西向；各府州县三品以上席南向，四五品席西乡，无则阙之……"

清·《钦定大清会典则例·卷七十一·礼部·仪制清吏司·乡饮酒礼》

【译文】（乾隆）十八年核准："各省举行乡饮酒礼的时间不统一，有的竟然多年不举行乡饮酒礼，以至于旷废大典，应令各省的总督、巡抚转饬所属的府、州、县和各级官员，都要按照定例于每年的正月、十月举行二次，其中所举荐的宾、介等人要按以往的旧制办理……之后应令顺天府及直隶各省、府、州、县在行乡饮酒礼之前，先行查访士绅之中年高德劭的人一人为宾，次者为介，再次的为众宾，这些人都由州、县详细向上级司衙呈报，府尹督促相关司衙核定后举行。其中如果有在朝中出仕为高官偶然居在乡里之中的，愿意来观礼的依古礼坐于厅堂的东北。顺天府及直隶各省省会诸城观礼官员，一品的席位面向南，二、三品官员的席位面向西；各府、州、县三品以上官员的席面向南，四、五品官员的席位面向西，如果没有，则可以空缺……"

《钦定八旗通志》一则

清圣祖康熙九年题准顺天府府丞高尔位“乡饮酒”议

康熙九年十一月顺天府府丞高尔位题称：“窃照‘乡饮酒礼’朝廷敬老尊贤之大典。盖民知敬老然后不悖于孝弟，民知尚德然后日趋于忠信，自古迄今甚盛典也。臣跪诵圣谕谆谆以教化为首务，仰见我国家化民成俗之至意远轶前代矣！第‘乡饮酒礼’一节臣府每岁举行两次，照例将汉人中年高有德者选择敦请，恪遵无异。臣思八旗下满州、蒙古、汉军其中岂无年高有德堪为宾、介者？似宜并示优崇以昭奖劝……”

奉旨这本说得是，著议奏该部知道。寻礼部覆称“乡饮酒礼”乃敬老尊贤之大典，自当满汉均沾以昭奖劝，应如该府丞所请，查照定例满汉一体举行。奉旨依议。

清 · 《钦定八旗通志 · 卷八十六 · 典礼志九 · 八旗乡饮酒礼》

【译文】康熙九年十一月顺天府府丞高尔位上奏题称：“我认为‘乡饮酒礼’是朝廷敬老尊贤的大典。这是因为百姓知道敬老之后他们的行为就不会悖于孝悌，百姓们崇尚德行之后就会渐渐地养成忠诚、信义的品性，这便是自古以来这种礼仪都称为盛典的原因。臣跪着诵读皇帝的谕旨，其间谆谆于教化的言语，是国家首先要做的事情，仰见我国教化百姓形成风俗的意旨，远远超过前代！第‘乡饮酒礼’一节臣府每年举行两次，照例在汉人之中选取年高德劭的人以敬奉，恪遵没有异议，臣思八旗之中满洲、蒙古、汉军旗难道就没有年高德劭的堪为宾、介的人吗？应该一并优崇他们，以昭示国家奖慰劝导的意旨……”

奉皇帝旨意，这一奏议说得是正确的，着将此奏议交于礼部知道。之后礼部奏称“乡饮酒礼”中敬老尊贤的大典，自然应当满汉等均沾以昭示国家奖慰劝导的意旨，应当遵该府丞所请，查准核照定例，无论满汉官员都要一体举行。奉皇帝旨意照这一议定准行。

《钦定学政全书》一则

清世宗雍正元年乡饮酒谕

（雍正元年上谕乡饮酒）乡饮酒礼乃养老尊贤之古制，近闻年久视为具文，所备筵宴亦甚草率，应加谨举行。嗣后每逢顺天府举行之时，礼部堂司前往监看，敬谨成礼。

清 · 童璜等奉敕修纂《钦定学政全书 · 卷七 · 整饬士习》

【译文】（雍正元年上谕乡饮酒：）乡饮酒礼是养老尊贤的古制，近来听说这些年许多地方将此礼法仅视为一般的礼法条文，不去重视，行乡饮酒礼时所备的筵宴十分草率，各地应对此礼法加以重视，严格勤谨地执行。日后每到顺天府举行乡饮酒礼时，礼部的堂司要派官员前去监礼，以便促其敬谨成礼。

附录

附录一：女四书·内训

（明）仁孝文皇后徐氏撰

原序

吾幼承父母之教，诵《诗》《书》之典，职谨女事。蒙先人积善余庆，夙被妃庭之选，事我孝慈高皇后，朝夕侍朝。高皇后教诸子妇礼法惟谨，吾恭奉仪范，日聆教言，祗敬佩服，不敢有违。肃事今皇上三十余年，一遵先志，以行政教。

吾思备位中宫，愧德弗似，谦于率下，无以佐皇上内治之美，以忝高皇后之训。常观史传，求古贤妇贞女，虽称体非德性之懿，亦未有不由于教而成者。然古者教必有方，男子八岁而入小学，女子十年而听姆教。小学之书无传，晦庵朱子爰编辑成书，为小学之教者始有所入。独女教未有全书，世惟取范晔《后汉书》曹大家《女诫》为训，恒病其略。有所谓《女宪》《女则》，皆徒有其名耳。近世始有女教之书盛行，大要撮《曲礼》《内则》之言与《周南》《召南》诗之小序及传记而为之者。仰惟我高皇后教训之言，卓越往昔，足以垂法万世，吾耳熟而心藏之，乃于永乐二年冬，用述高皇后之教，以广之为《内训》二十篇，以教宫壶。

夫人之所以克圣者，莫严于养其德性，以修其身，故首之以“德性”，而次之以“修身”；而修身莫切于谨言行，故次之以“慎言”“谨行”；推而至于“勤励”“警戒”，而又次之以“节俭”。人之所以获久长之庆者，莫加于积善；所以无过者，莫加于迁善，又次之以“积善”“迁善”。之数者，皆身之要，而所以取法者，则必守我高皇后之教也，故继之以“崇圣训”。远而取法于古，故次之以“景贤范”。上而至于“事父母”“事君”“事舅姑”“奉祭祀”，又推而至于“母仪”“睦亲”“慈幼”“逮下”，而终之于“待外戚”。顾以言辞浅陋，不足以发扬深旨，而其条目亦粗备矣。观者于此不必泥于言，而但取于意，其于治内之道，或有裨于万一云。

永乐三年正月望日序。

德性章第一

贞静幽闲，端庄诚一，女子之德性也。孝敬仁明，慈和柔顺，德性备矣！夫德性原于所禀而化成于习，匪由外至，实本于身。古之贞女，理性情，治心术，崇道德，故能配君子以成其教。是故仁以居之，义以行之，智以烛之，信以守之，礼以体之。匪礼勿履，匪义勿由。动必由道，言必由信。匪言而言，则厉阶成焉；匪礼而动，则邪僻形焉。阈以限言，玉以节动，礼以制心，道以制欲，养其德性。所以饬身，可不慎与！

无损于性者，乃可以养德；无累于德者，乃可以成性。积过由小，害德为大。故大厦倾颓，基址弗固也；己身不饬，德性有亏也。美璞无瑕，可为至宝；贞女纯德，可配京室。检身制度，足为母仪。勤俭不妒，足法闺阃。若夫骄盈嫉忌，肆意适情，以病其德性，斯亦无所取矣。古语云："处身造宅，黼身建德。"《诗》云："俾尔弥尔性，纯嘏尔常矣。"

修身章第二

或曰："太任目不视恶色，耳不听淫声，口不出傲言。若是者，修身之道乎？"曰："然。古之道也。"夫目视恶色则中眩焉，耳听淫声则内褫焉，口出傲言则骄心侈焉，是皆身之害也。故妇人居必以正，所以防慝也；行必无陂，所以成德也。是故五彩盛服，不足以为身华；贞顺率道，乃可以进妇德。不修其身，以爽厥德，斯为邪矣。谚有之曰："治秽养苗，无使莠骄；划荆剪棘，无使涂塞。"是以修身所以成其德者也。

夫身不修，则德不立，德不立而能成化于家者盖寡焉，而况于天下乎？是故妇人者，从人者也。夫妇之道，刚柔之义也。昔者明王之所以谨婚姻之始者，重似续之道也。家之隆替，国之废兴，于斯系焉。于乎闺门之内，修身之教，其勖慎之哉！

慎言章第三

妇教有四，言居其一。心应万事，匪言曷宣？言而中节，可以免悔。发不当理，祸必随之。谚曰："阎阎謇謇，匪石可转；訾訾譞譞，烈火燎原。"又曰："口如扃，言有恒；口如注，言无据。"甚矣！言之不可不慎也。况妇人德性幽闲，言非所尚，多言多失，不如寡言。故《书》斥牝鸡之晨，《诗》有厉阶之刺，《礼》严出梱之戒。善于自持者，必于此而加慎焉，庶乎其可也。

然则慎之有道乎？曰：有，学南宫绦可也。夫缄口内修，重诺无尤，宁其心，定其志，和其气，守之以仁厚，持之以庄敬，质之以信义，一语一默，从容中道，以合乎坤静之体，则谗慝不作，家道雍穆矣！故女不矜色，其行在德。无盐虽陋，言用于齐而国安。孔子曰："有德者必有言，有言者不必有德。"

谨行章第四

甚哉！妇人之行不可以不谨也。自是者其行专，自矜者其行危，自欺者其行矫以污。行专则纲常废，行危则嫉戾兴，行矫以污则人道绝。有一于此，鲜克终也。

夫干霄之木，本之深也；凌云之台，基之厚也；妇有令誉，行之纯也。本深在乎栽培，基厚在乎积累，行纯在乎自力。不为纯行，则戚疏离焉，长幼紊焉，贵贱淆焉。是故欲成其大，当谨其微；纵于毫末，本大不伐。昧于冥冥，神鉴孔明；百行一亏，终累全德。体柔顺，率贞洁，服三从之训，谨内外之别，勉之敬之，终始惟一，由是可以修家政，可以和上下，可以睦姻戚，而动无不协矣！《易》曰："恒其德贞，妇人吉。"此之谓也。

勤励章第五

怠惰恣肆，身之殃也；勤励不息，身之德也。是故农勤于耕，士勤于学，女勤于工。农惰则五谷不获，士惰则学问不成，女惰则机杼空乏。

古者后妃亲蚕，躬以率下；庶人之妻，皆衣其夫。效绩有制，愆则有辟。夫治丝执麻以供衣服，幂酒浆、具菹醢以供祭祀，女之职也。不勤其事，以废其功，何以辞辟？

夫早作晚休，可以无忧；缕积不息，可以成匹。戒之哉，毋荒宁！荒宁者，刿身之廉刃也，虽不见其锋，阴为其所戕矣。《诗》云："妇无公事，休其蚕织。"此怠惰之慝也。于乎贫贱不怠惰者易，富贵不怠惰者难。当勉其难，毋忽其易。

警戒章第六

妇人之德，莫大乎端己；端己之要，莫重乎警戒。居富贵也，而恒惧乎骄盈；居贫贱也，而恒惧乎放失；居安宁也，而恒惧乎患难。奉卮于手，若将倾焉；择地而旋，若将陷焉。故一念之微，独处之际，不可不慎。谓无有见乎，能隐于天乎？谓无有知乎，不欺于心乎？故肃然警惕，恒存乎矩度；湛然纯一，不干于匪僻。举动之际，如对舅姑；闺房之间，如临师保。不惰于冥冥，不矫于昭昭，行之以诚，持之以久，隐显不贰，由是德宜于家族，行通于神明，而百福咸臻矣！

夫念虑有常，动则无过；思患预防，所以远祸。不然，一息不戒，灾害攸萃，累德终身，悔何追矣！是故鉴古之失，吾则得焉；惕厉未形，吾何尤焉？《诗》曰："相在尔室，尚不愧于屋漏。"《礼》曰："戒慎乎其所不睹，恐惧乎其所不闻。"此之谓也。

节俭章第七

戒奢者，必先于节俭也。夫澹素养性，奢靡伐德。人率知之，而取舍不决焉。何也？志不能帅气，理不足御情，是以覆败者多矣。《传》曰："俭者，圣人之宝也。"又曰："俭，德之共也；侈，恶之大也。"若夫一缕之帛出工女之勤，一粒之食出农夫之劳，致之非易，而用之不节，暴殄天物，无所顾惜，上率下承，靡然一轨，孰胜其敝哉！

夫锦绣华丽，不如布帛之温也；奇羞美味，不若粝粢之饱也。且五色坏目，五味昏智；饮清茹淡，祛疾延龄。得失损益，判然悬绝矣！古之贤妃哲后深戒乎此，故絺绤无斁，见美于《周诗》；大练粗疏，垂光于汉史。敦廉俭之风，绝侈丽之费，天下从化，是以海内殷富，闾阎足给焉。盖上以导下，内以表外，故后必敦节俭，以率六宫；诸侯之夫人，以至士、庶人之妻，皆敦节俭，以率其家。然后民无冻馁，礼义可兴，风化可纪矣。

或有问者曰："节俭有礼乎？"曰："礼，与其奢也，宁俭。然有可约者焉，有可腆者焉。"是故处已不可不俭，事亲不可不丰。

积善章第八

吉凶灾祥，匪由天作；善恶之应，各以其类。善德攸积，天降阴骘。昔者成周之先，世累忠厚。暨于文武，伐暴救民，又有圣母贤妃善德内助。故上天阴骘，福庆悠长。

我国家世积厚德，天命攸集。我太祖高皇帝顺天应人，除残削暴，救民水火；孝慈高皇后好生大德，助勤于内，故上天阴骘，奄有天下，生民用乂。天之阴骘，不爽于德，昭若明鉴。夫享福禄之报者，由积善之庆。妇人内助于国家，岂可以不积善哉！古语云："积德成王，积怨成亡。"《荀子》曰："积土成山，风雨兴焉；积水成渊，蛟龙生焉；积善成德，神明自得。"自后妃至于士、庶人之妻，其必勉于积善，以成内助之美。

妇人善德：柔顺、贞静、温良、庄敬。乐乎和平，无乖戾也；存乎宽弘，无忌嫉也；敦乎仁慈，无残害也；执礼秉义，无纵越也；祗率先训，无愆违也。不厉人适己，不以欲戕物。以是而内助焉，积而不已，福禄萃焉。《易》曰："积善之家，必有余庆。"《书》曰："作善，降之百祥。"此之谓也。

迁善章第九

人非上智，其孰无过？过而能知，可以为明；知而能改，可以跂圣。小过不改，大恶形焉；小善能迁，大善成焉！

夫妇人之过无他，惰慢也，嫉妒也，邪僻也。惰慢则骄，孝敬衰焉；嫉妒则刻，菑害兴焉；邪僻则佚，节义颓焉。是数者，皆德之弊而身之殃。或有一焉，必去之如蟊螣，远之如蜂虿。蜂虿不远则螫身，蟊螣不去则伤稼，已过不改则累德。若夫以恶小而为之无恤，则必败；以善小而忽之不为，则必覆。能行小善，大善攸基；戒于小恶，终无大戾。故谚有之曰："屋漏迁居，路纡改途。"《传》曰："人谁无过？过而能改，善莫大焉。"

崇圣训章第十

自古国家肇基，皆有内助之德垂范后世。夏、商之初，涂山、有莘皆明教训之功；成周之兴，文王后妃克广《关雎》之化。我太祖高皇帝受命而兴，孝慈高皇后内助之功至隆至盛。盖以明圣之资，秉贞仁之德，博古今之务。艰难之初，则同勤开创；平治之际，则弘基风化。表壶范于六宫，着母仪于天下。验之往哲，允莫与京。譬之日月，天下仰其高明；譬之沧海，江河趋其浩博。然史传所载，什裁一二，而微言奥义，若南金焉，铢两可宝也，若谷粟焉，一日不可无也。贯彻上下，包括巨细，诚道德之至要，而福庆之大本矣！

后遵之，则可以配至尊，奉宗庙，化天下，衍庆源；诸侯、大夫之夫人与士、庶人之妻遵之，则可以内佐君子，长保富贵，利安家室，而垂庆后人矣。《诗》云："太姒嗣徽音，则百斯男。"敬之哉！敬之哉！

景贤范章第十一

诗书所载贤妃贞女，德懿行备，师表后世，皆可法也。夫女无姆教，则婉娩何从？不亲书史，则往行奚考？稽往行，质前言，模而则之，则德行成焉。

夫明镜可以鉴妍媸，权衡可以拟轻重，尺度可以测长短，往辙可以轨新迹。希圣者昌，踵弊者亡。是故修恭俭莫盛于皇英，求贞顺莫备于太姜，效诚庄莫隆于太任，行孝敬莫纯于太姒。仪式刑之，齐之则圣，下之则贤，否亦不失于从善。夫珠玉非宝，淑圣为宝；令德不亏，室家是宜。《诗》云："高山仰止，景行行止。"其谓是与！

事父母章第十二

孝敬者，事亲之本也。养非难也，敬为难。以饮食供奉为孝，斯末矣。孔子曰："孝者，人道之至德。夫通于神明，感于四海，孝之致也。"昔者虞舜善事其亲，终身而慕；文王善事其亲，色忧满容。或曰："此圣人之孝也，非妇人之所宜也。"是不然。孝弟，天性也，岂有间于男女乎？事亲者以圣人为至。

若夫以声音笑貌为乐者，不善事其亲者也。诚孝爱敬无所违者，斯善事其亲者也。县衾敛簟，节文之末；纫箴补缀，帅事之微。必也恪勤朝夕，无怠逆于所命，祇敬尤严于杖屦，旨甘必谨于馂余，而况大于此者乎？是故不辱其身，不违其亲，斯事亲之大者也。

夫自幼而笄，既笄而有室家之望焉，推事父母之道于舅姑，无以复加损矣。故仁人之事亲也，不以既贵而移其孝，不以既富而改其心。故曰："事亲如事天。"又曰："孝莫大于宁亲，可不敬乎！"《诗》云："害浣害否，归宁父母。"此后妃之谓也。

事君章第十三

妇人之事君，比昵左右，难制而易惑，难抑而易骄。然则有道乎？曰：有。忠诚以为本，礼义以为防，勤俭以率下，慈和以处众。诵诗读书，不忘规谏，寝兴夙夜，惟职爱君。居处有常，服食有节，言语有章，戒谨谗慝，中馈是专，外事不涉，谨辨内外，教令不出，远离邪僻，威仪是力。毋擅宠而怙恩，毋干政而挠法。擅宠则骄，怙恩则妒，干政则乖，挠法则乱。谚云："汨水淖泥，破家妒妻。"夫不骄不妒，身之福也。《诗》云："乐只君子，福履绥之。"

夫安命守分，僭黩不生。《诗》云："夙夜在公，寔命不同。"是故姜后脱珥，载籍攸贤；班姬辞辇，古今称誉。我国家隆盛，孝慈高皇后事我太祖高皇帝，辅成鸿业。居富贵而不骄，职内道而益谨，兢兢业业，不忘夙夜，德盖前古，垂训万世，化行天下。《诗》云："思齐太任，文王之母。思媚周姜，京室之妇。"此之谓也。纵观往古，国家兴废，未有不由于妇之贤否也，事君者不可不慎！《诗》云："夙夜匪解，以事一人。"

苟不能胥匡以道，则必自荒厥德，若网之无纲，众目难举；上无所毗，下无所法，则沦胥之渐矣。夫木瘁者，内蠹攻之；政荒者，内嬖蛊之。女宠之戒，甚于防敌。《诗》云："赫赫宗周，褒姒灭之。"可不鉴哉！

夫上下之分，尊卑之等也；夫妇之道，阴阳之义也。诸侯、大夫及士、庶人之妻能推是道以事其君子，则家道鲜有不盛矣！

事舅姑章第十四

妇人既嫁，致孝于舅姑。舅姑者，亲同于父母，尊拟于天地。善事者在致敬，致敬则严；在致爱，致爱则顺。专心竭诚，毋敢有怠，此孝之大节也，衣服饮食其次矣。故极甘旨之奉而毫发有不尽焉，犹未尝养也；尽劳勚之力而顷刻有不恭焉，犹未尝事也。舅姑所爱，妇亦爱之；舅姑所敬，妇亦敬之。乐其心，顺其志。有所行，不敢专；有所命，不敢缓。此孝事舅姑之要也。

昔太姒思媚，周基益隆；长孙尽孝，唐祚以固。甚哉！孝事舅姑之大也。夫不得于舅姑，则不可以事君子，而况于动天地、通神明、集嘉祯乎！故自后妃，下至卿大夫及士、庶人之妻，壹是皆以孝事舅姑为重。《诗》云："夙兴夜寐，无忝尔所生。"

奉祭祀章第十五

人道重夫昏礼者，以其承先祖、共祭祀而已。故父醮子，命之曰："往迎！尔相承我宗事。"母送女，命之曰："往之女家，必敬必戒。"国君取夫人，辞曰："共有敝邑，事宗庙社稷。"分虽不同，求助一也。

盖夫妇亲祭，所以备外内之官。若夫后妃奉神灵之统，为邦家之基，蠲洁烝尝，以佐其事，必本之以仁孝，将之以诚敬，躬蚕桑以为玄紞，备仪物以共豆笾，夙夜在公，不以为劳。《诗》云："君妇莫莫，为豆孔庶。"夫相礼罔愆，威仪孔时，宗庙飨之，子孙顺之。故曰："祭者，教之本也。"苟不尽道而忘孝敬，神斯弗享矣；神弗享而能保躬裕后者，未之有也。凡内助于君子者，其尚勖之！

母仪章第十六

孔子曰："女子者，顺男子之教而长其理者也。"是故无专制之义，所以为教不出闺门，以训其子者也。教之者导之以德义，养之以廉逊，率之以勤俭，本之以慈爱，临之以严恪，以立其身，以成其德。慈爱不至于姑息，严恪不至于伤恩。伤恩则离，姑息则纵，而教不行矣。《诗》云："载色载笑，匪怒伊教。"

夫教之有道矣，而在己者亦不可不慎。是故女德有常，不逾贞信；妇德有常，不逾孝敬。贞信孝敬，而人则之。《诗》云："其仪不忒，正是四国。"此之谓也。

睦亲章第十七

仁者无不爱也。亲疏内外，有本末焉。一家之亲，近之为兄弟，远之为宗族，同乎一源矣！

若夫娣姒姑姊妹，亲之至近者，也宜无所不用其情。夫木不荣于干，不能以达支；火不灼乎中，不能以照外。是以施仁必先睦亲。睦亲之务，必有内助。

凡一源之出，本无异情，间以异姓，乃生乖别。《书》曰："敦叙九族。"《诗》曰："宜其家人。"主乎内者，体君子之心，重源本之义，敦《頍弁》之德，广《行苇》之风，仁恕宽厚，敷洽惠施。

不忘小善，不记小过。录小善则大义明，略小过则谗慝息，谗慝息则亲爱全，亲爱全则恩义备矣。疏戚之际，蔼然和乐。由是推之，内和而外和，一家和而一国和，一国和而天下和矣，可不重与？

慈幼章第十八

慈者，上之所以抚下也。上慈而不懈，则下顺而益亲。是故乔木竦而枝不附焉，渊水涸而鱼不藏焉。故甘瓠累于樛木，庶草繁于深泽，则子妇顺于慈仁，理也。

若夫待之不以慈，而欲责之以孝，则下必不安。下不安则心离，心离则忮，忮则不祥莫大焉。为人父母者，其慈乎！其慈乎！然有姑息以为慈，溺爱以为德，是自敝其下也。故慈者非违理之谓也，必也尽教训之道乎！亦有不慈者，则下岂可以不孝？必也勇于顺令，如伯奇者也。

逮下章第十九

君子为宗庙之主，奉神灵之统，宜蕃衍似续，传序无穷，故夫妇之道，世祀为大。古之哲后贤妃，皆推德逮下，荐达贞淑，不独任己，是以茂衍来裔，长流庆泽。周之太姒有逮下之德，故《樛木》形福履之咏，《螽斯》扬振振之美，终能昌大本支，绵固宗社。三王之隆，莫此为盛矣！

故妇人之行，贵于宽惠，恶于妒忌。月星并丽，岂掩于末光？松兰同亩，不嫌于俱秀。自后妃以至士、庶人之妻诚能贞静宽和，明大孝之端，广至仁之意，不专一己之欲，不蔽众下之美，务广君子之泽，斯上安下顺，和气蒸融，善庆源源，实肇于此矣！

待外戚章第二十

知几者见于未萌，禁微者谨于抑末。自昔之待外戚，鲜不由于始纵而终难制也。虽曰外戚之过，亦系乎后德之贤否尔。观之史籍，具有明鉴。汉明德皇后修饬内政，患外家以骄恣取败，未尝加以封爵。唐长孙皇后虑外家以贵富招祸，请无属以枢柄，故能使之保全。其余若吕、霍、杨氏之流，僭逾奢靡，气焰熏灼，无所顾忌，遂至倾覆。良由内政偏陂，养成祸根，非一日矣！《易》曰："驯致其道，至坚冰也。"

夫欲保全之者，择师傅以教之，隆之以恩，而不使挠法；优之以禄，而不使预政；杜私谒之门，绝请求之路，谨奢侈之戒，长谦逊之风，则其患自弭。若夫恃恩姑息，非保全之道。恃恩则侈心肆焉，姑息则祸机蓄焉。蓄祸召乱，其患无断。盈满招辱，守正获福，慎之哉！慎之哉！

附录二：本书参引书及作者简介

《端明集》与蔡襄

《端明集》四十卷，是北宋蔡襄的文集，收其古律诗三百七十首，奏议六十四首，杂文五百八十四首。

蔡襄：生于1012年，卒于1067年。字君谟，原籍福建仙游枫亭乡东垞村，后迁居莆田蔡垞。宋仁宗天圣八年登进士第，先后在宋朝担任过馆阁校勘、知谏院、直史馆、知制诰、龙图阁直学士、枢密院直学士、翰林学士、三司使、端明殿学士等职，并出任福建路（今福建福州市）转运使，知泉州、福州、开封（今河南开封市）和杭州府事。卒赠礼部侍郎，谥号"忠"。蔡襄学识渊博，书艺高深，书法史上论及宋代书法，素有"苏（苏东坡）、黄（黄庭坚）、米（米芾）、蔡"四大书家的说法，他们被认为是宋代书法风格的典型代表。

《谥法》与苏洵

《谥法》计有四卷，北宋苏洵撰。此书采《周公》《春秋广谥》及诸家之本删订考证而成，所取"谥"一百六十八种、三百十一条，新改"谥"二十三条。

苏洵：生于1009年，卒于1066年。字明允，北宋时眉山人。唐宋八大家之一，北宋著名文学家。应试不举，经韩琦荐任秘书省校书郎、文安县主簿。宋仁宗嘉祐元年(1056)欧阳修举荐其入朝，嘉祐五年，任为秘书省校书郎。后与陈州项城（今属河南）县令姚辟同修礼书《太常因革礼》。书成不久，即去世，追赠光禄寺丞。与其子苏轼、苏辙合称"三苏"，均被列入"唐宋八大家"。长于散文，散文论点鲜明，论据有力，语言锋利，纵横恣肆，具有雄辩的说服力。欧阳修称赞他"博辩宏伟"，"纵横上下，出入驰骤，必造于深微而后止"，所写散文尤擅政论，议论明畅，笔势雄健，有《嘉祐集》传世。

《续资治通鉴长编》与李焘

《续资治通鉴长编》五百二十卷（永乐大典本），宋李焘撰。李焘以司马光的《通鉴》体例，采一祖八宗的事迹，荟萃讨论，修成此书。此书先是于宋孝宗隆兴元年修成宋太祖建隆迄开宝年事一十七卷上进；之后于宋孝宗乾道四年修成宋太祖建隆元年至宋英宗治平四年闰三月五朝事迹共一百八卷上进；又于淳熙元年修成宋英宗治平年间事至宋钦宗靖康年间事共二百八十卷上进；最后淳熙元年又重新编排，写成《举要》《目录》，全书计一千六十三卷、六百八十七册。

李焘：生于1115年，卒于1184年。字仁甫，一字子真，号巽岩，北宋末眉州丹棱人。南宋高宗绍兴八年登进士第，被授为成都府华阳县主簿，未赴任，在丹棱龙鹤山读书。绍兴十二年，始赴任。孝宗朝仕至同修国史，对北宋的典故尤为该洽。宋孝宗淳熙十一年，以敷文阁学士致仕，年七十去世，谥“文简”。著有《续资治通鉴长编》千卷，另有诗文集五十卷，已佚。

《东都事略》与王称

《东都事略》一百三十卷，宋王称撰。其书分为《本纪》十二卷、《世家》五卷、《列传》一百五卷、《附录》八卷。叙事简约而该，议论亦皆持平。

王称：字季平，南宋时眉州人。宋孝宗淳熙十三年（1186）知龙州，官至吏部郎中。撰《东都事略》一百二十卷（《宋史》称），有诗四卷。其父王赏，绍兴中其任职为实录修撰。王称承续其家学，旁搜九朝事迹，采辑成《东都事略》。

《钦定重订契丹国志》与叶隆礼

《钦定重订契丹国志》二十七卷，南宋时叶隆礼撰，计有《帝纪》十二卷、《列传》七卷、《晋降表宋辽誓书议书》一卷、《南北朝及诸国馈贡礼物数》一卷、《杂载地理及典章制度》二卷、《行程录及诸杂记》四卷。辽穆宗以前的纪传，许多采自《资治通鉴》。穆宗以后的纪传以及其他杂纪，则多采李焘《续资治通鉴长编》等书。

叶隆礼，字士则，号渔村，南宋时嘉兴人。宋理宗淳祐七年（1247）登进士第。淳祐十年，为建康府通判。十二年，除国子监簿（《景定建康志》卷二四）。开庆元年（1257），为两浙运判兼知临安府。景定元年（1260），任绍兴府知府。

《玉海》与王应麟

《玉海》二百四十卷，宋王应麟撰。全书有《天文》《律宪》《地理》《帝学》《圣文》《艺文》《诏令》《礼仪》《车服》《器用》《郊祀》《音乐》《学校》《选举》《官制》《兵制》《朝贡》《宫室》《食货》《兵捷》《祥符》二十一门。每门各分子目，共二百四十余类。今本合《辞学指南》四十卷，共二百四卷。

王应麟：生于1223年，卒于1296年。字伯厚，号厚斋，南宋时鄞县人，宋末著名学者。宋理宗淳祐元年登进士第，理宗宝祐四年（1256）中博学宏词科，累迁太常寺主簿。景定元年召为太常博士，迁著作佐郎。宋度宗咸淳元年兼礼部郎官、兼直学士院。宋恭宗德祐元年，授中书舍人兼直学士院。官至礼部尚书兼给事中。自号深宁老人。元成宗元贞二年，年七十四卒。著有《郑氏周易注》《困学纪闻》《玉海》《深宁集》等。

《燕翼诒谋录》与王栐

《燕翼诒谋录》五卷，两宋之际王栐著。其书大体记两宋之际的典章，上起宋太祖建隆年间下迄宋恭宗嘉祐年间，共一百六十二条，详及其兴革得失之原由。此书在《四库全书》中收录。

王栐：字叔永，自署称为“晋阳人”，宋末元初寓居山阴（今浙江绍兴），号为“求志老叟”，两宋之际曾在淮北出仕。

《宋朝事实》与李攸

《宋朝事实》原稿六十卷，已散佚大半，今本二十卷是清代人从《永乐大典》中辑出，缺《爵邑》一门，记录了北宋一代典章制度，颇为详核，有较高史料价值。

李攸：字好德，泸州人。南宋学者、藏书家。仕至承议郎，家中藏书甚多，熟识宋代掌故。北宋政和初年，他曾根据旧有典籍，纂辑有《西山图经》《九域志》等书。宋钦宗“靖康之乱”后，因患藏图书典籍多有散佚，搜集野史旧闻、小说笔记。撰写《宋朝事实》一书，对考证北宋一代典章制度有帮助。宋高宗绍兴初年，被张浚荐于朝中，他以家事辞官不就。著有《通古集》，已佚。

《庆元条法事类》与谢深甫

《庆元条法事类》：共八十卷，首卷缺失著者姓名，据《直斋录》的题解说“《庆元条法事类》八十卷，宰相天台谢深甫等嘉泰二年表上。”庆元二年即公元1206年，同时《宋史 · 宁宗纪》载“庆元四年九月丁未颁‘庆元重修敕令’”等，此书应为谢深甫监修。书中记两宋（南宋中期以前）的法令条文、律例制度。

谢深甫：生于1139年，卒于1204年。字子肃，南宋时台州临海人。宋孝宗乾道二年登进士第，仕至参知政事、右丞相，爵封鲁国公，卒追封为信王，后易封卫王、鲁王，谥“惠正”。著有《东江集》，今散佚。

《建炎杂记》与李心传

《建炎杂记》四十卷，南宋李心传撰。书记宋南渡以后的事迹，并分门编类。《甲集》二十卷：分“上德”“郊庙”“典礼”“制作”“朝事”“时事”“故事”“杂事”“官制”“取士”“财赋”“兵马”“边防”十三门；《乙集》二十卷：少“郊庙”一门，末卷别列“边事”，也是十三门。每门各分列子目，虽然以“杂记”为名，但其体例实际上同为“会要”体，可与其另一本书《建炎以来系年要录》互相补充。

李心传：生于1166年，卒于1243年。字微之，南宋时隆州井研人。宋宁宗庆元元年（1195）乡试下第，遂绝意应举，闭户著书。晚年，魏了翁等荐为史馆校勘，赐进士出身，修《中兴四朝帝纪》，又重修《十三朝会要》，宋理宗端平年间，书成，升为工部侍郎。年七十八岁卒。李心传有史才，著有诗文一百卷，《高宗系年录》《学易编》《诵诗训》《春秋考》《礼辨》《读史考》《旧闻证误》《朝野杂记》《道命录》《西陲泰定录》及《辨南迁录》《建炎以来系年要录》。

《政经》与真德秀

《政经》一卷，南宋真德秀撰。此书采典籍中相关论政的言论列于前，之后以行政的方法列于后，是一部议论有关治国经验的论著。

真德秀：生于1178年，卒于1235年。原姓慎，为避宋孝宗讳改为真，字景元，一字希元，号西山，南宋时浦城人，宋末大儒。宋宁宗庆元五年登进士第。宁宗嘉定元年仕为太学博士，累迁起居舍人兼太常少卿。因不阿附权臣史弥远，转为江东转运副使。宋理宗即位召为中书舍人，升礼部侍郎、直学士院，仍以忤史弥远落职。宋理宗端平元年仕为户部尚书，改翰林学士知制诰。二年，拜参知政事，不久致仕，年五十八卒，谥“文忠”。著有《西山先生真文忠公文集》《政经》等书。

《钦订重定大金国志》与宇文懋昭

《钦订重定大金国志》又名《大金国志》，题为宇文懋昭撰。是记述金代史事的纪传体史籍。共有四十卷。含书纪二十六卷，开国功臣一卷，文学翰苑二卷，楚国张邦昌录和齐国刘豫录各一卷，册文等一卷，天文、地理、制度、风俗等七卷，许奉使行程录一卷。

宇文懋昭：生卒年不详，应为南宋中期人，《四库》注为南宋时淮西归正人。曾仕为承事郎、工部架阁臣。其他不详。

《宋大诏令》

《宋大诏令》是北宋时期（起于960年宋太祖建隆年间，终至1119年宋徽宗宣和年间）的诏令汇编，共收诏令三千八百多篇。原名为《本朝大诏令》或《皇朝大诏令》。原书不著编者。据陈振孙《直斋书录解题》、王应麟《玉海》、赵希弁《郡斋读书附志》等文献所载，此书为宋绶的子孙在南宋高宗绍兴年间(1131—1162) 所编纂的。共二百四十卷。今本缺卷七十一至九十三、卷一百六至一百一十五、卷一百六十七至一百七十七,实存一百九十六卷。全书分门别类,按年系月编次。分帝统、皇太后、妃嫔、亲王、皇女、宰相、典礼、政事等十七门，类下分目,目下又设子目,约占现卷帙的一半。内容涉及广泛，体例与《唐大诏令集》相似。

《咸淳临安志》与潜说友

《咸淳临安志》九十三卷，元潜说友撰，其书前十五卷记录南宋宫廷行，所记为宫禁曹司之事；自十六卷以后，是临安的府志。其书区画明晰，体例井然，可为都城纪载类史书所参考，明代的《西湖志》多采此书内容。

潜说友：生于1216，卒于1288年。字君高，南宋末缙云人。宋理宗淳祐四年（1244）进士。理宗朝知南康军。宋度宗咸淳二年（1266）除秘书丞、军器少监、两浙路转运判官。四年，知临安府兼两浙路安抚使。八年，知平江府。

元兵逼境降元，为其部将所杀。著有《咸淳临安志》。

《文献通考》与马端临

《文献通考》简称《通考》，元代马端临编撰。是一部记录起于上古止于南宋朝宁宗嘉定年间时期的典章制度通史。是继《通典》《通志》之后的一部记述历代典章制度的著作。和《通典》《通志》合称为“三通”。全书分为二十四门，三百四十八卷。从其体例与内容来看，是对唐代《通典》的扩大与续作。

马端临：生于1254年，卒于1323年。字贵舆，号竹洲。饶州乐平人。中国古代宋元之际著名的历史学家，著有《文献通考》《大学集注》《多识录》。

《庙学典礼》

《庙学典礼》六卷，不著撰写人的姓名。诸家书目皆不著录。核察其所载史事，始于元太宗（孛儿只斤 · 窝阔台），止于于元成宗大德年间，是元人所录写。其书杂钞案牍，排缀成编，没有经文士之修饰，故词多质朴，明《永乐大典》收录其书，《四库全书》中也收录此书。

《通制条格》与孛术鲁翀

《通制条格》是元朝法典《大元通制》的一部分，其书编纂于元成宗大德年间和仁宗皇庆、延祐年间，并在元英宗至治三年（1323）颁布施行。分为四个部分：诏制九十四条，条格一千一百五十一条，断例七百一十七条，别类五百七十七条。全书大部已散佚，仅北京图书馆藏其书条格六册二十二卷，并于1930年出版，其书残卷才得以现世。此书承续了唐、宋诸王朝法典的基本精神，并有所修订，主要表现了蒙古贵族的统治意识，反映了许多元代社会现实生活的因素，其最大特点：“其于古律，暗用而明不用，名废而实不废”（元 · 吴澄《大元通制条例纲目后序》）。

孛术鲁翀：生于1279年，卒于1338年。字子翚，号菊潭，先为隆安人，后徙居顺阳。勤于学问，隐居不仕，其学行为州里所敬服。元成宗大德末年，被举荐授予襄阳县教谕。元文宗时，累迁至集贤直学士，兼国子祭酒。元文宗时帝师至京，皇帝旨令朝臣郊迎，大臣俯伏进觞，帝师不为所动。只有翀举觞立进曰：“帝师释迦之徒，天下僧人师也；余孔子之徒，天下儒人师也；请各不为礼。”帝师笑而起，举觞卒饮。之后任江浙行省参知政事。六十岁卒，谥“文靖”。

《元典章》

《元典章》是至治二年(1322)以前元朝法令文书的分类汇编，全名为《大元圣政国朝典章》。全书分“诏令”“圣政”“朝纲”“台纲”“吏部”“户部”“礼部”“兵部”“刑部”“工部”十大类，共六十卷，记事至延祐七年为止；又增附《新集至治条例》，分“国典”“朝纲”以及“吏、户、礼、兵、刑、工”六部共八大类，不分卷，记事至至治二年止。各大类之下又有门、目，目下列举条格事例，全书共有八十一门、四百六十七目、二千三百九十一条。这种编排体例属于《唐六典》类型。其书是研究元代历史不可缺少的重要文献之一,全部内容都由元代的原始文牍资料组成。元代政治、经济、文化等社会生活的各个侧面在书中都有具体生动的反映。元代的法制,时人曾有“有例可援,无法可守”的议论。《元典章》中单项法令、个别指令和判例多,作为普遍定制的法律条文少,正反映元朝法制的特点。

《宋史》及作者

《宋史》是二十四史之一，元末至正三年由丞相脱脱和阿尔拉 · 阿鲁图先后主持修撰。元惠宗至正三年（1343）三月，元惠宗下令修辽、金、宋三史。至正五年十月成书。至正六年在江浙行省予以刊刻。全书“本纪”四十七卷，“志”一百六十二卷，“表”三十二卷，“列传”二百五十五卷，共四百九十六卷，是中国二十四史中最庞大的一部史书。《宋史》卷帙浩繁，共有两千多人的列传，所记史事横跨五代至宋初，可弥补过去新旧五代史之不足。“志”共有十五种：天文、五行、律历、地理、河渠、礼、乐、仪卫、舆服、选举、职官、食货、兵、刑、艺文，占全文的三分之一，为二十四史所独有。由于《宋史》仓促写定，出于众人之手，因此，它在文字修饰、史料剪裁、史事考订、全书体例等方面，不免舛谬抵牾，在二十四史中又有“繁芜杂乱”之称。

脱脱：生于1314年，卒于1355年。字大用，蔑里乞氏，亦作托克托，蒙古族。元末政治家、史学家、改革家。元朝元统二年（1334），任同知宣政院事，迁中政使、同知枢密院事、御史大夫、中书右丞相。至正三年主编《辽史》《宋史》《金史》，任都总裁官。1341曾主持“脱脱更化”。 在四年多时间的改革中，使元朝末年的昏暗政治一度转为清明，取得了不少成绩。至正十五年被人毒害。

阿尔拉·阿鲁图：生卒年不详。蒙古族，蒙古阿儿剌部人。著名元朝末期重臣。脱脱于元至正四年因病辞职后，由阿尔拉·阿鲁图继任中书右丞相。阿尔拉·阿鲁图继脱脱之后，主持了纂修辽、金、宋三史，颁《至正条格》等工作，特别是三史中的《宋史》部分，是由阿尔拉·阿鲁图主持的。虽任总裁官却不识汉字，但他在财政、管理、史料提供上给予了莫大支持，因此在元至正五年农历十月，三史修成后，由中书右丞相阿鲁图奏进。

《辽史》

《辽史》由元丞相托克托（即脱脱）等奉元惠帝敕修撰。元顺帝至正三年四月，诏儒臣分撰，四年三月书成。有《本纪》三十卷、《志》三十一卷、《表》八卷、《列传》四十六卷、《国语解》一卷。是记载辽代历史的史志，保存了大量的契丹族史料，上起辽圣宗耶律阿保机建国，下至辽天祚帝。

《金史》

《金史》一百三十五卷，由元丞相脱脱等奉敕撰。计有《纪》十九卷、《志》三十九卷、《表》四卷、《列传》七十三卷。记载了上起金太祖完颜阿骨打下至金末帝完颜承麟以及女真族的史事。

《元史》与宋濂

《元史》二百一十卷，二十四史之一。明宋濂等奉洪武帝敕命修撰。洪武二年，以元十三朝《实录》为本，修撰《元史》，以宋濂、王祎为总裁官。当年二月，在应天府天宁寺开局。八月，书成，只是元顺帝一朝的史事没有齐备。于是洪武帝命儒士欧阳佑等往北平采其元末的遗事。洪武三年二月，又下诏重开史局，六个月后书成。计有《纪》四十七卷、《志》五十三卷、《表》六卷、《列传》九十七卷。

宋濂：生于1310年，卒于1381年。字景濂，号潜溪，元末金华人，后迁居浦江。明初藏书家、文学家。元末曾被荐授翰林院编修，不赴，归隐于东明山著书，历时十余年。明初，官江南儒学提举，授太子朱标经史，主修《元史》。累至翰林学士、知制诰。晚年全家谪茂州，中途病死于夔州。明初，读书于青萝山中，聚书数万卷。史称“明初藏书家首推金华宋濂”。多聚善本、孤本。著有《龙门子》《浦阳人物记》《篇海类编》《洪武圣政记》《宋学士全集》等。

《五伦书》与朱瞻基

《五伦书》是明宣宗朱瞻基所编的一部旨在维护纲常的读本，其书分为君道、臣道、父道、子道、夫妇之道、兄弟之道、朋友之道几个部分，每个部分又列出善行、嘉言、忠谨等纲目，共六十一卷。对纲常、礼法分门别类地举例进行了阐述。其书于明英宗正统十二年五月刊印。

朱瞻基：生于1398年，崩于1435年。明代第五位皇帝，1425至1436年在位，年号宣德，庙号宣宗，谥号为“宪天崇道英明神圣钦文昭武宽仁纯孝章皇帝”，葬于明十三陵中的景陵。

《云程林氏家乘》与林瑭

《云程林氏家乘》系福建侯官林氏的家谱。

林瑭：生于1446年，卒于1496年。字廷玉，号西园，福建侯官人。明宪宗成化十七年赐同进士出身，曾仕为行人司行、云南道监察御史。明孝宗弘治六年奉命督学南畿学政，九年，擢太仆少卿。有《西园遗稿》《宗法存古录》等传世。

《明会典》

《明会典》一百八十卷，明弘治十年奉敕修撰。弘治十五年修成，正德四年重校刊行。因此卷首有明孝宗、明武宗两篇序言。总裁官为大学士李东阳、焦芳、杨廷和，副总裁官为吏部尚书梁储，纂修官为翰林院学士毛纪、侍讲学士傅珪，侍读毛澄、朱希周，编修潘辰。体例以六部为纲，吏、礼、兵、工四部诸司，各有事例列排，按职司分列。户、刑二部各司按省而修治。其同一事例，则以科目区分。故一百八十卷中，除宗人府自为一卷弁首外，第二卷至一百六十三卷，皆六部之掌故；一百六十四卷至一百七十八卷，为诸文职；末二卷为诸武职。此书参以《祖训》《大诰》《大明令》《大明集礼》《洪武礼制》《礼仪定式》《稽古定制》《孝慈录》《教民榜文》《大明律》《军法定律》《宪纲》十二书。对于明代典章，最为赅备。

《翰林记》与黄佐

《翰林记》二十卷，原本未录作者，专门记载有明代翰林掌故。始自洪武年间迄于正德、嘉靖年间。书中所记每事各有标目，共二百二十六条，所记史事本末完备、首尾贯穿，叙次颇为详尽。《明史·艺文志》载黄佐著有《翰林记》二十卷，明廖道南《殿阁词林记·序》记泰泉黄佐纂《翰林杂记》，是书应出自黄佐之手。

黄佐：生于1490年，卒于1566年。字才伯，香山人。正德中期，举乡试第一。正德十五年登进士第，仕为翰林院选庶吉士，不久仕翰林院编修，曾任南京国子监祭酒，所学以程、朱之学为宗，平生撰述至二百六十余卷。年七十七卒。穆宗诏赠礼部右侍郎，谥“文裕”。

《名臣经济录》与黄训

《名臣经济录》五十三卷，明代黄训编。此书辑录明洪武年间至嘉靖年间九朝名臣经世之言，中阙建文一朝，以革除讳之。分为十门：计“开国”一卷，“保治”十卷，“内阁”四卷，“吏部”四卷，“户部”五卷，“礼部”七卷，“兵部”十三卷，“刑部”三卷，“工部”五卷，“都察院、通政司、大理寺”共一卷。

黄训，歙县人，嘉靖己丑进士，仕至副都御史。

《皇明太学志》与郭鎜、王材

《皇明太学志》书成于明世宗嘉靖三十四年至三十六年间。分典制、谟训、礼乐、政事、谇论、人才六门，共十二卷。

郭鎜：生卒年不详，约生活于明世宗嘉靖年间。字允新，山西高平人，嘉靖十四年登进士第，仕至南京工部右侍郎，性孝友，有《翰林诗稿》《国学文集》等传世。

王材：生卒年不详，约生活于明世宗嘉靖年间。字子难，江西新城人。嘉靖二十年登进士第，曾掌南京国子监事，有《念初堂集》《黎川文绪》传世。

《明太祖文集》与姚士观、沈铁

《明太祖文集》二十卷，姚士观、沈铁编定，万历十四年刻于明代中都凤阳。

姚士观：生年不详，约生活于明隆庆、万历时期。明神宗万历时曾任巡按直隶督学御史。

沈铁：生于1550年，卒于1634年。字继扬，号介庵，明代福建诏安县三都人。万历二年登进士第，曾仕为顺德知县，累迁衡阳、郧阳、九江知府，礼部主事等职，为官清正，有《大学古本》《浮湘集》《钟离集》《石鼓集》传世。

《图书编》与章潢

《图书编》一百二十七卷，明章潢撰。书的编法取左图右书的编排方式，凡录入诸书基本上有图可考。一卷至十五卷为“经义”。十六卷至二十八卷为“象纬历算”。二十九卷至六十七卷为“地理”。六十八卷至一百二十五卷为“人道”。一百二十六卷为“易象类编”，一百二十七卷为“学语多识”。此书于万历五年编成。

章潢：生于1527年，卒于1608年。字本清，南昌人，明代学者。万历乙巳被荐授为顺天府学训导时已七十九岁，不能赴官，朝廷诏用按陈献章例，官给月米。八十二岁卒于家。著有《周易象义》《图书编》等书，《明史·儒林传》附载《邓元锡传》末。

《礼部志稿》

《礼部志稿》一百一十卷，明光宗泰昌元年官修。书中修撰首列纂修者姓氏，自礼部尚书林尧俞至司务顾民岩等四十人，次列批委纂修，实出于俞汝楫之手。分《圣训》六卷，为洪武至隆庆诏谕；《建官建署》一卷；《总职掌》一卷；《仪司职掌》十六卷；《祠司职掌》十卷；《客司职掌》十卷；《膳司职掌》及《司务职掌》共二卷；《历官表》四卷；《奏疏》五卷；《列传》八卷；《仪司事例》二十一卷；《祠司事例》九卷；《客司事例》九卷；《膳司事例》一卷；《总事例》七卷，共为一百一十卷。书中文字皆深得纂辑要领，因此其书叙述详尽，首尾贯连，颇有可观之处。如：“释菜”“荐举”等诏书，为《明实录》所不载。“祈雪”“建宫”等谕旨，为《嘉靖祀典》所未录。王妃冠服、百官常服及大宴乐章，较《明史·礼志》更加详备。贡举起送的名额、诰敕表章的格式，较《明会典》详备。经筵传班员额，右以拾《明集礼》之所遗。朝觐、赏赉等制度，可以补《星槎胜览》《西域行程》之阙。

《元朝典故编年考》与孙承泽

《元朝典故编年考》共十卷，明末清初孙承泽撰，其书取元代朝廷的事实分代编辑，除采用正史资料以外，更采用元人文集以附益，共八卷。第九卷记“元朝秘史”，第十卷附以“ 金遗事”。

孙承泽：生于1592年，卒于1676年。字耳北，一作耳伯，号北海，又号退谷，明末山东益都人，世隶上林苑籍。明末清初历史学家，被誉为第一位北京地方史志专家，在北京史志的撰述上有杰出贡献。明崇祯登进士第，官至给事中；李自成克北京后，任为四川防御使；入清后，官至吏部左侍郎，年八十五卒。富于收藏，精于鉴别书、画。著有《春明梦余录》《天府广记》《庚子消夏记》《九州山水考》《学典》《闲者轩帖考》《溯洄集》《研山斋集》。

《大清律例》与吴达海、对喀纳、傅鼐

《大清律例》四十七卷，书始修于清顺治三年，后经康熙、雍正、乾隆诸朝补定，于乾隆元年书奉敕增修，乾隆帝亲制序文后颁行。计有《律目》一卷，《诸图》一卷，《服制》一卷，《名例律》二卷，《吏律》二卷，《户律》七卷，《礼律》二卷，《兵律》五卷，《刑律》十五卷，《工律》二卷，《总类》七卷，《比引律条》一卷。在本书正文前列凡例十则，以及顺治初年以来的奏议，录入顺治帝御制序言一篇，康熙帝谕旨一道，雍正帝御制序一篇、谕旨一道。书中录写了清初至乾隆时的清代律法。此书先由顺治时刑部尚书吴达海等详考《明律》，参以清的律制，勒成一书，又在康熙九年，由大学士管刑部尚书事对喀纳等奉诏校正，乾隆时由傅鼐逐条考证，编成此书。

吴达海：生于1601年，卒于1654年。清太祖努尔哈赤之侄，清初大臣，满族人，贝子，顺治初曾仕为刑部满尚书。

对喀纳：清初大臣，满族人，康熙初年曾仕为内国史院大学士、刑部满尚书、文华殿大学士，管刑部尚书事。康熙十四年九月卒，祭葬。

傅鼐：生于1758年，卒于1811年。字阁峰，富察氏，满洲镶白旗人。雍正二年，授汉军镶黄旗副都统、兵部侍郎。三年，调盛京户部侍郎。乾隆初年署理兵部尚书、刑部尚书，仍兼理兵部、正蓝旗都统。

《太祖高皇帝圣训》

《太祖高皇帝圣训》共四卷，清康熙二十五年康熙帝编定。共九十二则，二十六门。康熙二十五年二月二十日康熙帝为之作序，清高宗乾隆四年十月十日乾隆皇帝写定序文刊布。记载了清太祖努尔哈赤的训示、诏旨，以及后金创建初期女真族（满族）的史事。

《太宗文皇帝圣训》

《太宗文皇帝圣训》六卷，清顺治末年，顺治帝曾下令修撰，未成。康熙二十六年续修书成。共一百一十一则，分为二十三门，康熙二十六年三月二十七日康熙帝为之作序，乾隆四年十月十日乾隆皇帝再为之作序文后刊布。书中记载了清太宗皇太极一朝的诏令、训示、谕旨，以及后金至清初过渡时期清、明两国征战、交和的史事。

《世祖章皇帝圣训》

《世祖章皇帝圣训》六卷，清康熙二十六年康熙皇帝编定。共一百一十三则，分为三十二门。康熙二十六年三月二十七日康熙帝为之作序，乾隆四年十二月初十乾隆帝为之再序后刊定颁布。书记清初顺治一朝的诏令、谕旨，以及清初一统时的史事。

《兼济堂文集》与魏裔介

《兼济堂文集》二十卷，清初魏裔介撰，包括奏疏二卷，序六卷，书牍二卷，传志二卷，祭文、论二卷，杂著二卷，乐府、古今体诗三卷，附《年谱》一卷。

魏裔介：生于1616年，卒于1686年。字石生，别号贞庵，又号昆林，明末直隶柏乡人。顺治三年登进士第，康熙三年拜保和殿大学士，官至太子太傅、保和殿大学士兼吏部尚书，康熙十年致仕。康熙二十五年卒谥“文毅”。曾修《世祖实录》，有《孝经注义》《兼济堂文集》《屿舫诗集》。

《江南通志》与于成龙

《江南通志》二百卷，由清雍正时两江总督赵宏恩等监修。此书于康熙二十二年，先两江总督于成龙与江苏巡抚余国柱、安徽巡抚徐国相等，奉部檄创修，共七十六卷。雍正七年，署两江总督尹继善等又奉诏重修。雍正九年开始重修，至乾隆元年书成。书中卷首题目录皇帝谕及御制诗文，以尊之，后分《舆地》《河渠》《食货》《学校》，次《武备》《职官》《选举》《人物》《艺文》《杂类》等目分类记事。

于成龙：生于1616年，卒于1684年。字北溟，别号于山，明末永宁人。明崇祯十二年中副榜。清顺治年间入仕。先任知县，累官仕至江南、江西总督。卒赠太子太保，谥“清端”。有《吟咏书》等。

《福建通志》

《福建通志》七十八卷，由清闽浙总督、兵部尚书郝玉麟等监修。福建自宋代梁克家编撰《三山志》以后，方志不下数十家，只明黄仲昭《八闽通志》可称善为本。雍正七年，承诏旨纂辑《通志》，因此参考旧志，删汰冗文，别增新事。其中疆域制度，都以雍正一代以现行为准。乾隆二年修成此书。玉麟等具表上之。分为三十类，七十八卷。比旧志增多十四卷，如沿海岛澳诸图，旧志所没有记载者，皆为详绘补入。

《圣祖仁皇帝圣训》

《圣祖仁皇帝圣训》六十卷，雍正九年由雍正帝编定。乾隆六年十二月二十日乾隆帝作序后刊布。共三十二类，总一千九百余则。记录了康熙朝六十一年的诏令、谕旨、训示及史事。

《世宗宪皇帝上谕八旗》与爱新觉罗·允禄

《世宗宪皇帝上谕八旗》十三卷，清雍正九年，由和硕庄亲王允禄等奉敕编。共分三集，合成一书。自康熙六十一年十一月十七日以后所颁的谕旨，其中涉及八旗政务内容的，名为《上谕八旗》。前面录写谕旨后面附载八旗大臣议论奏议于后的，名为《上谕旗务议覆》。前面定录八旗大臣奏议而奏议后录写谕旨于后的，名为《谕行旗务奏议》。兼用满文、汉文，刊刻颁行。

爱新觉罗·允禄：康熙帝第十六子，被封为“庄恪亲王”。

《世宗宪皇帝上谕内阁》

《世宗宪皇帝上谕内阁》，一百五十九卷，雍正七年清世宗雍正皇帝俯允廷臣之请，命和硕庄亲王允禄缮录、刊布，所载史事起于雍正元年，止于雍正九年。于乾隆四十二年十月校正。

《畿辅通志》与唐执玉、李卫

《畿辅通志》一百二十卷，由清雍正时直隶总督李卫等监修。康熙十一年大学士卫周祚曾奏令天下郡县，分辑志书，康熙下诏允其所请。于是由直隶巡抚于成龙、格尔古德等始创为之，数月后书成，没有详细订正。雍正七年，雍正帝命天下重修《通志》，以备《一统志》之采择。由当时的直隶总督唐执玉奉诏，会同辰州府同知田易等人，在莲花池设局修书，搜罗纂集。之后刘于义、李卫相继代领其事，雍正十三年修成。共分为三十一目，《人物》《艺文》二门又各为子目。清代《通志》都以总督、巡抚知其事，并非修史之人，与其他史书总裁官领修有区别。因此《通志》中不题是谁修撰题目是谁监修。

唐执玉：生于1669年，卒于1733年。字益功，江南武进人。康熙四十二年登进士第，雍正朝仕至刑部尚书、直隶总督，雍正十一年三月卒，赐祭葬。

李卫：生于1687年，卒于1738年。字又玠，江南铜山人。康熙末年入仕，雍正时曾仕为浙江总督、署理刑部尚书、直隶总督。卒，赐祭葬，谥“敏达”。

《皇朝太学志》与陆宗楷

《皇明太学志》共一百八十卷。记述详实，其内容多被梁国治编《皇朝国子监志》所采，无通行本，现采录本为清内府抄本。

陆宗楷：生卒年不详，约生活于清康熙、雍正时期。字健先，号皃咱，浙江仁和人。清世宗雍正元年乡举第一，二年登进士第。曾任翰林院检讨、充日讲起居注官，仕至内阁大学士。参撰《十三经注疏》《续三通》等书。

《江西通志》

《江西通志》一百六十二卷，清江西巡抚、都察院右副都御史谢旻等监修。《江西省志》始修于明嘉靖年间，至清康熙二十二年，江西巡抚安世鼎始续修。康熙五十九年，巡抚白潢又增修，取名为《西江志》。其体例条目，虽然多采于旧志，然而却广搜博访，订舛正讹，在方志之中号为善本。雍正七年，巡抚谢旻奉诏纂修省志，与原任检讨陶成等开局编辑。其规模、体例取本于白潢的《西江志》，进而或加折中。使文字简约，事件核实，厘然有序。

《浙江通志》与薛应旂、嵇曾筠

《浙江通志》二百八十卷，由清文华殿大学士兼吏部尚书兼管浙江、江南总督嵇曾筠等监修。浙江自明嘉靖中期提学副使薛应旂始辑《通志》七十二卷，至康熙二十一年，总督赵士麟、巡抚王国安据薛《志》增修，使得义例粗备。此书是于雍正九年，总督李卫始开局增修，嵇曾筠修成后表奏，参修之人有侍读学士沈翼机、编修傅王露、检讨陆奎勋等。共为五十四门，比旧志增加门类一十有七种。

薛应旂：生于1500年，卒于1575年。字仲常，号方山，武进人，明代学者、藏书家。嘉靖十四年登进士第，官南京考工郎中。因对严嵩不满，被贬为建昌通判、浙江提学副使。家富图籍。据清初姜绍书《韵石斋笔谈》称，他的藏书可与吴宽、茅坤、王守仁等人并论。著述有《宋元资治通鉴》《考亭渊源录》《四书人物考》《方山文录》《甲子会记》《宪章录》《高士传》《薛方山纪述》等。

嵇曾筠：生于1670年，卒于1738年。字松友，号礼斋，无锡人。清康熙四十五年登进士第，官至文华殿大学士，加太子太保。谥“文敏”。著有《师善堂诗集》。

《湖广通志》

《湖广通志》一百二十卷，由清朝总督湖广等处地方、兵部尚书兼都察院右副都御史迈柱等监修。两湖地区的方志，清之前有盛宏之《荆州记》，庾仲雍《湘州记》《汉水记》，梁元帝《荆南地志》，郭仲彦《湘州记》《湘州副图记》，陶岳《零陵总记》，韦宙《零陵录》，范致明《巴陵古今记》吴从政《襄沔记》。此《志》成于雍正十一年，是史迈柱及湖北巡抚德龄、湖南巡抚赵宏恩奉诏修纂。以湖南、湖北合为一书，与《江南通志》体例相同。大体据康熙甲子旧志为本，并类附增益，共为三十一门。

《世宗宪皇帝圣谕》

《世宗宪皇帝圣谕》三十六卷，乾隆五年由乾隆帝编制刊布。共三十卷九百十六则，记载了雍正一朝的谕旨、诏令、训示以及史事。

《明史》与张廷玉、王鸿绪

《明史》三百三十六卷。官修史书，由清保和殿大学士张廷玉等奉敕撰修。乾隆四年七月二十五日修成。康熙中期户部侍郎王鸿绪曾撰修了《明史稿》三百十卷，只有《帝纪》没有修成，此书是在此基础上所修。计有《本纪》二十四卷、《志》七十五卷、《表》一十三卷、《列传》二百二十卷、《目录》四卷。和以往史书相比体例稍变有二处：《历志》增加了图示，《艺文志》只载明代人的著述，前史已著录者不载。新创体例一，即《七卿》，明废左右丞相，归政于六部，都察院纠核百司，其职责增加，因此和并为“七卿”。《列传》创新的体例有三处：即《阉党》《流贼》《土司》。

张廷玉：生于1672年，卒于1755年。字衡臣，号砚斋，桐城人。康熙三十九年登进士第，改授为翰林院庶吉士，授检讨，官至太保、保和殿大学士，三等伯。历仕康熙、雍正、乾隆三朝，入值国家中枢数十年。死后配享太庙，谥“文和”。著有《澄怀园诗选》《载赓集》。

王鸿绪：生于1645年，卒于1723年。初名度心，字季友，号俨斋，又号横云山人，娄县籍华亭人，清初名臣。康熙十二年以一甲二名登进士第，授为翰林院编修，仕至户部尚书。著有《横云山人集》等。

《钦定八旗通志》

《钦定八旗通志》共二百五十卷，雍正五年时由雍正帝下敕修撰。乾隆四年修成并亲书序文颁行。订有《八旗分志》十七卷，《土田志》五卷，《营建志》三卷，《兵职志》八卷，《职官志》十二卷，《学校志》四卷，《典礼志》十五卷，《艺文志》十卷，《封爵世表》八卷，《世职表》二十四卷，《八旗大臣年表》八卷，《宗人府年表》一卷，《内阁大臣年表》二卷，《部院大臣年表》二卷，《直省大臣年表》五卷，《选举表》四卷，《宗室王公列传》十二卷，《名臣列传》六十卷，《勋臣传》十九卷，《忠烈传》十二卷，《循吏传》四卷，《儒林传》二卷，《孝义传》一卷，《烈女传》十二卷。全书记载了清太祖努尔哈赤至清高宗乾隆初期八旗的史事，资料保存较为完备。

《钦定大清会典则例》

《钦定大清会典则例》共一百八十卷，书初成于清乾隆十三年五月二十八日，乾隆二十九年奉敕增修。与《大清会典》同时告成，后又于乾隆四十六年校正、补定。

《大清会典》与爱新觉罗 · 允祹

《大清会典》一百卷，乾隆二十九年和硕履亲王爱新觉罗 · 允祹奉敕撰。此书初修于康熙三十三年，续修于雍正五年。记录了清乾隆中期以前清典章制度，可与《明会典》相延续。

爱新觉罗·允祹：清圣祖康熙第十二子。封履亲王。谥为“懿”。

《皇朝文献通考》

《皇朝文献通考》二百六十六卷，乾隆十二年奉敕修撰。起初此书与五朝《续文献通考》共为一编。乾隆二十六年以当时体例与前代迥殊，难于划一。于是乾隆帝命自开国以后，另修一书。后来所修的《续通典》《续通志》皆古今分帙，即用此书之例也。共二十五门，比《文献通考》多出一门，增立的一门为《群庙》，其他的子目，《田赋》增八旗田制，《钱币》增银色、银直及回部普儿，《户口》增八旗壮丁，《土贡》增外藩，《学校》增八旗官学，《宗庙》增崇奉圣容之礼，《封建》增蒙古王公，都是因清制所有而增加。《市籴》删均输、和买、和籴条目，《选举》删童子科条目，《兵考》删车战条，皆是因清制所无而省略。《象纬》一门增“推步”，《物异》一门“洪范五行”，《国用》分为九目，尊号册封之典自《帝系》一门移入《王礼》。

《钦定续通典》嵇璜、刘墉

《钦定续通典》是由清嵇璜、刘墉等奉敕撰，纪昀等校订，成书于乾隆四十八年（1783），十通之一。全书共一百五十卷，体例仿《通典》，只有“兵”“刑”分设2门，共9门，门下的子目稍有改变。取才的原则是先见取正史，再参考以《唐六典》《唐会要》《五代会要》《册府元龟》《太平御览》《山堂考索》《契丹国志》《大金国志》《元典章》《明集札》《明会典》等典志。全书详细记载唐肃宗至德元年至明崇祯十七年的典章政制，兴亡得失，尤以明史料最详。

嵇璜：生于1711年，卒于1794年。字尚佐，一字黼庭，晚号拙修，清代江南长洲人，清朝大臣。雍正七年赐晋为举人。八年登进士第，年仅二十为翰林院庶吉士。乾隆年间累任大理寺卿、户部侍郎、工部尚书、左都御史。乾隆四十七年，加太子太保，在上书房总师傅上行走。五十一年致仕，五十九年卒，赠太子太师，赐祭葬，谥“文恭”。

刘墉：生于1719，卒于1804年。字崇如，号石庵， 清代书画家、政治家，山东诸城县逄戈庄人。乾隆十六年登进士第，官至内阁大学士，为官清廉。刘墉的书法在当时为书法四大家之一，嘉庆九年(1804)十二月，刘墉年85岁卒于官，赠太子太保，谥号“文清”。

《钦定续文献通考》

《钦定续文献通考》二百五十卷，清乾隆十二年奉敕修撰。全书分为“田赋考”“钱币考”“户口考”“职役考”“征榷考”“糴考”“土贡考”“国用考”“选举考”“学校考”“职官考”“郊社考”“群祀考”“宗庙考”“群庙考”“王礼考”“乐考”“兵考”“刑考”“经籍考”“帝系考”“封建考”“象纬考”“物异考”“舆地考”“四裔考”。此书与《续通志》《续通典》一样由嵇璜、刘墉总裁。

《钦定国子监志》与梁国治

《钦定国子监志》六十二卷，清乾隆四十三年由户部尚书梁国治等奉修纂。其书“圣谕”二卷、“御制诗文”七卷、“宸翰诣学”二卷、“庙制”二卷、“祀位”二卷、“礼”七卷、“乐”六卷、“监制”一卷、“官师”五卷、“生徒”七卷、“经费”四卷、“金石”五卷、“经籍”二卷、“艺文”二卷、“诗赋识余”二卷。此书记载了清乾隆中期以前国子监的史事、制度、祭礼等。

梁国治：生于1723年，卒于1786年。清朝大臣，字阶平，一字丰山，号瑶峰，又号梅塘，清代上虞中塘梁巷人。乾隆十三年状元及第，始授翰林院编修，后充日讲起居官、国子监司业。二十一年接任广东道员二十五年，移署粮驿道。因政绩卓著，擢督察院左副都御史、吏部左侍郎。乾隆三十八年召还，命在军机处行走。次年授户部侍郎，迁户部尚书，四十八年，协办大学士，五十年，累迁至东阁大学士兼军机大臣、户部尚书。平生治事缜密，不徇私情，廉政清俭，俸入随手即尽。乾隆下谕赞称其“品学端醇，小心谨慎，扬历中外”。工书法，著有《敬思堂文集》。乾隆五十一年卒，赠太子太保，谥“文定”。

《钦定续通志》

《钦定续通志》五百二十七卷，乾隆三十二年奉敕撰，体例仍按郑樵《通志》编排。记事起于唐代，由乾隆朝翰林院掌院学士嵇璜等总撰，翰林院侍讲学士曹仁虎等总校。

《钦定学政全书》与童璜

《钦定学政全书》全书八十六卷，约成书于清嘉庆十七年。是一部集清代顺治、康熙、雍正、乾隆、嘉庆五朝学校制度的资料汇编。此书初成于乾隆年间，是研究清代教育制度、科举制度、学术风气的重要史料。

童璜：生年不详，卒于1812年，清代绍兴富盛人。青年时受学于阮元，有“两浙文章推二童”赞语。清仁宗嘉庆六年拔贡，同年中举人，十年登进士第，曾仕官为官礼部仪制司主事。

《续资治通鉴》与毕沅

《续资治通鉴》二百二十卷，清毕沅积二十余年之力，四易其稿编成，书以宋、辽、金、元四朝正史为经，以徐乾学《资治通鉴后编》为基础，参以李焘《续资治通鉴长编》、李心传《建炎以来系年要录》、叶隆礼《契丹国志》及各家说部、文集约百数十种，上起宋太祖建隆元年（960），下迄元顺帝至正二十七年（1367），共记载了四百一十一年的史事。其中北宋部分较为精确，元代部分较为简略。《续资治通鉴》取材宏博，考证谨严，编排合理，总引资料达三百余种，纠正了以往宋史专著详北宋略南宋的偏颇，还增加了少数民族的资料。梁启超对该书评价极高，以为有毕《鉴》则各家续《鉴》皆可废也。

毕沅：生于1730年，卒于1797年。字湘衡，号秋帆，师从沈德潜学于灵岩山，自号灵岩山人。清经史学家，文学家。清乾隆二十五年以廷试第一进状元及第，授翰林院编修。乾隆五十年累官至河南巡抚，第二年擢湖广总督。嘉庆元年（1796）赏轻车都尉世袭。病逝后，赠太子太保，赐祭葬。

《明通鉴》与夏燮

《明通鉴》共计一百卷，清代夏燮撰，此书是继宋司马光《资治通鉴》和清毕沅《续资治通鉴》之后的明代编年史。其中前编四卷，记载明太祖朱元璋自元代末年登位时的史事，始自元顺帝至正十二年(1352)，止于至正二十七年(1367)；正编九十卷，始于明太祖洪武元年(1368)，止于庄烈帝崇祯十七年（1644）；附编六卷，始于崇祯十七年五月明福王在南京称帝，止于清康熙三年。

夏燮：生于1800年，卒于1875年。字嗛甫，又字季理，别号江上蹇叟、谢山居士，清代安徽当涂人。出身于书香门第，自幼受家庭教育的熏陶，兄弟之间自相师友，学业日进。他除熟谙经书、音韵学之外，“兼深史学，留意时务”，成为一代史家。夏燮于道光元年中举，初任青阳县学训导。道光三十年，任直隶临城县学训导，曾入曾国藩幕府。燮勤于撰述，著作甚多，他的代表作为《中西纪事》和《明通鉴》，其他还有《五服释例》二十卷，《粤氛纪事》二十卷，校勘过明代《陶安学士集》、吴应箕《楼山堂集》等。

《榆巢杂识》与赵慎畛

赵慎畛：生年不详，卒于1825年，字遵路，号笛楼，又号蓼生，湖南武陵人，清朝大臣。嘉庆元年登进士第，选为翰林院庶吉士，不久授为翰林院编修。曾任广西巡布政使、巡抚，道光年曾仕为闽浙总督、云贵总督。存世有《榆巢杂识》及奏议、《从征录》《载年录》《读书日记》《惜日笔记》等书及诗文集凡数十卷。

《清史稿》

《清史稿》五百二十九卷，由民国年间赵尔巽为修史馆馆长编修。计有本纪十二：曰太祖、太宗、世祖、圣祖、世宗、高宗、仁宗、宣宗、文宗、穆宗、德宗、宣统纪；志十六类：曰天文、灾异、时宪、地理、礼、乐、舆服附卤簿、选举、职官、食货、河渠、兵、交通、刑法、艺文、邦交；表十类：即皇子、公主、外戚、诸臣封爵、藩部、大学士、军机大臣、部院大臣、疆臣、交聘；列传十五类：即后妃、诸王、诸臣、循吏、儒林、文苑、畴人、忠义、孝义、遗逸、艺术、列女、土司、藩部、属国。此书取材则以实录为主，兼采清代国史旧志以及本传，再参以各种记载，寻访所得和史事，务求传信，不追求文饰，记录了清一代的史事。

附录三：《论语》中孔子孝慈思想刍议

曲阜师范大学档案馆　王淑臣

作为记录孔子及其弟子言行的《论语》一书，比较集中地反映了孔子的思想，对后世的思想和学术影响至深，成为后世言行是非的标准，甚至有“半部《论语》治天下”的赞誉。《论语》在中华民族的道德、文化、心理状态和民族性格的铸造过程中，起到了巨大的作用。司马迁有言：“余读孔氏书，想见其为人。……天下君王至于贤人众矣，当时则荣，没则已焉。孔子布衣，传十余世，学者宗之。自天子王侯，中国言六艺者折中于夫子，可谓至圣矣！”

在孔子的思想体系中，其伦理学说就是以仁学为核心，视孝悌、慈爱为仁、义的基础和前提，是“人伦之公理”。父母慈爱、子女孝顺是人道的原点，也是社会的原点。在孔子生活的时代，提出家庭的社会意义，应该既有哲学上、思想上的不朽价值，更有社会性、历史性的现实意义。孔子的孝慈观，对于我们今天的道德生活仍有许多可供借鉴和继承的内容。

一、孔子孝慈思想的内涵

《论语 · 为政篇》中季康子向孔子请教：“使民敬，忠以劝，如之何？”孔子说：“临之以庄，则敬；孝慈，则忠；举善而教不能，则劝。”在这里孔子提倡孝慈，也就是子女孝敬父母，父母对子女慈爱。他认为孝慈这种道德观念如果能够深入人心，人人都能发自内心地行孝、施慈，则百姓就会不知不觉地养成忠的习惯。

孝慈，就是爱亲人。孝是对子女而言的，慈是对父母而言的。孝是对长辈的爱，具体表现为善事父母、养亲敬亲等；慈是对晚辈的爱，具体表现为以慈育儿女、爱子教子等。“孝慈是一种本能，这种本能若不被物欲冲击，且受到道德感化，最容易得到保持。孝慈是一种真情的表现，容易达到心、言、行一致。”这也就是社会上为什么有的人对外穷凶极恶，坏事做尽，但仍能对内孝敬父母、 疼爱子女的原因所在。

孔子的孝慈思想并不完全在于维系家庭伦理秩序，而是把孝慈与“忠君”“爱国”相联系，使孝慈这种调和亲子关系的道德规范上升扩展为具有社会普遍意义的行为准则，成为社会教化的基本内容。他认为孝是立人处世之根本，小孝则敬养父母师长，大孝是忠于国家，报效民众。因此，在《论语·为政篇》中有子或谓孔子曰：“子奚不为政？”子曰：“《书》云：‘孝乎惟孝，友于兄弟，施于有政。’是亦为政，奚其为为政？”这里就是讲孝、友与政治的关系，施政者“若能以孝、友之心施于国政，必有益于国政，所以说孝、友也是为政”。

二、孔子的孝道思想

孝的观念，早见于《书》《诗》等文献，渊源久远，影响至深。中国有句古话云：“百善孝为先，万恶淫为首。”汉以后统治者往往标榜“以孝治天下”，皇帝的谥号也多含有孝，足见孝在传统道德中特殊重要的地位。究竟什么是“孝”呢？东汉许慎在《说文解字·老部》解曰：“孝，善事父母者。从老省，从子，子承老也。”在许慎看来，“孝”是个会意字，其上部是一个省略了笔画的“老”字，下部是个“子”字，子女“善事父母”，即为“孝”。“孝”产生于处理家庭人伦关系的需要，孔子是孝道的奠基者。孔子的伦理学说就是以仁学为核心、以孝道为基础而展开的。

《论语》中的孝既体现了“善事父母”的本义，强调敬养之孝，又由家庭推广到了社会，进一步赋予了政治内涵，使孝的含义和作用进一步丰富和延伸，这也就是几千年来为什么孝一直能够保持着旺盛的生命力。

传统道德十分重视孝敬双亲，《尔雅·释训》说的：“善父母为孝”，体现了“孝”最重要的表现就是善待父母，事奉双亲。孔子曾说：“事父母，能竭其力。”（《论语·学而》）孝就是要奉养父母，替父母做事尽心尽力。赡养父母，是孝的最基本的含义，被视为儿女的家庭义务和道德责任。如果对父母连奉养都谈不上，那更谈不上爱亲、敬亲、尊亲了。

孔子“孝”的道德规范里，包含着敬爱父母的内容，敬是孝的根本。孔子说：“今之孝者，是谓能养。至于犬马，皆能有养。不敬，何以别乎？”（《论语·为政》）就是说对父母只赡养而不亲敬与养犬马无别，不是孝。敬爱父母，就要尊重父母。《论语·为政》记载：“子夏问孝，子曰：‘色难。有事，弟子服其劳；有酒食，先生馔，曾是为孝乎？’”脸色难看地替父母办事，给父母酒饭，孔子认为不算是孝。

孝敬父母也要有自己的主见，不可愚孝。子曰：“事父母几谏，见志不从，又敬不违，劳而不怨。”（《论语 · 里仁》）当父母亲有不义之举时就应当直言相劝，若不劝而听从，则不是孝。孔子说：“父母之年，不可不知也，一则以喜，一则以惧。”（《论语 · 里仁》）作为子女要深入了解父母的经历，一是学习经验，一是吸取教训，向父母学习也是孝的表现。孔子还认为，遵循礼仪、让父母放心都是孝的表现。孟懿子问孝，孔子说：“无违。”（《论语 · 为政》）即遵循礼仪就是孝的行为。孟武伯向孔子问孝，孔子说：“父母唯其疾之忧。”（《论语 · 为政》）意思是使父母只担心子女的小病，其他的我们要严于律己，尽量不让父母担心，这就是孝。孔子还说：“父母在，不远游，游必有方。”（《论语 · 里仁》）这也是子女尽量不远离父母，让父母放心，尽孝的一种行为。

孔子认为子女尽孝不仅贯穿父母生前，还应延伸到他们去世后。孔子说：“生，事之以礼；死，葬之以礼，祭之以礼。”（《论语 · 为政》）生前死后都要遵守一定的礼制以尽孝道。“父在观其志，父没观其行。三年，无改于父之道，可谓孝矣。”（《论语 · 学而》）父母在时，子女是否尽孝，不是看行动，而是看是否有孝心，是真心行孝，还是做给别人看的，能养，“不敬”不为孝。父母过世以后，对孝子的标准已不在心，而在行。守孝三年，也是孝的内容。孔子认为，人生三年方可免于父母之怀，守孝三年不仅是对父母养育之恩的最后回报，也是天下通丧。

孔子孝的思想中，既包括子女对父母的敬养，也含有弟弟对兄长的敬爱。《论语》中，孔子多次把孝悌并称。“孝”讲的是父子关系，“悌”讲的是兄弟关系。《论语 · 学而》中说：“其为人也孝悌。”朱熹注说：“善事父母为孝，善事兄长为悌。”“悌”指的就是弟弟对待兄长的正确态度。

孔子认为孝悌是人立世之本，是一切道德规范的基础及其发展前提。正如《论语 · 学而》所述：“其为人也孝弟，而好犯上者，鲜矣；不好犯上，而好作乱者，未之有也。君子务本，本立而道生。孝弟也者，其为仁之本与！”“弟子入则孝，出则弟(悌)，谨而信，泛爱众，而亲仁，行有余力则以学文。”（《论语 · 学而》）体现了孔子的孝道思想以孝为立德之本，进而延伸到仁义礼智信等儒家重要的道德规范。孔子的孝道伦理不仅仅是家庭道德规范，它还成为社会上至天子下至庶民最基本的一项行为准则和伦理道德规范。

《孝经》首章就记载了孔子的话："夫孝，德之本也，教之所由生也。身体发肤，受之父母，不敢毁伤，孝之始也。立身行道，扬名于后世，以显父母，孝之终也。夫孝，始于事亲，中于事君，终于立身。"这样，从家庭到社会，以孝为根本，人们敬养父母，忠爱君主，报效国家，回报民众。"

三、孔子的慈爱思想

慈爱与孝悌是休戚相关的，两者都是保证家庭人伦关系和谐美好的重要规范。作为子女，就应该侍奉老人，孝敬父母；作为父母，就应该以慈育儿女，教养子女。父母爱儿女，出自本性，自然天成，慈爱是不言而喻的。这也就是在《论语》中慈爱出现较少的原因，但从孔子的言行中仍不难看出孔子的慈爱思想。

如前面提到的"父母唯其疾之忧"是对子女孝的一种要求，但如果从另一方面看，从父母角度说，透露出的则是慈爱，即父母对子女方方面面都十分牵挂。父母慈爱子女，在《论语》中许多地方都有所体现。如"父为子隐，子为父隐。直在其中矣。"（《论语 · 子路》）说的就是因为父亲爱儿子，便会袒护、隐匿儿子的短处乃至错误。"子生三年，然后免于父母之怀"（《论语 · 阳货》），体现了父母对幼儿的疼爱。

《论语 · 颜渊》篇中孔子说到"君君，臣臣，父父，子子。"其中"父父"意思是父亲要像父亲，也就是父亲要做自己该做的角色。那父亲的角色是怎样的呢？不外乎以下三点：一是以身作则，为子女做表率；二是抚养、爱护子女；三是引导、教育子女，使其健康成长、成才。孔子正是"父父"的表率，循循善诱地培养教育孩子。如《论语 · 季氏》中记载：

陈亢问于伯鱼曰："子亦有异闻乎？"对曰："未也。尝独立，鲤趋而过庭。曰：'学《诗》乎？'对曰：'未也。''不学《诗》，无以言。'鲤退而学《诗》。他日，又独立，鲤趋而过庭。曰：'学礼乎？'对曰：'未也。''不学礼，无以立。'鲤退而学礼。闻斯二者。"陈亢退而喜曰："问一得三：闻《诗》，闻礼，又闻君子之远其子也。"

陈亢以为，伯鱼是孔子的儿子，孔子或有特别的道理教给伯鱼，就问伯鱼。伯鱼回答说，父亲只是教导自己学习《诗》、礼，而无其他。陈亢非常高兴得到三个收获：知道学《诗》的意义，知道学礼的好处，也知道了孔子是怎样教导孩子的。

孔子为子女选择配偶，也是他慈爱思想的体现。孔子非常重视人的品性，重德不重行。“南容三复白圭，孔子以其兄之子妻之。”（《论语 · 子路》）南容反复诵读“白圭之玷，尚可磨也；斯言不玷，不可为也。”的诗句，孔子把侄女嫁给了他。孔子谈到公冶长，说：“可妻也。虽在缧绁之中，非其罪也。”（《论语 · 公冶长》）认为公冶长虽曾被关押，却是无辜的，便把女儿嫁给了他。

在《论语》中唯一提到“慈”的是《为政篇》中：“临之以庄，则敬；孝慈，则忠；举善而教不能，则劝。”意思是用庄重的态度面对社会，办事严肃认真，人民就会敬业；力行并提倡孝敬、慈爱，人民就会忠诚；实施善政并任用善良而有能力的人，教化能力不足的人，人民就会勤勉努力。”慈，爱的意思，父母爱子女，长者爱幼小。忠，作为一种修养，并非轻易能够做到。孔子认为，只要能够做到对父母孝，对子女慈，人人都能真诚地行孝、施慈，人们就会在不知不觉中养成忠的习惯。慈，作为家庭伦理依据，已经具有了政治作用和社会意义。

综上所述，孔子的孝慈观是爱人，子女对父母尽孝，父母对子女尽慈，是父母与子女之间存在的一种双向义务的伦理关系。父母慈爱，子女孝顺，兄友弟恭，相扶相持，才能增强家庭的内聚力，保持家庭的和睦与稳定。父慈子孝的观念深入人心，人人都能自觉地行孝行慈，存仁爱之心，推而广之，就会爱他人，爱社会，爱国家，“只要人人都献出一点爱”，就会家庭和睦、社会和谐、政治稳定、人民安乐。因此，在当今社会，孔子的孝慈思想对当今和谐社会、和谐世界的建设仍具有十分重要的借鉴和指导意义。

四年前，我在北京人民大会堂领到“全国孝亲敬老楷模提名奖”后，全国老龄办的同志说，这些年来我在几次国际会议上宣传中华孝道，出过几本孝文化的书，是国内唯一因研究“孝文化”得奖的人。其实早在2006年下半年，我和

后记

次子骆明及学生周海生、王淑臣就开始了从古籍资料中收集有关孝道资料的工作。在中华优秀传统文化重新得到人们重视的今天，尤其是“国学热”的出现，更坚定了我们继续从古籍中广泛收集孝文化的信心。七年来，我们从古代经、史、子、集等著作及丛书中收录了近千万字的资料，本着“去粗存精”的精神，精选了其中近一百五十万字的资料，并分作《孝经》序跋、历代诏令律例、孝论、孝行，以及养老、家训、童蒙、学规中的孝亲敬老资料等几个部分进行了编排。

在几年收集资料的工作中，我们发现有关孝道的内容相当丰富。例如，历代有关《孝经》注、疏、序、跋的目录，人们可在“二十五史”中的《艺文志》（《经籍志》）、清代朱彝尊的《经义考》及一些古籍书目中看到，所收录的序、跋大多有十几篇，多者不过几十篇。但我们经过爬梳史料，在历代经籍中却找到了较多有关《孝经》序跋的文章，共搜集到349篇。本想以附录的形式附于书后，因其内容丰富，信息量大，文献价值厚重，只好单独成册。近年来，我们父子、师生及朋友发过一些有关孝道的文章，也单列一册。

为使此书方便更多的人阅读，各册所选的古文献资料均予以今译及对作者、书目进行了简介。因为这一项目工程较大，故吸收了曲阜师范大学历史文化学院、孔子研究所的一些青年学者及博士生参加，大家群策群力，共同完成了这项有意义的工作。

此书编选的目的是在国内外学习中华传统文化的同时，配合各地倡孝、学孝、行孝活动的开展。工作中承蒙中国孔子文化传播促进会李成俊常务副会长指导，光明日报出版社慧眼决定出版，曲阜师范大学历史文化学院、孔子研究所给予了文献方面的支持，全国敬老爱老助老主题教育活动组委会主任、中国老龄事业发展基金会理事长李宝库指导并撰写“总序”，北京智慧中国科技控股有限公司、北京智慧城市科技发展有限公司对前期工作给予了支持，在此一并致谢。

骆承烈

2013年5月